U0113798

朱华 马丽蓉 主编

育儿宝典
（0~1岁）

全方位
指导

MAMA YU'ER BIBEI SHOUCE

妈妈育儿必备手册

内蒙古科学技术出版社

图书在版编目（CIP）数据

育儿宝典. 0~1岁 / 朱华，马丽蓉主编. — 赤峰：
内蒙古科学技术出版社，2021.5
（妈妈育儿必备手册）
ISBN 978-7-5380-3316-8

Ⅰ.①育… Ⅱ.①朱… ②马… Ⅲ.①婴幼儿—哺育
—基本知识 Ⅳ.①TS976.31

中国版本图书馆CIP数据核字（2021）第087666号

YU'ER BAODIAN（0~1 SUI）

育 儿 宝 典 （0~1岁）

主　　编：朱　华　马丽蓉
责任编辑：季文波
封面设计：永　　胜
出版发行：内蒙古科学技术出版社
地　　址：赤峰市红山区哈达街南一段4号
网　　址：www.nm-kj.cn
邮购电话：0476-5888970
排　　版：赤峰市阿金奈图文制作有限责任公司
印　　刷：三河市华东印刷有限公司
字　　数：337千
开　　本：700mm×1010mm　1/16
印　　张：20
版　　次：2021年5月第1版
印　　次：2021年5月第1次印刷
书　　号：ISBN 978-7-5380-3316-8
定　　价：42.00元

如出现印装质量问题，请与我社联系。电话：0476-5888926　5888917

编委会

主　编　朱　华　马丽蓉

编　委　苏亚拉其其格　　于少飞　　田霄峰

　　　　苏学文　杜　洁　宋立猛　孟晓波

　　　　崔山丹　窦忠霞

前　言

做父母的都希望有一个身体健康、智力超群、具有良好社会适应能力的可爱的宝宝。这不仅关系到每个家庭的切身利益，而且关系到我国全民素质的提升。因此，实现优生和优育已成为引起全社会重视的问题。

孕育一个健康聪明的宝宝，要有一个良好的开端。怀孕之前，每对夫妻都要给自己预留出一段时间进行饮食调整，保证充足均衡的营养；要坚持锻炼身体，提高自身的抵抗力；要防治疾病，保证身体健康；要戒除一切不良的生活习惯，确保身心处于最佳状态。

从怀孕到宝宝的出生，是胎宝宝发育的关键时期。作为准父母，要注意胎儿及自身的营养与保健，避免情绪波动，消除外界不良因素，平平安安度过妊娠期。需要说明的一点是，妊娠期间的胎教是绝不能忽视的。对胎儿实施定期定时的各种有益刺激，可促进胎儿大脑皮层感觉中枢更快发育，有助于宝宝今后的发育和智力开发。

0~3岁，是宝宝发育的重要时期。每个月的宝宝都有着各自的特点，都需要进行特殊的喂养、护理和教育。因此，对众多年轻父母非常关心的问题，如宝宝偏食、宝宝不喜欢喝牛奶、何时给宝宝断奶等，我们都一一做了详细的解答。关于如何对宝宝进行早期教育，我们也给出了多种方案。

本丛书共五册，包括《妊娠宝典》《胎教宝典》《育儿宝典（0~1岁）》《育儿宝典（1~2岁）》《育儿宝典（2~3岁）》，集妊娠、胎教、分娩、育儿知识于一身，图文双解，通俗易懂，生动形象，科学实用，非常适合现代准父母阅读使用。

目 录

育儿方法
尽在码中

看宝宝辅食攻略，
抓婴儿护理细节。

PART 1 宝宝1月至3月

第一章　宝宝1月　　　　　　　　　　　　2

新出生的宝宝　　　　　　　　　　　　3

新生宝宝怎样算是正常的　　　　　　　4

喂哺婴儿所需的物品　　　　　　　　　4

婴儿所需的衣物　　　　　　　　　　　5

婴儿洗浴所需的物品　　　　　　　　　6

新生宝宝居室的布置　　　　　　　　　7

宝贵的初乳　　　　　　　　　　　　　8

哺乳准备——乳房护理　　　　　　　　9

乳房异常的护理　　　　　　　　　　　10

给婴儿喂奶的最佳时间　　　　　　　　11

给婴儿喂奶的正确方法　　　　　　　　12

如何判断婴儿是否吃饱了　　　　　　　13

掌握喂奶次数　　　　　　　　　　　　14

乳房胀痛的防治　　　　　　　　　　　14

保证母乳充足的注意事项　　　　　　　15

母乳喂养的误区 16

母乳喂养的妈妈用品 18

哺乳妈妈的饮食 19

乳房异常情况 22

抱新生宝宝的方法 23

给婴儿创造健康睡眠环境 24

母婴同室 26

婴儿睡姿的优劣 27

选择睡姿需注意 29

新生宝宝"拉肚子"怎么办 30

宝宝常见皮肤问题及护理 31

脐疝的防治 35

刚出生的宝宝发烧时慎用药 35

新生宝宝的内衣 36

宝宝的内衣买回来就要洗 38

为新生宝宝选购内衣 39

宝宝的皮肤为什么会变黄 41

哪些母亲不宜给婴儿哺乳 43

1~2个月宝宝的发育 44

教宝宝做游戏 46

第二章 宝宝2月 48

宝宝的发育状况 49

2个月宝宝的喂养 49

按需喂哺,不宜一哭就喂哺 50

判断宝宝饥饱的方法 51

溢奶和吐奶 52

如何防止宝宝吐奶 52

奶瓶奶嘴的选购与使用方法   53

怎样人工喂养宝宝   56

育儿注意事项   57

怎样巧治婴幼儿红臀   60

新生宝宝的保暖要求   61

给宝宝喂牛奶的正确方法   64

宝宝长了奶癣怎么办   66

奶癣食疗小方案   67

2~3个月宝宝的发育情况   69

宝宝的人工喂养   71

哄宝宝睡觉的错误做法   72

与宝宝一起做游戏   75

第三章　宝宝3月   76

宝宝的发育状况   77

宝宝的喂养   78

如何保证母乳质量   78

宝宝排便训练   80

宝宝常见皮肤病的预防   81

宝宝肌肤的特性及所用护肤品   83

育儿注意事项   84

婴儿抱摆操   86

挤出的母乳存放后能再食用吗   88

宝宝需要剃胎毛吗   89

关注一下宝宝的指甲   89

如何早期发现宝宝发育异常   90

预防接种备忘录   93

Apgar评分的含义   93

夏天宝宝尿布使用六忌 94

脑性瘫痪 95

宝宝练翻身 97

预防接种关系宝宝的健康 99

为宝宝做全程免疫接种 100

常见预防接种反应处理对策 100

宝宝缺乏营养的简易判别方法 102

教宝宝做游戏 102

PART ❷ 宝宝4月至6月

第一章　宝宝4月 106

宝宝的发育状况 107

宝宝的喂养 108

吃母乳的宝宝为何会患"轻度贫血" 109

为宝宝添加离乳食品的九种方法 110

鸡蛋是宝宝的好食品 113

宝宝患精神分裂症的危险因素 115

宝宝在4个月时就已生嫉妒心 115

家庭环境对宝宝偏头痛有影响 115

适合4~6个月宝宝的玩具 116

哺乳期妇女可以服用避孕药吗 117

4~6个月宝宝的社交本能 118

什么是纯母乳喂养 119

部分母乳喂养的不利影响 120

夏季是否需要给婴儿添加水分 120

摇晃婴儿是很危险的 121

食用奶制品的误区 122

4~5个月的宝宝练坐起 124

乳糖会引起宝宝腹泻 125

4~5个月宝宝安全备忘录 126

4~6个月宝宝离乳食品添加备忘录 126

怎样自制宝宝离乳食品 127

与宝宝一起运动 130

第二章　宝宝5月 131

宝宝的发育状况 132

宝宝的喂养 133

做辅食时的注意事项 133

宝宝健脑益智的食品 135

发现宝宝头发稀疏时应当怎么办 136

宝宝手指的早期锻炼 137

给5~6个月的宝宝做离乳期食品 139

给宝宝拍照 140

5~6个月宝宝练爬行 141

保证宝宝的爬行安全 142

利于补铁的美食 145

哺育健壮宝宝 147

安抚奶嘴 149

什么是仿真奶嘴 151

宝宝的护理 153

为5~6个月宝宝制作美味 156

第三章　宝宝6月 157

宝宝的发育状况 158

宝宝的喂养 159

宝宝的食物不要太咸   159

宝宝的体态语言   160

6个月前宝宝的游戏   161

当宝宝发生意外时   163

宝宝身上长出玫瑰疹时怎么办   164

新生宝宝缺钙可致呼吸异常   165

有些宝宝应远离出水花的患儿   166

3~6个月宝宝的饮食禁区   168

6个月宝宝的食品   169

预防婴儿奶瓶综合征   170

宝宝依恋关系   171

如何给宝宝添加辅食   174

宝宝应从0岁开始读书   176

宝宝早读书的益处   178

教宝宝说话的误区   180

PART ❸ 宝宝7月至9月

第一章 宝宝7月   184

宝宝的发育状况   185

食物的主要营养成分   186

怎样对待离不开妈妈的宝宝   188

给7~8个月的宝宝做离乳食品   192

宝宝爬行训练   193

7~8个月的宝宝练站立   194

宝宝菜泥食谱6例   195

宝宝抱抱操   197

7个月的女婴乳房凸出是病吗 199

宝宝为什么哭 199

宝宝补钙三部曲 200

看护须知 201

第二章 宝宝8月 204

宝宝的发育状况 205

宝宝的喂养 206

宝宝都是不同的 207

宝宝认生怎么办 208

宝宝呼吸道感染 209

肺炎和气管炎的鉴别方法 210

发烧时不宜多吃鸡蛋 210

给宝宝喂药的方法 211

不宜用果汁给宝宝喂药 211

宝宝久泻不愈的原因 212

宝宝腹泻不必禁食 213

不可错过宝宝说话的关键期 214

小儿肺炎的防治 217

适合宝宝的玩具 222

头围和胸围增长规律 222

囟门发育规律 223

宝宝出牙规律 223

宝宝健身——跪站抱 224

谨防铅中毒 225

适合8~12个月宝宝的套餐 228

第三章 宝宝9月 230

宝宝的发育状况 231

宝宝的喂养　　　　　　　　　　　　232

含乳饮料和奶的营养比较　　　　　　233

蛋黄和菠菜是补血佳品吗　　　　　　233

吃水果多多益善吗　　　　　　　　　234

适量吃赖氨酸食品宝宝长得快　　　　235

婴儿期的宝宝要适量吃脂肪　　　　　236

婴幼儿爽身祛痱　　　　　　　　　　236

宝宝怎样练走路　　　　　　　　　　239

怎样让宝宝不缺锌　　　　　　　　　240

补锌也有不利因素　　　　　　　　　242

宝宝趴着睡觉好处多　　　　　　　　244

宝宝的呼吸需要监护　　　　　　　　245

PART 4　宝宝10月至12月

第一章　宝宝10月　　　　　　　　　248

断乳的提示　　　　　　　　　　　　249

宝宝使用的断奶练习器　　　　　　　249

妈妈使用的辅食器　　　　　　　　　250

不能在断奶后断掉一切乳品　　　　　250

断奶要诀　　　　　　　　　　　　　251

辅食的分类　　　　　　　　　　　　253

怎样喂养断奶的宝宝　　　　　　　　254

为10~12个月宝宝制作美味　　　　　256

10~12个月宝宝的社交本能　　　　　258

护理不当会造成宝宝窒息　　　　　　259

食品造成的窒息　　　　　　　　　　260

玩具造成的窒息 261

爸爸妈妈谁对孩子的影响大 262

宝宝为什么老"瞌睡" 263

父母的态度影响孩子性格 264

亲子游戏 264

第二章　宝宝11月 266

宝宝的发育状况 267

宝宝的喂养 268

宝宝烫伤怎么办 269

宝宝头部受伤急救 270

孩子摔在地上会得脑震荡吗 270

婴儿磕碰脑袋后怎么办 271

宝宝误饮、误食后 272

幼儿急疹 273

给宝宝滴耳药 274

正确涂眼药膏 274

给宝宝滴鼻药 274

滴眼药的方法 275

宝宝出牙晚不能盲目补钙 275

宝宝腹泻及其预防 276

小儿饥饿性腹泻 277

能预防婴儿腹泻的食物 278

婴幼儿秋季腹泻 279

小儿佝偻病及预防 279

哪些幼儿易患佝偻病 280

怎样辨认出疹 281

宝宝难喂怎么办 282

宝宝视力发育居家判别法 283

周岁内的宝宝语言 285

第三章　宝宝12月 287

宝宝的发育状况 288

宝宝的喂养 289

孩子不想吃饭的原因 290

周岁还不开口讲话正常吗 290

让宝宝发泄 291

周岁以内的宝宝不宜过早学步 292

宝宝吃饭不专心时怎么办 293

宝宝冬日起居要领 294

离乳后期宝宝的食谱 296

宝宝喜欢谁 297

儿歌随口说 298

找把"尺子"量量周岁的宝宝 301

新妈妈居家健身操 303

PART ①

宝宝1月至3月

　　一月睡（一月黄疸）。新生儿刚刚出生时，他们是非常贪睡的，好像永远都睡不够一样。而且新生儿出现黄疸的概率比较高，如果宝宝黄疸特别严重的话，妈妈可以给他喂一点葡萄糖水，一般即可缓解黄疸症状。

　　二月哭（二月肠绞痛）。两个月大的宝宝经常会出现肠绞痛的状态，他们会不分白天黑夜的哭闹，这也正是二月哭的由来。

　　三月昂首。三个月的宝宝脖子就有点力了，他们大多数可以自己支撑脖子而抬头了，尽管此时的他们视力可能看不了多远，但是任何的事物都将带给他们不一样的感受。

育儿方法
尽在码中

看宝宝辅食攻略，
抓婴儿护理细节。

第
一
章

宝宝1月

◎ 新生宝宝的生理特点

◎ 新生宝宝的护理要点

◎ 哺乳妈妈的饮食安排

◎ 与宝宝一起做亲子游戏

 育儿方法
尽在码中

看宝宝辅食攻略，
抓婴儿护理细节。

▌新出生的宝宝

通常，刚出生的婴儿体重为2.5~4千克，身长在46~52厘米，头围30厘米左右，胸围比头围小1~2厘米，以上为参考指标。体重不足2.5千克的，称为"未成熟儿"。对"未成熟儿"必须采取特殊的护理措施。

宝宝皮肤呈玫瑰红色，上面覆盖一层灰白色的胎脂，生后数小时胎脂被吸收。

头部相对较大，常常受产道的挤压而变形。生产中胎儿头部先露出的部位，容易出现皮下组织水肿而形成"产瘤"，2~3天能够自然消失。头顶囟门呈菱形，较软，有跳动感。注意防止尖硬的东西碰撞，可用手摸。

脸有些肿，鼻梁矮，但随年龄的增长会自然长高。

胸廓呈桶状，呼吸浅快，有时不规则，每分钟约40~45次。观察呼吸应看腹部的起伏。

脐带在离肚脐1~2厘米处被结扎。

男婴阴囊稍肿，睾丸已下降；女婴阴道口可见处女膜凸起，以后会自然收缩。

新生儿的骶骨部、臀部往往可见蓝绿色的色素斑，称为"儿斑"，随年龄增长色素斑将逐渐消退。

胎便呈黑绿色黏稠状，于生后24小时内排出。有时尿布上会留有砖红色沉淀物，这是尿酸盐的结晶，无须担心。

生后体温有所下降，因此必须注意保暖。生后8小时体温应保持在36.8~37.2℃。

刚出生的婴儿24小时内沉睡少动，偶有啼哭。

新生宝宝怎样算是正常的

凡胎龄满37周至42周出生，体重为2500～4000克，身长45厘米以上，各器官功能均已成熟的婴儿，就是正常新生儿。

正常新生宝宝出生后就会啼哭，哭声洪亮、有力，皮肤红润，呼吸有节律，四肢活动有力。正常新生宝宝具有维持生存的基本神经反射，如"觅食反射"——当用手指轻轻触碰其口唇周围时，婴儿立即把头转向触碰一侧，并张口寻找；又如"吮吸反射"——将手指放入婴儿口中就会引起吮吸的动作；再如"抓握反射"——当手指放入婴儿掌心时，婴儿立即抓住不放等。正常新生宝宝出生后就对光亮和声响有所反应。当强光照射宝宝会立即闭上眼睛，当周围突然发出较大响声时，婴儿会出现惊跳现象，这些反应说明婴儿的视觉和听力是正常的。

使用上述简单易学的方法，能够帮助妈妈判断宝宝有无先天缺陷或异常，了解宝宝出生后的健康状况。

喂哺婴儿所需的物品

大奶瓶4～6个，宝宝喝奶时用。

小奶瓶2个，其中一个喂糖水，另一个喂果汁。

奶嘴2～4个，选择时注意大小适中。

奶瓶消毒锅（器）1个。想节约时间的妈妈可选蒸汽式的，铝质锅在消毒时不要加热过度。

奶瓶奶嘴刷1个。

奶瓶夹1个，奶瓶消毒后用奶瓶夹既卫生又安全。

保温奶瓶1个, 便于夜间或外出时使用。

温奶器1个, 选择免水式并能自动调温37℃的为宜。

外出奶粉携带盒1个, 选有四层结构的为宜。

吸奶器或吸喂乳两用瓶1个, 以备喂母乳时用。

果汁压榨器1个。

食物研磨器1个。

母乳冷冻机1~2个, 适合喂母乳的上班族妈妈使用。

食物箱1个, 放置所有的哺喂用品, 不仅卫生且使用时方便易找。

婴儿所需的衣物

婴儿和尚服2~4件, 厚薄根据季节搭配。

带肚兜2~4件。

方包巾2~4块, 包裹宝宝时用。

毛巾被2条, 春秋季节宝宝睡觉时用来盖身体。

睡袋衣1件, 冬天时给宝宝用。

小帽子1个, 厚薄根据出生季节选择。

围兜4~6个, 宝宝喝奶和喂水时用。

兔宝宝衣2~4件, 宝宝2个月时可穿。

外出服2套。

内衣2~4件, 厚薄根据季节搭配, 宝宝2个月大时用。

斗篷外套1件。

棉长裤2~4件, 宝宝2个月大时用。

棉鞋2~4双, 冬季或外出时用。

软枕1个。

枕头套1个。

婴儿毛毯1~2条, 触感要柔软, 可用浴巾替代。

小棉被、小棉褥各1条，宝宝冬天睡觉时用。

纸尿裤、棉布尿片多多益善。

婴儿洗浴所需的物品

婴儿专用沐浴液1瓶。

婴儿专用洗发精1瓶。

婴儿专用乳液1瓶，在洗澡后使用。

婴儿爽身粉1罐。

婴儿浴盆1个，稍大一点儿的浴盆能在夏天充当婴儿游泳池，让婴儿大热天玩玩水。

婴儿洗澡防滑垫1个，以防宝宝在洗澡时滑落。

小脸盆1个，用以婴儿便后清洗。

皂盒1个。

沐浴温度计1个。

洗澡用毛巾2～4条。

棉签或脱脂棉球1～2盒，用来给新生的宝宝擦拭眼睛分泌物、脐部、便后臀部涂润肤露等。

婴儿发梳（刷）1个。

安全剪刀1个，选择有防止剪得过多而专门设计的剪刀。

肛温计1个。

大浴巾2～4条，宝宝洗澡时用，或有时包裹宝宝。

吸涕器1个。

新生宝宝居室的布置

新生宝宝刚来到人世间，组织器官十分娇嫩，功能尚不健全，机体抵抗力也差，外界环境的改变能影响新生宝宝的生长发育，甚至使其患病。因此，条件好的爸爸、妈妈应根据小生命的特点，精心为新生宝宝布置一个舒适又安全的生活环境。

新生儿的卧室要阳光充足。室内要保持空气的流通。室温应维持在16～24℃，并应经常拖地板，保持室内一定的温度及清洁。可在婴儿床头挂一个温度计，以便随时观察室温变化，调整新生宝宝的盖被。不能在新生宝宝室内吸烟。

新生宝宝的睡床不宜放在窗边，以免直接吹风，使孩子受凉感冒。床的上方和周围也不要堆放箱子、盒子、镜子、瓶子之类的危险物品，以防碰落伤着宝宝。

母乳是婴儿最好的营养食品

世界卫生组织确认，母乳是婴儿最好的营养食品。医学界始终未停止对母乳成分和含量的深入研究，为调整母婴膳食结构、优化母婴营养环境提供理论依据。初乳与普通乳汁的主要区别在于其富含免疫因子、生长因子及生长发育所必需的营养物质，是大自然提供给新生命最珍贵的初始食物，其中具有抗病能力的免疫球蛋白含量比成熟乳高20~40倍。新生儿摄入后可提高免疫力、增强体质、抵御外界病原侵袭而健康成长。世界公认它可以影响初生生命甚至其一生的健康，因而世界卫生组织（WHO）大力提倡母乳喂养。

刚出生的宝宝，尤其要注意避开太阳的光线照射，避免让婴儿的眼睛正对着直射的灯光或日光。婴儿的小床应安排在母亲的睡床附近，以便于妈妈随时观察照料婴儿。

在夏天，要注意别让空调机的冷风直吹婴儿的身体，若使用电风扇，可将电风扇对着墙壁吹。

在冬天，也不要使用电热毯给婴儿取暖。长时间地使用电热毯，有可能致使婴儿脱水。

新生宝宝的卧室还要注意保持安静。刚出生的宝宝神经系统尚未发育完全，易受惊吓，一天24小时除吃奶、换洗之外，婴儿几乎都处在睡眠之中。因此，成人不应在宝宝室内大声说话，以保证婴儿充足的睡眠。

宝贵的初乳

初乳是母亲产后3~7天内分泌的乳汁，初乳量较少，比较浓稠，呈微黄色，脂肪较少但蛋白质含量几乎是成熟母乳的两倍，还含有丰富的微量元素。最为重要的是，初乳里含有大量抵抗疾病的物质即"免疫抗体"，它是给婴儿的第一次免疫。如：初乳中的免疫球蛋白A含量很高。免疫球蛋白A是一种抗体，新生儿的血液、唾液、肠道中均缺乏，只能从母乳中获得。这种抗体对消化道和呼吸道黏膜具有保护作用，可以阻止病原体的侵入，提高抗病能力，使新生儿免遭消化道和呼吸道感染。初乳中含有的各种细胞还具有直接或间接杀死细菌的能力。

初乳中还含有大量盐类，可起适度的缓泻剂作用，能够促进胎粪排出。

许多产妇对初乳的意义认识不清，甚至还主张把产后头几天分泌的少量黄奶汁挤出扔掉，这种想法和做法是错误的。每位母亲都应珍惜初乳，把自己宝贵的初乳喂给宝宝。

哺乳准备——乳房护理

有些女性认为哺乳、乳房护理是孩子出生后的事，其实人的生乳过程分为两个阶段。第一阶段在分娩前12周开始，第二阶段在产后2~3天开始。新妈妈乳房护理要在孕期开始。乳房护理分为三个阶段：产前乳房护理、待产、分娩期及产褥期乳房护理。

产前检查应注意乳房的大小、形状、包块、有无手术史。尤其要注意乳头是否正常，发现乳头凹陷应及时纠正。

孕妇妊娠7个月时开始做乳房按摩，促进乳腺血液循环及乳腺发育。用手掌外侧轻按乳房壁，露出乳头，并围绕乳房均匀按摩，每日一次。

为防止乳房下垂，孕妇应戴合适的乳罩。不要用肥皂水洗乳房或乳头，因乳房蒙氏腺分泌的物质对乳房有保护作用，肥皂会破坏其作用。

孕妇待产过程应按常规将乳房擦洗干净，以便孩子出生后进行"三早"，即早接触、早吸吮、早开奶。新生儿断脐后医护人员协助让婴儿趴在母亲胸部进行皮肤早接触。约10~15分钟，婴儿会自发地开始吸吮奶头，这叫"早吸吮"，半小时后再次喂奶称"早开奶"。实行"三早"对刺激泌乳起到重要作用，许多产妇还不懂为什么要这样做，甚至紧张、害怕，这是不利于母乳喂养的。

产褥期应强调早开奶及按需哺乳。生后就让婴儿吃奶，每当小宝宝哭闹、不安时都要喂奶。不要受时间限制，夜间不要停止哺乳。目前仍有人认为刚刚分娩后没有奶，先喂些牛奶或糖水，这样做同样不利于母乳喂养，只有早吸吮、勤吸吮才能使乳汁分泌。刚分娩后的乳汁称为"初乳"，量少而稀，但营养价值高，能够增强婴儿的免疫力。

产妇喂奶时应选择舒适的姿势，肌肉放松。母婴的胸、腹应贴紧，婴儿的下巴贴紧乳房。婴儿要将乳晕全部含接，不要只吸吮乳头。喂奶时应先吸空一侧乳房再吸另一侧，每次喂奶都应将剩余的乳汁挤出来，彻底排空乳房能够有效地刺激泌乳。

在挤奶时将大拇指和食指放在乳晕上下方，用大拇指、食指的内侧向胸壁处挤压。挤压时要有节奏，并在乳晕周围反复转动手指位置。

■ 乳房异常的护理

乳房主要依靠自我护理，作为母亲学习有关护理知识是十分必要的。

乳头凹陷是产妇常见的乳房缺陷，通过孕期检查及早发现是能够矫正的。乳头伸展练习是矫正乳头凹陷的好方法。可以拉开并断离与内陷乳头"绑"在一起的纤维，练习时将两拇指平行放在乳头两侧，慢慢地向内侧外方牵拉乳晕皮肤及皮下组织，使乳头向外凸出，重复多次。然后，将两拇指分别放在乳头上下方，同样向上下外方牵拉。乳头伸展练习又为"十字操"，应每日练习两次，每次6分钟。因刺激乳头有时会诱发宫缩，若有早产史或本次妊娠有早产危险的产妇要推迟到怀孕36周后再做乳头伸展练习。

乳胀是产妇产后常见的症状，可伴有发烧，一般体温不超过38℃。乳胀时可做乳房按摩操。先湿热敷乳房5分钟，随后按摩、拍打、抖动乳房。减轻乳胀最有效的方法就是让婴儿早吸吮、勤吸吮。

乳头皲裂是影响母乳喂养的原因之一。乳头皲裂导致乳腺炎而终止母乳喂养的情况很多，因此预防皲裂发生是非常重要的。孕期应做好乳房护理，同时注意喂奶姿势，尤其是婴儿的含接姿势特别重要。婴儿的嘴要含接成"鱼唇样"，既要含接乳头，又要含接乳晕。喂前先按摩乳房，挤出少量乳汁，使乳晕变软，让婴儿正确地含接乳头是预防皲裂的有效方法。

如果发生皲裂也不要停止哺乳。除注意上述问题外，还需注意喂奶的先后顺序，先吸吮没有发生皲裂的乳房，再吸吮患侧的乳房。喂奶后在乳头上尤其是在皲裂部位涂上乳汁，晾干后戴上乳罩。经过精心护理，皲裂会很快好转的。

乳腺炎是一种常见病，应以预防为主。正确的哺乳，尤其是要注意排空乳汁，防止皲裂对于预防乳腺炎是重要的。过去认为得了乳腺炎就要停止哺乳，担心乳汁里的细菌及所用药物对婴儿有不良影响。现在则认为患乳腺炎可以继续哺乳。因为母婴间感染的细菌是相同的，继续喂奶，婴儿能够从母亲乳汁中获得抗体。母亲接受青霉素或头孢类药物对婴儿没有不良影响，但应避免使用庆大霉素、卡那霉素或磺胺类药物。

给婴儿喂奶的最佳时间

以往人们认为，产妇生下宝宝后身体过度疲劳和虚弱要和宝宝分开，正常情况下，在出生6小时后开始给婴儿喂5%的糖水和温开水，12小时后才开始喂母乳。最近，世界卫生组织和联合国儿童基金会对母乳喂养作了新规定：产后30分钟抱奶，且抱奶愈早愈好，同时要实行母婴同室同床，对婴儿按需喂养，不定时、不定量为哺乳原则。

（1）婴儿能够得到最珍贵的初乳。产后1天的初乳中，有免疫能力的免疫球蛋白A、免疫球蛋白G、免疫球蛋白M的含量较高，以具有抵抗消化道、呼吸道感染的免疫球蛋白A含量最高，婴儿因此增强了抗病能力。

（2）妈妈与新生宝宝同室同床，宝宝可随时得到母亲哺喂，这样多次不定时地吸吮能够刺激母亲大脑分泌释放催乳素和催产素，从而使乳汁分泌增加，预防奶胀和乳汁淤积。

（3）纯母乳喂养不需另外喂水，如果是夏季则应酌情加喂一定量的水。

（4）刚出生的宝宝吸吮能力弱，往往刚吃几口就睡着了。妈妈可用乳头刺激宝宝的嘴唇，或用手捏捏鼻子，提提小耳朵，让宝宝多吸吮。

给婴儿喂奶的正确方法

准备工作

（1）妈妈先洗净双手。

（2）应该选择舒适、放松的姿势。

（3）准备一个坐垫放在妈妈的大腿上，调整喂奶高度，避免使妈妈的手臂产生酸痛。

（4）在宝宝的胸口前垫一块手巾，以免弄脏宝宝的身体并可擦拭宝宝的嘴。

（5）婴儿的头靠在妈妈手臂上很容易流汗，妈妈可以在手上垫一块毛巾，用于吸汗。

正确的喂奶方法

（1）先用消毒棉擦洗乳头及周围皮肤。

（2）可以采用坐着喂或躺着喂的姿势，通常坐在低凳上比较好。若座位较高，可把一条腿搭在另一条腿上。

（3）把婴儿放在腿上，让婴儿头枕着妈妈胳膊的内侧，用手腕托着后背。

（4）妈妈用手托起乳房，先挤去几滴宿乳。

（5）妈妈用乳头刺激婴儿口周皮肤，待婴儿张开嘴时，把乳头和部分乳晕送入婴儿口中。

（6）让婴儿充分含住乳头，用手指按压乳房，这样既容易吸吮，又不会压迫婴儿鼻子。

（7）给婴儿喂完奶，把婴儿身体直立，头靠在妈妈的肩上，轻拍和抚摩后背，以排出吞入的空气。

（8）若选择躺在床上喂奶，妈妈身体应侧躺在床上，膝盖稍弯曲，在自己的头下、大腿及背部放几个枕头，然后将下方的那只手放在婴儿的头下，支撑婴儿的背部。先喂躺下那一侧乳房,后喂另一侧。

喂奶时的注意事项

（1）妈妈喂奶时,婴儿的头与身体应在一条直线上,颈部不要扭曲。

（2）婴儿的脸应面对着乳房,鼻子对着乳头。

（3）妈妈应抱紧婴儿,让婴儿身体紧贴着妈妈,婴儿下颌贴着乳房。

（4）若婴儿刚出生不久,喂奶时,妈妈不要只托着他的头、肩膀,还应托着他的臀部。

（5）要让婴儿先吸吮完一侧乳房的乳汁,再吸另一侧。若婴儿吸完一侧就不吸了也没关系,下次喂奶时就从另一侧先吸吮。

（6）婴儿吃饱后,若还含着乳头不放,不要强行拉出,妈妈不妨用手指轻轻压一下宝宝的下巴或下嘴唇,婴儿自然会吐出乳头。

·小·贴士

母乳喂养还应注意些什么

确认婴儿已吃饱但乳房内还有余奶时,可将余奶吸出,这样会使下一次奶量更多。

长期躺着喂奶会影响婴儿下颌发育,日后易产生畸形。

母乳喂养时应避免用奶瓶来补喂一些奶类。奶瓶上的奶嘴开口大,婴儿不费力气就能吸到奶,若再吸吮妈妈乳头时,当吸不到那么多奶时,婴儿就会烦躁,不愿吸吮,从而减少对乳头的刺激,影响乳汁分泌,以致母乳喂养失败。

如何判断婴儿是否吃饱了

婴儿每次吃完奶若能安静入睡,只在下一次喂奶前才有些哭闹,同时体重增长正常,大约每周增重150克,到2~3个月时婴儿每周增重200克。醒着的时候,眼睛明亮,反应灵敏,不哭闹。每天能尿湿六块以上的尿布,并有少量多次或次少但量较多的大便,说明婴儿吃得够量。

掌握喂奶次数

满月前这一段时间,给婴儿喂奶的次数和时间间隔不要硬性规定,只要小宝宝饿了就要喂,即使夜里也是如此,小宝宝能吃多少就喂多少。一般婴儿饿了的表现为哭声较大,同时有找奶的动作。

满月后,要让哺乳时间形成规律,通常2.5~3个小时喂一次,但必须慢慢形成。比如宝宝不到喂奶时间饿了,妈妈没有必要非坚持到点喂,让宝宝饿着,这样不利于宝宝的心理发育,可以适量地减少夜间喂奶次数。

乳房胀痛的防治

产妇分娩后2~3天,乳房会逐渐开始发胀,正常情况下,奶胀1~2天即可消失,许多新妈妈由于未能正确喂奶会产生较长时间的胀痛,有时还伴有高热,此时应及时采取措施消除奶胀,不然会引起乳腺炎而不利于喂宝宝。

(1)乳汁分泌过多没能及时排除引起的奶胀,可用手或吸奶器将奶排出。乳房排空后会感到轻松。

(2)如果伴有高热的胀痛大多因乳腺管不通畅所致,请教医生进行药物治疗,服药几小时后即可使乳腺腺管通畅,乳汁从乳头流出。乳汁流出时可用手挤压乳房,把乳汁尽量排空。

(3)乳房按摩也是通畅乳腺腺管的有效方法。每次哺乳前,把湿毛巾盖在乳房上,用手掌心按住乳头及乳晕,按顺时针或逆时针方向轻轻抚揉15~20分钟即可减轻乳房胀痛,同时也促使乳汁排出通畅。当乳胀消退后,用不用继续按摩则要看宝宝吮吸能力的强弱。若能力较弱,可在每次喂奶前进行乳房按摩。

保证母乳充足的注意事项

（1）开始哺乳时机的选择。正常乳汁的分泌，依赖于婴儿对乳头的不断刺激。这些刺激使母亲脑垂体前叶分泌一种泌乳素，它能够促使乳汁大量分泌。有报道，甚至连婴儿的第一声啼哭及早期吸吮乳头，都能反射性促进泌乳机制的正常运行。所以，尽早让婴儿开始哺乳是使母乳分泌充足的有效措施。妈妈们在产后应即刻让婴儿接触妈妈的乳房并吸吮乳头。但要注意，从开始泌乳到正常运作毕竟有一个过程，产妇在产后48小时之内，乳汁不足是一个正常的生理过渡阶段。若是妈妈太着急，恐怕饿着婴儿，在早期阶段就加用代乳品，则会减少婴儿对乳房的吸吮刺激，从而导致乳汁越来越少，甚至没有，必须要让新生的婴儿早吸吮、多吸吮。

（2）哺乳的时间间隔。许多新妈妈试着延长喂奶的间隔，减少喂奶次数，认为这样能达到积攒乳汁的目的。却不知这也是与泌乳机制相违背的，结果只

能使乳汁分泌减少。

（3）乳母要科学饮食。产后哺乳的妈妈，绝不是营养摄入的越多就泌乳越充足。产妇在"坐月子"期间，卧床休息时间相对增多，活动量相对减少，过量地进食高热量食物或肥甘厚味的补品，不仅不能增加乳汁量，反而会造成胃肠功能紊乱。补品应避免吃，还要注意不吃辛辣的刺激性食品。若乳汁确实不足，可配以药膳或一些验方。

（4）非常重要的一点即乳母的精神状态。乳汁的分泌是靠神经系统调节的，妈妈的精神状态对乳汁的分泌量影响很大。如果妈妈感到担忧、恐惧、紧张时，或是疼痛，特别是乳头疼痛都可减少乳汁分泌，因此，家人必须对产妇细心照料，让产妇的生活有规律并保持足够的睡眠，若发生乳房疾病应该及时诊治。

▌ 母乳喂养的误区

穿工作服喂养

从事医护或实验室工作的妈妈穿着工作服喂奶会给婴儿带来麻烦，工作服上常常粘有很多肉眼看不见的病毒、细菌和其他有害物质。因此妈妈无论怎么忙，也要先脱下工作服（最好也脱掉外套），洗净双手后再喂婴儿。

生气时喂奶

科学研究人员证明，人在生气时体内产生毒素，此种毒素可使水变成紫色，且有沉淀。若将这种"气水"注射到大白鼠体内，可致大白鼠于死地。由此可知，妈妈切勿在生气时或刚生完气就喂奶，以免婴儿吸入带有"毒素"的奶汁而中毒，轻者生疮，重者生病。

运动后喂奶

人在运动中体内会产生乳酸，乳酸潴留于血液中会使乳汁变味，婴儿不爱

吃。据测试，通常中等强度以上的运动即可产生此状。妈妈们必须注意，只宜进行一些强度适中的运动，运动结束后先休息一会儿再喂奶。

躺着喂奶

婴儿的胃呈水平位置，躺喂易导致婴儿吐奶。妈妈们应该取坐姿，将一只脚踩在小凳上，抱好婴儿，用另一只手的拇指和食指轻轻夹着乳头喂哺，以防乳头堵住婴儿鼻孔或因奶汁太急而引起婴儿呛奶、吐奶。

喂奶时逗笑

婴儿吃奶时如果因逗引而发笑，可使喉部的声门打开，吸入的奶汁可能误入气管，轻者呛奶，重者可诱发吸入性肺炎。

香皂洗乳

哺乳妇女为保持乳房清洁，经常清洗确有必要，但不可用香皂来清洗。香皂类清洁物质可通过机械与化学作用除去皮肤表面的角化层，损害其保护作用，促使皮肤表面"碱化"，有利于细菌生长。时间久了，可能引发乳房炎症。哺乳妇女应该用温开水清洗。

浓妆喂奶

妈妈身体的气味（又称体臭）对婴儿有着特殊的吸引力，并可激发愉悦的"进餐"情绪，即使刚出娘胎，也能将头转向母亲气味的方向寻找奶头。因此，妈妈体臭有助于婴儿吸奶，若妈妈浓妆艳抹，陌生的化妆品气味掩盖了熟悉的母体气味，使婴儿难以适应而导致情绪低落，食量下降，妨碍发育。

穿化纤内衣

化纤内衣的危害在于其纤维可脱落而堵塞乳腺管，造成无奶的恶果。研究人员发现部分无奶水母亲，从其乳汁中找到了大量的茧丝状物，这些茧丝状物是因乳房在内衣或乳罩内做圆周运动时脱落而侵入乳腺管的。所以，哺乳妇女暂时不要穿化纤内衣，也不要佩戴化纤类乳罩，以棉质类制品为佳。

喂奶期妈妈饮食宜忌

喂奶母亲必须讲究食谱的科学性。首先不可吃素,婴儿发育所必需的优质蛋白、不饱和脂肪酸、微量元素以及A、D、E、K等脂溶性维生素,皆以荤食为多,若妈妈吃素势必导致乳汁的营养质量降低;其次不宜大量吃味精,味精对成人是安全的,但其主要成分谷氨酸钠可渗入乳汁而进入婴儿体内,导致孩子锌元素缺乏,妨碍体格与智能发育;再者不宜大量饮麦乳精,因麦乳精有回奶作用,可能造成婴儿缺"粮"。

喂奶期减肥

产妇产后大多肥胖,许多女性急着减肥而限吃脂肪。但脂肪是乳汁中的重要成分,若来自食物中的脂肪减少,母体就会动用储存脂肪来产奶,而储存脂肪多含对婴儿健康不利的物质。为了婴儿的安全,妈妈们应断奶以后再减肥。

母乳喂养的妈妈用品

吸乳器

妈妈奶太多,婴儿一下子吃不完,吸乳器就有了用场。将多余的奶吸出,既可以避免妈妈生乳疮,还可以促进乳汁的分泌,让婴儿再次吃母乳时吃到的都是新鲜的母乳。吸出的乳汁必须倒掉,不能再让婴儿吃。

吸喂乳器

如果妈妈需要外出,无法按时给婴儿喂奶,在这种时候,只要预先把母乳吸入清洁的奶瓶,贮存起来,婴儿饿时就可由他人来代喂婴儿,使母乳喂养不再受时间、地点的限制。妈妈外出期间将吸喂乳器带在身边,感觉乳房胀痛时就可将乳汁吸出,既可减轻乳房不适,还可促进乳汁分泌,吸出的母乳可暂时存在冰箱中,回家后温热可给婴儿继续食用。吸出的母乳在冰箱冷藏室的保存时间为24小时。

乳头保护器与吸引器

如果妈妈的乳头过大、过小或有伤时,可将乳头保

护器轻轻罩在乳头上，不但让婴儿享受了母乳，还解除了妈妈的痛苦，又可避免乳头被婴儿意外咬伤——婴儿长牙时会不由自主地拿妈妈的乳头磨牙。

有些妈妈的乳头扁平、瘪陷，婴儿无法吸吮，不妨试一试乳头吸引器，可改善乳头的状况。

防溢乳垫

妈妈的乳汁不受控制，常常出其不意就流出来了，弄得身上不干不爽，衣服也沾满奶渍。若恰在公共场合，那份尴尬让妈妈好难受，戴上防溢乳垫就不会尴尬了。只需取两片放在胸罩内，就会吸收溢出的乳汁，保持乳房的干爽、清洁。

哺乳衫、哺乳罩布

如果在公共场合需要给婴儿喂奶时，妈妈当然希望有所遮掩，不必在大庭广众之下宽衣解带。此时如果穿上哺乳衫，只需在喂奶时解开乳房下端的扣子，将乳房露出即可哺乳。喂乳罩布可套在脖子上，遮盖住正在吃奶的婴儿，而且设计巧妙，使妈妈和婴儿可以亲切对视。

哺乳妈妈的饮食

蛋白质

蛋白质是营养素中影响乳汁分泌能力最重要的因素。乳中蛋白质的含量比较恒定，母乳中每100毫升含蛋白质1~2克。母亲膳食中蛋白质若供给不足，可能对乳汁中蛋白质的含量影响不明显，但会影响乳汁的分泌量，哺乳妈妈必须要补充蛋白质。我国推荐营养供给量以乳母每日增加25克蛋白质为宜。

必需脂肪酸

乳母膳食中脂肪的含量与脂肪酸的组成，能够影响乳汁中脂肪的含量与组成，且脂类与婴儿的大脑发育有密切的关系，特别是不饱和脂肪酸，对中枢神经的发育尤其重要，所以，哺乳妈妈要注意脂肪的摄入。

热能

婴儿所需热能由母乳供给，每合成1升乳汁需3766千焦的热能。中国营养学会规定热能供应，在原有供给量的基础上每日增加3347千焦，其中应该有418千焦来自蛋白质。

充足的钙铁

乳汁中钙含量是比较恒定的，每100毫升乳汁钙含量为30毫克，哺乳妈妈乳汁分泌越多，钙的需要量越大。我国乳母钙的推荐供给量为每日1500毫克，故日常膳食中要多选一些豆类及豆制品、海米、芝麻酱及牛奶等。膳食摄入钙不足时可用钙制剂、骨粉等补充。铁的补充也是非常必要的，为防止贫血的发生，哺乳妈妈日常膳食中应多吃含血红素铁的食物，如猪血豆腐、肝脏等。

适量维生素

脂溶性维生素A、D是我国日常膳食中难以摄取到的，户外多晒太阳是补充维生素D的最佳途径。哺乳妈妈除了膳食调配外，在医生的指导下，可适量补充些维生素A、D的制剂，B族维生素如维生素B_1、B_2也是我国日常膳食中难摄取到的。另外，还应多吃些瘦猪肉、粗粮及肝、奶、蛋、蘑菇、紫菜等。维生素C可通过新鲜蔬菜与水果，特别是猕猴桃、鲜枣、山里红等补充。

妈妈每日食物推荐

粮食：大米、面粉、小米、玉米面、杂粮等450克；

动物类食品：禽类（鸡、鸭等）肉、动物内脏等200克；

蛋类：鸡蛋、鸭蛋、鹌鹑蛋等150克；

烹调用油：豆油、花生油、香油等20克；

牛奶或豆浆：250克；

白糖：20克；

芝麻：20克；

蔬菜：450克；

水果：100克。

食物催乳方

产妇分娩后，如果出现无乳或乳汁分泌量过少现象，可根据乳房是否胀痛情况，从以下食品中试选一种，以解燃眉之急，使乳汁源源不断。

1. 鲤鱼粥

鲜鲤鱼（活的最好）500克，去鳞除内脏，切成小块，同粳米或小米一起煮粥。粥内不放盐，淡食。因为鲤鱼富含蛋白质，有开胃健脾、消除寒气、催生乳汁之功效。或用鲤鱼1条（500~750克）煮汤（放入少许佐餐酱油，不放盐），吃肉喝汤，催乳效果也很好。

2. 鲫鱼汤

鲜鲫鱼500克，去鳞除内脏，加通草6克煮汤喝，每天两次，吃鱼喝汤，连服3~5天。鲫鱼能和中补虚，渗湿利水，温中顺气，具有消肿胀、利水、通乳之功效。通草可通气下乳，同鲫鱼相配，效果更佳。鲫鱼汤应该淡食。

3. 猪蹄通草汤

猪蹄1个，通草3克，加水1500毫升，放入锅（以砂锅为佳）内共煮。先用武火，水开后改文火，煮1~2小时，分两次喝完。每天一个猪蹄，连续服3~5天。猪蹄含丰富的蛋白质和脂肪，有较强的补血、活血作用。通草可利水、通乳汁。二者配伍，对产妇有促康复、通乳汁的功效。

4. 猪骨通草汤

猪骨（腔骨、排骨、腿骨皆宜）500克，通草6克，加水2000毫升，熬1~2小时，熬成猪骨汤约一小碗，加放少许酱油，一次喝完。每日喝1次，连服3~5天。猪骨有补气血、通乳汁、补身体、促康复的功用。

5. 黄花炖瘦肉

干黄花菜（又名金针菜）25克，瘦猪肉250克，煮或炖熟烂做菜佐餐。也可用同量黄花菜与猪蹄1个共煮汤喝。

6. 花生大米粥

生花生米（带粉衣）100克，大米200克，将花生米捣烂后放入淘净的大米里煮粥。粥分两次（早午或早晚各1次）喝完，连服3天。花生米富含蛋白质和不饱和脂肪酸，有醒脾开胃、理气通乳的功能。粉衣有活血养血功能。此粥对产妇产后血虚也有一定疗效。

7. 丝瓜仁鲢鱼汤

丝瓜仁50克，鲜鲢鱼500克，共同熬汤。食用时吃鱼喝汤，可放些酱油，不放盐，一次吃完。日服1次，连服3天。丝瓜仁有行血、催乳功效。鲢鱼有和中补虚、理气通乳的功用。此汤对产后血虚也有一定疗效。

8. 清淡肘子

猪肘子1个，当归、王不留行各1份。三者按100：2：2比例，用清水文火炖煮至烂熟。当归为补血调经的良药，且有润肠通便作用；王不留行有行血调经、催乳、消肿功效，猪肘具有丰富的蛋白质和脂肪。三者相配，有活血补血、通乳下乳、强健身体作用，对产后无乳且体虚者尤宜。

乳房异常情况

乳房疼痛或破裂

哺乳妈妈的乳头可因多次被吸吮而引起疼痛，如有轻度疼痛或破裂时，应及时保持乳头干燥，用太阳光或灯泡照射会很快愈合。不能用毛巾或布包裹，更不能戴不透气的乳罩。不能涂油剂、油膏或霜类。若破损后疼痛加重，可用小儿服用的鱼肝油滴剂涂于破损处,或请医师诊治。暂时不能给婴儿吸吮时,应将奶汁用吸乳器吸出喂养,千万不能放弃继续喂养的机会,不然可能因此奶水减少或发生奶疖或乳腺炎。

奶疖

奶疖是因部分奶管不通而使奶汁淤积在乳房内引起。通常处理的办法是将奶头表面的结痂清除,使奶管出口处不淤塞。肿块的地方用热毛巾或热水袋热敷消肿。热敷后用手轻轻揉摩硬块,再轻轻地向奶头方向挤压出奶水来。同时可让婴儿吸吮,以加速通畅。经过几次热敷和挤奶,肿块消失。也可试用将两块生饼面团贴在硬块处,每日更换2次同样可消肿。肿块要早发现、早治疗才有效,不然可发展为乳腺炎。

乳腺炎

乳疖不消除,乳头若有破裂,细菌乘机侵入可造成感染而发生乳腺炎。同时伴有高烧,局部疼痛。由于乳汁排不出去,乳汁充盈,而使乳房表面光亮。因为疼痛,产妇无法忍受小宝宝的吸吮和对乳房的挤压,久之局部皮肤出现"红、肿、痛、热"的炎症表现。炎症的部位可形成脓肿,用手按之有波动感。如果用针管抽的话,还能抽出脓液。一旦发生乳腺炎,应及早就医治疗。如果化脓需要手术排脓时,就会失去为婴儿哺乳的可能。

▊▎ 抱新生宝宝的方法

(1)先把两只手插到仰卧着的宝宝脖子下面,轻轻托起头。

(2)将右手移到宝宝的臀部,左手托住脖颈。

(3)左侧手掌抱住宝宝的头,注意不要只抬起头。

(4)妈妈的身体靠近宝宝,两只手小心地将宝宝的身体抱起。

(5)若竖起抱,将宝宝贴在妈妈的身体上,分别用两手托住宝宝的脖子和

臀部。

小贴士

抱新生宝宝时的注意事项

宝宝在出生后的3个月内脖子都不能竖起,抱时必须注意。

哄宝宝睡觉或宝宝情绪不稳定时,宜横抱在怀里。这种抱姿使宝宝的头贴近妈妈的左胸口,可以听见妈妈的心跳声,使宝宝产生亲切感,从而安定情绪。

给宝宝喂奶后宜竖着抱,这样可拍出进入胃内的空气。

多抱宝宝进行肌肤接触增进感情固然好,但须避免时间过久,否则会让宝宝疲劳而又紧张。

（6）若想变换成横抱姿势,让宝宝身体重量落在妈妈身体上,妈妈挪动托在脖子后面的左手,让宝宝脖颈完全靠在妈妈的左侧胳膊肘上,右手依然托着臀部。

（7）让宝宝头部贴近妈妈的左胸前,这样他能够听见妈妈的心跳声。

（8）当妈妈要将宝宝交给爸爸抱时,爸爸要靠近妈妈的身体,并应将双手插到妈妈胳膊之上。

（9）确定爸爸的双手已抱住宝宝了,妈妈才可将自己的手抽出,切不可随便交给爸爸而导致宝宝摔落地上。

给婴儿创造健康睡眠环境

婴儿出生后,大脑尚未发育成熟,功能也不健全,脑组织很容易疲劳,需要充足的睡眠来保证大脑休息,所以,在婴儿的生长发育过程中健康睡眠甚至比营养更重要。睡眠不足会使婴儿生理机能紊乱,神经系统的调节失灵,食欲不振,抵抗力下降,体重增长缓慢,往往爱哭爱闹,再丰富的营养也不起作用。而且,婴儿的囟门及颅骨缝尚未完全闭合,头骨较软,所以,在出生后6个月内,头颅的大小、形状具有很大的可塑性,是可以通过健康睡眠来塑造的。

通过对婴幼儿睡眠的观察,能够预测其大脑在发育方面的改变,也可以了解其身体是否健康,所以提倡宝宝要健康睡眠。作为父母,应该为婴幼儿创造良好的睡眠环境,并使婴幼儿养成良好的睡眠习惯,保证宝宝的健康睡眠。

健康睡眠的状态

宝宝睡后安静,呼吸轻而均匀,头部略有微汗,面部舒展,时而有微笑的表情,每天睡眠为16~18个小时。

影响健康睡眠的外在因素

1. 健康睡眠与温度

婴幼儿的睡眠环境以温度24~25℃、湿度50%左右为宜。在现实生活中,对于家长来说,这个标准有些"苛刻"。但家长必须注意,不要给宝宝穿得、盖得太厚,温度高会使宝宝烦躁不安,反而扰乱了正常的睡眠。

2. 健康睡眠与声光

大多数婴儿能习惯家人的谈话声、笑声,以及适当的电视机和音响的声音,但要避免大声喧哗。经常处于嘈杂声中,婴儿特别容易烦躁不安,影响睡眠质量,所以,应该为宝宝创造一个相对比较安静的睡眠环境,但也不必人人屏声敛气。婴儿室内的光线不能太过强烈,应暗淡一些。

3. 健康睡眠与睡枕

婴儿理想的睡枕应该质地柔软、舒适、携带方便、干净卫生、容易清洗、不怕虫蛀、霉变、无污染,适合婴幼儿生理发育特点。

枕内填充物应有益健康睡眠,可满足婴幼儿各种睡姿的要求,有效地促进小脑和头型的发育。

健康睡眠的护理要点

婴儿从早到晚总是处于睡眠状态，自己又没有能力控制和调整睡眠姿势。妈妈在护理婴儿睡眠时必须多加留意。

（1）应多注意观察，经常给婴儿变换睡眠姿势。

（2）随着婴儿的成长，注意调整枕头的高度。

（3）要注意室温，被子不要盖得太厚，夏天天气炎热时，电扇、空调不能直接对着婴儿吹，并注意调整枕头的温度。

（4）保持室内安静，光线应柔和暗淡，并注意通风，使室内空气新鲜。

（5）睡前不要把婴儿喂得太饱，否则婴儿腹部不适，会难以入睡。

（6）睡前做一些安静的游戏，不要让婴儿过于兴奋。

（7）夜间若婴儿不醒，不必频繁检查尿布。若婴儿醒了，换尿布或喝水后，不要与婴儿多说话，让他尽快重新入睡。

（8）喂奶时间应该有规律，每天定时让婴儿睡觉，努力帮助婴儿建立科学的生物钟节律。

睡枕的大小应合适，枕头高低可调节，新生儿枕头的高度以3厘米左右为宜。随着婴儿的成长，再适当增加枕头的高度。

应该选择透气性能良好的睡枕。当外界气温较高时，能降低头部温度，以免婴幼儿因天热而烦躁不安。

睡枕外套应选用柔软的全棉布料，不宜使用新布。使用前应先用清水漂洗一次，因为新布上有一层浆料，会刺激婴儿皮肤。化纤面料透气性差，夏天使用易生痱子，应避免使用。

母婴同室

一般西方国家都有专门的婴儿房，宝宝一出生便有自己的房间，这也是西方儿童独立性比较强的原因之一。世界卫生组织和联合国儿童基金会提出了改革传统的母婴分室制度后，母婴同室（即婴儿出生后与母亲24小时在一起）逐渐成为一种风尚。实践证明，母婴同室有很多优点。

（1）使婴儿尽早吸吮到最适合婴儿生长的天然食品——母乳，增强抵抗力，避免患低血糖症，并能减少新生儿的生理性体重下降。

（2）便于妈妈对婴儿的观察和护理，可及时发现异常情况，妥善进行处理。

（3）有利于增进母子亲情，促进婴儿智力发育。母亲温暖的怀抱、熟悉的气息、柔和的声音能使婴儿感到安定和愉快，加深对外界刺激的印象，有利于智力开发。

（4）促使母乳分泌，减少乳腺炎的发病率，并有助于妈妈产后子宫收缩，减少阴道出血，加速产后恢复。

婴儿睡姿的优劣

据说国外的婴儿经常趴着睡，这样遵循了一种"自然规律"，即人生来是喜欢趴着睡的，有人说婴幼儿侧着睡最适合，有人说仰着睡会睡成个"扁脑袋"……究竟哪种睡姿对婴儿最有利，目前并没有科学的定论。但作为父母应该了解一下三种睡姿各自的优缺点，再根据自家宝宝的情况灵活掌握。

俯卧

1. 优点

（1）婴儿有安全感。胎儿在妈妈子宫里就是腹面部朝内、背部朝外的蜷曲姿势。人体的腹面部相对于背部来说，缺少骨骼的保护，容易受到外界伤害，且比较敏感。这种姿势是最自然的自我保护姿势。

婴儿好像天生就爱趴着睡，也是基于上述原理，把身体最脆弱的部分保护起来，睡觉时更有安全感，容易睡得熟，从而减少哭闹，有利于神经系统的发育。

（2）有益于婴儿胃的蠕动及消化。趴着睡时，胃容物不易流到食道及口中而引起呕吐。胃容物蠕动到小肠中，有利于消化吸收。

（3）俯卧可使婴儿受抬头、挺胸的带动，锻炼颈部、胸部、背部及四肢等大肌肉群，有利于翻身和爬行

新生宝宝睡觉能用枕头吗

新生儿的脊柱是直的，平躺时背和后脑在一个水平面上，而且宝宝的脑袋特别大，几乎与肩同宽，侧卧时也无不适，因此，新生儿通常不需要枕头。但是否需要枕头，还是应该根据具体情况来决定，有的新生儿经常吐奶，这时可以把折叠的毛巾垫在头下代替枕头。若还是要用枕头，应该选用那种中间低凹的枕头。

婴儿3个月后，颈部脊柱开始向前弯曲，胸部脊柱逐渐向后弯曲。从这时起，应该给婴儿用枕头了。枕头不宜大，以30厘米长、3～4厘米高、两侧为椭圆形的小枕头为宜。注意不能让婴儿用成人的枕头，不然会影响睡眠及婴儿的生长发育。

的训练。

2. 缺点

（1）容易引起窒息。婴儿的头较重，而颈部力量不足，在不会自如地转头或翻身时，口鼻易被枕头、毛巾等堵住，造成窒息，甚至危及生命。

（2）不利于散热。婴儿胸腹部紧贴床铺，不易散热，容易引起体温升高，或者由于汗液积于胸腹而产生湿疹。

（3）四肢不易活动。

侧卧

1. 优点

（1）右侧卧可减少呕吐或溢奶，婴儿胃的出口与十二指肠均在腹部右侧，右侧卧可使胃容物更易流到小肠。若万一发生呕吐，侧卧可使口腔内的呕吐物由嘴角流出，而不至于流到咽喉。

（2）有利于肺部发炎部位的引流。若一侧肺部发生炎症，可采取另一侧卧，使发炎部位的分泌物（痰）易于流出气管。

（3）减少打鼾。婴儿睡觉打鼾，多由咽喉部分泌物及软组织相互振动而产生。侧卧能够改变咽喉软组织的位置，减少分泌物的滞留，使婴儿的呼吸更顺畅，也就不会打鼾了。

2. 缺点

（1）左侧卧易引起呕吐或溢奶，婴儿胃与食道的交界偏左侧，左侧卧时胃容物易回流到食道中。

（2）维持姿态比较累。婴儿的身体是滚圆的，四肢又比较短，维持侧卧姿势并不容易，需要用枕头在前胸及后背支撑。

仰卧

1. 优点

（1）不必担心窒息。婴儿口鼻直接向上接触空气，通常不会有外物遮堵而影响呼吸。

（2）可直接观察婴儿睡况。口鼻是否有过多分泌物，有没有呕吐，脸上是否有怪异表情或脸色不正常等均可立即发现，并采取措施。

（3）四肢活动灵活。四肢不受局限，使婴儿睡眠比较放松、自在。

2. 缺点

（1）易发生呕吐。婴儿仰卧时，胃容物易回流食道造成呕吐。同时吐出物不易流出口外，会聚积在咽喉处，容易呛入气管及肺发生危险。

（2）缺乏安全感。因为把人体较脆弱的部位都暴露在外，心理上缺乏安全感，不易熟睡。

（3）容易着凉。胸腹部皮肤较薄易散热，若是没有采取适宜的保暖措施，容易着凉。

选择睡姿需注意

不能让婴儿总固定一种睡姿，应该三种睡姿交替进行。

3个月内的婴儿肌肉力量不足，应采用仰卧。

会自己翻身的婴儿，在身边有人观察其睡眠的情况下，可以俯卧。

婴儿仰卧时最好不用枕头，以免因颈部抬高，而使颈部及咽喉处弯曲，不但影响以后的体态，还可能造成呼吸困难。如用枕头，也应垫在婴儿的颈肩部。

稍大一些的婴幼儿可以侧卧，但身前身后用枕头或侧卧枕夹靠住。

极易呕吐，呼吸时咽喉有杂音的或较神经质的婴儿可以采取俯卧。

俯卧有助于婴儿的脸型变得较圆且偏长，但需要经常左右更换来达到目的。

仰卧有助于婴儿的脸型变成传统上中国人比较喜好的方盘大脸。

侧卧可使婴儿的头型较狭长。

新生宝宝"拉肚子"怎么办

新生宝宝生后不久即排大便，1~3天内便呈黑绿色或棕褐色，黏稠，没有臭味，称为胎便，民间叫"脐带屎"。2~3天后转为正常大便。

什么样的大便是正常的？一天应排几次呢？新生宝宝中枢神经系统发育尚未完善，对消化道的调节活动不够稳定，直肠内一有大便积聚就刺激肛门括约肌而随时引起排便。新生宝宝大便次数各不相同，有的一天排2~3次，有的每换一块尿布都带有大便。大便性状各有差异，可呈金黄色、淡绿色，有的较干，也有的较稀。通常，母乳喂养的新生宝宝大便次数较多，也较稀，呈金黄色，牛乳喂养的新生儿大便次数较少、较干，色泽呈淡黄色。新生儿的大便也与母亲的饮食有关，母亲食油性较大、较凉的食物，或食入较多的水果蔬菜，宝宝的大便次数就可能较多、较稀。只要宝宝吃奶正常，生长发育正常，大便次数多或较稀都是正常现象。

若宝宝大便水分较多，粪质较少，或粪质在水中漂浮，有酸臭味，或黏液较多，甚至带有血丝，则应及时看医生。

千万不可盲目给宝宝服用抗生素。宝宝肠道内有正常的菌群平衡，就像生态平衡一样，维护着肠道内的环境，帮助消化吸收，抑制致病菌的生长。如果不恰当地服用抗生素，则破坏了肠道内的菌群平衡，削弱了肠道自身抵御细菌的能力。致病菌繁殖，还可造成霉菌性肠炎，导致消化吸收功能障碍，出现腹胀、恶心、呕吐。新妈妈必须注意，不要把宝宝正常大便误认为异常，而盲目服用各种药物。即使患了肠道疾病也应通过医生诊断，化验大便，合理使用药物，没有细菌性肠炎，避免服用抗生素，有细菌性肠炎也不宜长期使用抗生素，或联合使用两种以上广谱抗生素。

宝宝常见皮肤问题及护理

新生宝宝在出生后的30天内，皮肤"变幻莫测"，往往刚才看还好好的，不一会儿便出现一块红一块红的，或是宝宝一觉醒来，突然手脚又粗糙又干燥，并开始脱皮，让父母又惊又慌。其实，这些大多都是暂时的生理变化，只要掌握一些正确的知识，给予恰当的照顾，婴儿就会平安无事。

新生儿红斑

新生宝宝皮肤表面的角质层尚未形成，真皮较薄，纤维组织少，但毛细血管网发育良好。往往一些轻微刺激如衣物、药物便会使皮肤充血，表现为大小不等、边缘不清的多形红斑，多见于头部、面部、躯干及四肢，通常婴儿没有其他不适感。

护理：

红斑属正常生理变化，无须治疗，一般在1~2天内自行消退。

切莫给婴儿随便涂抹药物或其他东西，因婴儿皮肤血管丰富，吸收和透过力强，处理不当则会引起接触性皮炎。

皮肤色素斑

俗称胎记。许多人对此不太清楚，常误认为是生产时受伤所致，或是被别人弄伤。实际这是由皮肤深层色素细胞堆积形成的色素斑，常表现为在宝宝的臀部和腰部之间，或者在骶尾部和背部有青色或蓝灰色、蓝绿色斑，或许只有一大片，也可能有好几块，形状不定且不规则，大部分婴儿都有这种色素斑。

护理：

通常无须进行治疗，随着年龄增长会逐渐变淡，7岁以前慢慢消失。

如果色素斑颜色变为咖啡色，数量多且范围大，就应定期带婴儿去医院就诊，以防患有神经皮肤综合征中的一种病——脑结节性硬化。

生理性脱皮

　　刚出生的婴儿皮肤最表面的角质层太薄，表皮和真皮之间连接的也不紧密，往往表现出脚踝、脚底及手腕部皮肤干而粗糙，发生脱皮现象。通常在第8天最严重，随后逐渐减轻。

　　护理：

　　给婴儿做清洗时水温不要太高。

　　不要过度使用婴儿皂或其他清洁品。

　　不要用毛巾或手用力搓皮屑，让其自然脱落，以防引起皮肤损伤而形成感染，甚至败血症。

　　若想滋润皮肤表层，应在医生的指导下使用安全的保湿品。

皮肤出血点

　　婴儿猛烈大哭，或者因分娩时缺氧窒息，以及胎头娩出时受到摩擦，均可造成皮肤下出血，这是因为血管壁渗透性增加及外力压迫毛细血管破裂所致。

　　护理：

　　出血点无须局部涂药，几天后便会消退下去。

　　若出血点持续不退或继续增多，或者有其他出血倾向，可请医生进一步检查血小板，以排除血液病及感染性疾病。

皮肤变黄

　　一般发生在婴儿出生后的2~3天，表现为皮肤呈淡黄色，眼白也微黄，尿色稍黄但不染尿布，婴儿的情况很好，如吃奶有力、四肢活动好、哭声响亮。这种现象是生理性的，7~9天后开始自行消退。早产儿生理性黄疸出现较晚，常在生后3~5天出现，6~8天达到高峰，以后开始消退，2~3周左右退净。

　　护理：

　　足月婴儿不需特殊治疗，多给喝些葡萄糖水即可。

　　若出生3天后出现，10天后尚不消退，或是生理性黄疸消退后又出现黄疸，以及在生理性黄疸期间，黄疸明显加重，如皮肤金黄色遍及全身（手、足心也深黄），应及时去医院就诊。

对早产儿应密切观察，必要时去医院做光疗和药疗。

粟粒疹

有些父母发现刚出生的宝宝鼻尖、鼻翼或面部上长满了黄白色的小点，大小约1毫米，这是受母体雄激素的作用而使婴儿皮脂腺分泌旺盛所致，有的婴儿甚至在乳晕周围及外生殖器部位也可见到这种皮疹。

护理：

通常在宝宝4~6月时会自行吸收，切莫用手去挤，这样会引起局部感染。

皮肤血管瘤

有些婴儿一出生，娇嫩的皮肤就可看到红色斑块，婴儿哭闹时红色更明显，这种红色斑块即是血管瘤。血管瘤中预后较好的是橙色斑和红色痣。橙色斑多数在出生后的几个月内自行消退。红色痣虽然消退较慢，但对婴儿身体无多大影响。这些斑多发于婴儿的面部、颈位和枕部。

护理：

婴儿不仅脸上长红斑痣，而且伴有抽搐或智力迟缓，需去医院诊查是否患脑血管瘤。

避免让斑瘤表面受到摩擦等，以免擦伤并发细菌感染。

若血管瘤在短期突然长得很快，应去医院检查。

胎脂

婴儿出生时会在皮肤上带着一层薄薄的乳白色油状物即胎脂，不同的部位覆盖的胎脂不等，它是由皮脂腺的分泌物和脱落的表皮形成的。胎儿在母体内时，胎脂可保护胎儿的皮肤不受羊水的浸润。胎儿出生后，胎脂不仅对皮肤有保护作用，若环境温度低，它还可减少婴儿身体的热量向四周发散而保持体温恒定。

护理：

通常在出生后1~2天内会自行吸收，不必擦掉它。

新生儿痤疮

差不多有近一半的新生儿有这样的问题，出生没几天脸上却长出不少"青春痘"。这是由于婴儿受到母体肾上腺皮质激素的影响，出现皮脂分泌亢进所致。在皮脂分泌量增加的同时，毛囊上皮会发生角化，毛囊管狭窄，使皮脂潴留从而形成痤疮，症状轻者无须任何治疗。

护理：

孕妇在妊娠期避免滥用激素类药物，皮疹一般在数月后自动痊愈。不要用母乳擦洗，也不要用手去挤压，更不要涂抹激素类软膏。症状较严重者及时请医生采用抗菌治疗，以免损伤面部皮肤。

胎头水肿和胎头血肿

许多婴儿出生后头上有一个"包"，这是在分娩时，胎儿头部受产道挤压，尤其是受子宫口的压迫而形成局部头皮水肿。若使用了产钳或胎头吸引器助产，就会造成胎头损伤，在头骨骨膜下形成血肿，即称头颅血肿。

护理：

胎头水肿的包块是分娩中出现的正常现象，无须处理。

头颅血肿的肿块切莫用手去按摩，更不能用注射器穿刺，不然会引起感染。应密切观察婴儿情况，出血情况严重会使黄疸症状加剧。

婴儿尿、便之后要及时更换尿布，并清洗臀部及会阴部，避免脐部的污染、浸渍。

当发现脐轮或周围皮肤出现红肿或有渗出液时，婴儿可能患上了脐炎，若是仅有少量分泌物，只需用3%的过氧化氢溶液进行清洗，然后再涂抹上碘伏溶液，一天处理2~3次即可。但若脐周围红肿明显，并且脐轮中有脓汁，同时婴儿还伴有发热、不愿意吃奶、总是哭闹等表现，应及时带婴儿去医院，请医生根据病情给予局部及全身的抗菌治疗。

用3%的过氧化氢溶液擦拭时，注意是否有气泡产生，若有则说明溶液是新鲜而有效的。

脐疝的防治

脐疝，就是所谓的"鼓肚脐"，是由于婴儿先天腹壁肌肉过于薄弱，加之出生后反复有使腹压增高的情况，如咳嗽、便秘、经常哭闹等，导致肠管从这个薄弱处凸出到体表，形成一个包块，甚至会嵌顿在这个部位，使肠管出现受挤压的症状，如呕吐、腹泻等。但脐疝很少嵌顿，一般在睡眠和安静的情况下凸出的疝又会回到腹腔，凸出到体表的包块就会消失。

脐疝会随着婴儿年龄的增长，腹壁肌肉的发达，在1~2岁时自愈，有时甚至到了3~4岁，仍可有望自愈。但若脐疝太大，就容易被尿布和内衣划伤，引起皮肤发炎、溃疡，这种情况下应去医院接受治疗。如果疝孔直径超过2厘米左右，无自愈的可能时，也应及早去医院做手术修补，应该根据宝宝的具体情况采取相应的治疗方法。

刚出生的宝宝发烧时慎用药

不适宜新生宝宝使用的药物有，会使造血功能下降的氯霉素；易引起新生儿黄疸的维生素K_3和维生素K_4、磺胺类药物、新生霉素、伯氨喹啉，引起耳神经和肾功能损害的链霉素、卡那霉素、庆大霉素；使新生儿烦躁不安、心跳加快的麻黄类药物；含有盐酸萘甲唑

新生儿的脐部怎样呵护

（1）婴儿出生时，脐带断端已由医生处理完毕并用绷带包扎好，自此24小时之内不要打开，更不要给婴儿进行洗浴。

（2）出生24小时后即可给婴儿洗浴。洗浴时，先把包扎在脐部断端的绷带打开，然后把婴儿放入浴盆中，脐部可浸水，无须做特殊防护。

（3）洗浴后，将婴儿全身用清洁毛巾擦净（包括脐部在内），依次用棉签蘸取2%的碘酒溶液及75%的酒精溶液擦拭脐部及脐轮，每次处理完要暴露脐部断端，然后包好婴儿即可。

（4）当脐带部分脱落时，为了避免厌氧菌感染，可先用棉签蘸取3%的过氧化氢溶液擦拭脐带断端，然后再用碘伏溶液擦拭。

（5）脐带脱落后，若断端未完全愈合，每次洗浴后，也要按照上述处理步骤去做，每日处理一次即可，直至断端完全干燥、愈合。

啉，能使新生宝宝出现嗜睡、呼吸和心跳减慢的滴鼻净或滴眼净。

最简单的方法就是物理降温，当新生宝宝发烧到38~39℃以上时（通常没有抽风的症状），先将宝宝的包裹或衣物松开，通过皮肤散温，并多喂些开水。若体温上升到39℃以上，也可采用洗温水浴，水温要比体温低1~2℃。一旦体温下降，则应及时取消降温措施。使用退热药必须慎重，如APC、安乃近，会引起新生宝宝紫绀、贫血和便血。

■ 新生宝宝的内衣

应从何时开始穿内衣

经专家认定，宝宝应该从一出生就开始穿内衣。特别是在天气寒冷时出生的宝宝，这样做有以下几点益处：

1. 能促进新生宝宝大脑和运动机能发育

内衣具有保暖作用，妈妈无须担心宝宝冷而再采用包布包裹宝宝，使宝宝的胳膊和腿被捆得不能动弹，从而影响四肢的活动。若按节令变化给婴儿穿上适宜的内衣，婴儿会自由地躺在床上，小手小脚任意乱踢乱蹬。这些伸展动作，不但能增强肌肉和骨骼的发育，还可加深呼吸，促进血液循环及新陈代谢，并且，由于神经肌肉反射的活动而促进大脑运动机能发育。

2. 保暖御寒，预防宝宝受凉感冒

经医生观察，反复因受凉感冒的婴儿大多未穿贴身内衣，摸上去身体凉冰冰，尤其是下半身。其实，厚实的外衣只有挡风效果，不能像棉内衣那样，特别是寒冷时节双层针织棉内衣能够吸收保留空气，使空气围护在皮肤四周而达到保温作用，既舒适又暖和，婴儿也不容易着凉而患感冒。

3. 从小培养宝宝良好的生活习惯

给新生宝宝穿内衣，使他们从一出生便能体会到舒适的感觉，这对他今后养成健康的生活习性大有裨益。

什么样的内衣适合宝宝

专家表示：这个问题应该从婴儿的生理特点来考虑。

1. 做工

婴儿皮肤最外层耐磨性的角质层很薄，即使不大的刺激也容易使皮肤变红，甚至损伤。内衣质地是否柔软应是妈妈首要考虑的因素。妈妈在选择时，可先用手背抚摩一下是否柔软，然后翻看里边的缝边是否粗糙而发硬，特别要注意腋下和领口处，若能给新生的小宝宝买到缝边朝外的内衣则对他们更为合适。

2. 质地

婴儿处于生长发育旺盛的时期，新陈代谢快，活动量也很大，非常易出汗。若选用具有吸汗和排汗功能的棉织品，会减少汗液对婴儿皮肤的刺激，从而避免发生各种皮肤问题。妈妈在选择时必须注意质地标签上是否有"100％ cotton（棉）"的标志。

3. 保暖

婴儿体表面积相对较大，皮肤表层易于散热的血管多，而防止体内热量散发的脂肪层却较薄，因而婴儿容易体温低下。妈妈绝对不能忽视内衣的保暖性，特别是在气温降低时出生的婴儿，需要穿上双层有伸缩性的全棉织品，外面再套上薄绒衣等。

4. 方便

婴儿头较大，脖颈却较短，新生的宝宝更是脖子软绵绵的，很不方便衣服的穿脱。婴儿内衣款式不仅宜简洁，而且要穿脱方便。传统式前开襟、无领、腰边系带子的和尚服很适宜婴儿，而且它还能在胸腹处重叠，这种设计会避免婴儿腹部受凉而引起腹泻。

5. 花色

婴儿内衣色泽宜浅淡，无花案或仅有稀疏小花案，以便于观察尿色、便色及血迹，从而及早发现异常情况，还可避免有色染料对婴儿皮肤的刺激。若内衣颜色非常白，其中可能含有荧光增白剂等化学物质，最好不要选购。100％纯棉内衣的颜色白中透着淡黄，色泽看起来自然而柔和。为了确保安全和卫生，内衣在临穿前，均应先清洗一遍。

宝宝的内衣买回来就要洗

无论婴儿内衣是否有甲醛等化学物质存留，也要先洗涤，再给婴儿穿。经过洗涤后，一些化学物质的残留量会有所减少，而且也可将棉絮、细小纤维及内衣在制作、搬运、出售等过程中因经过许多人的手而带来的部分细菌和脏污除去，更能保证卫生，保护婴儿的皮肤健康。

使用专用洗衣液

因为内衣直接接触婴儿娇嫩的皮肤，所以洗衣粉、肥皂等碱性大的洗衣用品，不适于用来洗涤婴儿的内衣，应该选用专为婴儿设计的洗衣液来清洗。这些洗衣液对婴儿衣服上经常会出现的奶渍、汗渍、果汁渍有特效，去污力强，易漂洗，对皮肤无刺激、无副作用，通常还是无磷、无铝、无碱、不含荧光剂的环保产品。

在没有专用洗衣液的时候，也必须选用纯中性且不含荧光剂的洗衣粉（液），同时注意将成人与婴儿的衣服分开洗。

科学保养

婴儿长得很快，衣服刚买不久就穿不上了，但妈妈也应该注意保养好婴儿内衣。先不去管以后是否还有用，至少现在能让婴儿穿得更舒服些。

保养的前提是洗涤方式要正确，应该按照产品标识上的洗烫方法处理，这才是妈妈对宝宝最贴心的呵护。

为新生宝宝选购内衣

多种感官并用

选购品质良好又适合婴儿的内衣时，妈妈可运用多种感官，不妨学几招小窍门。

一摸：布料是否柔软，特别是腋下、手腕等处，选择时不妨放在自己脸颊旁感觉一下，袖口、裤腰的松紧是否舒适。

二看：特别白，甚至白得发蓝的内衣，通常含有荧光剂（一种有漂白作用的化学物质），看起来衣服比较洁白，比较挺，不易起皱，但对婴儿的皮肤有害，因此，妈妈不能盲目以为"白"就好。

三闻：若是闻起来有一种不舒服的味道，则可能残留甲醛或其他化学添加剂。

方便实用的内衣

婴儿内衣虽小，种类却很多，长的、短的、袍状的、蛙形的、日常穿的、睡觉穿的等，选择时要考虑到每一种的不同功效。比如：

长袍状内衣——下摆较宽松，适合会爬之前尿布换得频繁的小宝宝穿，只要掀起下摆就行了。

蛙形内衣——方便婴儿蹬腿，并能避免关节脱臼。

偏扣衫与和尚服——能有效呵护小婴儿娇气的小肚子，非常实用。

内衣功能的选择还有时间性，通常要根据婴儿的成长阶段，从便于穿脱或换尿布逐渐向便于婴儿"动手动脚"方面转换。

宝宝贴身衣服的面料

许多妈妈除了购买现成的衣服，也愿意亲手为宝宝制作贴身的小衣服。妈妈都知道应该选用纯棉面料，但并非所有的棉布都适于让宝宝贴身来穿。

1. 针织罗纹布

小·贴士

小小配件不容忽视

婴儿内衣应该采用系结式,既安全又可以"密切配合"宝宝的体形。

大一点儿的婴儿可以选择有纽扣的内衣,但要选择使用布包扣类的,比金属、塑料、木质的都要柔软舒适,不会有毛刺等危险隐患。

无论是纽扣还是系结,选择时必须检查一下牢固度,或买回来后再重新缝一遍。

婴儿的内衣尽量没有花饰和配件,若有也要看是否安全、穿脱方便,不要妨碍行动。

这是一种有弹性的针织面料,质地较薄,伸缩性、透气性及手感极好,但保暖性略差,比较适合在春、秋,特别是夏季穿。

2. 针织棉毛布

比罗纹布稍厚,为双层有弹性的针织面料,有极佳的伸缩性、保暖性、透气性及较好的手感,比较适合在秋冬季节穿。

3. 棉纱布

棉纱布是一种平织面料,薄且纤维间隙大,透气性极好,但伸缩性、保温性及手感一般,洗后易缩水,适合夏季穿。

4. 毛巾布

毛巾布即毛圈纯棉布,质地较厚,有很强的保暖性及良好的伸缩性和手感,但透气性略差,适合在秋冬季穿。

宝宝因何发热

正常新生儿的腋下温度为36~37℃。但有时婴儿的体温突然上升到39℃以上。

这种情况多见于刚出生几天的婴儿,特别是早产儿。在闷热的夏季,若室温将近30℃,或者是给婴儿裹得太多,往往就会导致体温骤然上升,可达39~40℃,婴儿表现出烦躁不安、哭闹不止、皮肤潮红、尿少,但是其他方面都很正常。其实,宝宝发烧并非感染了细菌,而是因体内脱水引起的。医学上称

这种情况为新生儿脱水热。为什么会发生这种情况呢？由于刚出生的婴儿体内含水量多，体表面积相对大，在环境温度高或炎热季节时，呼吸、大小便会丢失很多水分，而且妈妈在宝宝刚出生的头几天里奶少，使婴儿液体摄入量少于身体丢失的水分，造成体内水分不足而发生脱水热。

如何防治脱水热

（1）迅速给婴儿补充水分，轻者喂温白开水或5%葡萄糖水，每2小时一次，每次10~15毫升，一般婴儿热度自然下降。如热度不退，或者出现其他病状，应立即送医院静脉输液。千万不要给婴儿滥用退烧药降温。

（2）室温应保持在22~28℃，夏季不要紧闭门窗，也不要给婴儿穿得太多或包得太严实。

（3）尽力给予婴儿足量的母乳。

（4）在母乳尚不充足之前，可在喂奶之间加喂20~30毫升温水或5%的葡萄糖水。

宝宝的皮肤为什么会变黄

新生宝宝出生后没几天，突然皮肤变黄了，其实，新生的宝宝大多都会如此，皮肤出现不同程度的变黄。这属于正常生理现象，为新生儿生理性黄疸，不需要进行治疗。几天后黄疸就会自然消退，婴儿的皮肤颜色会恢复正常。但其中有一少部分婴儿的皮肤变黄是属于病态表现，应该及早进行治疗。该怎样判断婴儿皮肤变黄是正常还是异常呢？

生理性黄疸

生理性黄疸发生的原因是由于新生的小宝宝出生后建立了自主呼吸，血液中的氧浓度增高，体内多余的红细胞因此被破坏，分解成胆红素而使得血中未被结合的胆红素增加。但新生的小宝宝肝脏发育尚不成熟，参与新陈代谢的酶分泌不足,所以对血中增加的胆红素立即进行处理的功能较弱,不能将未结合的胆红素转变成结合胆红素排出体外,而是沉积在皮肤上使之变黄。

生理性黄疸通常在出生后的2~3天后开始出现。先是面部变黄,然后巩膜也变黄,接着可在身体上出现。一般皮肤变黄的程度较轻,而且手掌和脚掌很少出现。婴儿在皮肤变黄时,精神状态与往日一样,吃奶和睡眠都无明显变化,尿色稍黄,但尿布不被染黄,大便的颜色也不浅。足月的婴儿生理性黄疸可持续4~6天,在生后7~10天内逐渐消退。但早产儿的黄疸在出生后3~5天才出现,6~8天达到高峰,黄疸消退的时间较晚,通常需2~3周才能消退干净。

病理性黄疸

若新生的小宝宝出现以下几种情况应想到有疾病的可能。

(1)在出生时就出现黄疸,或生后24小时内就已经出现明显的黄疸。

(2)婴儿的变黄程度较严重,如除了面部、躯干、四肢外,手掌和脚掌也出现变黄,这种情况多为病理性。

(3)皮肤变黄的时间长,足月的婴儿超过2周以上或更长的时间,早产的婴儿也已超过生理性黄疸的期限(即大于3周)。

(4)黄疸时轻时重,不像生理性黄疸那样皮肤黄染越来越减轻,或是黄疸消退后又重新出现。

(5)婴儿同时伴有精神和食欲不佳的表现,如不愿吃奶,吸吮力差,没精神,出现呕吐或腹泻、发烧或体温低,大便颜色发白,肝和脾肿大等。这一般是由于新生儿溶血病、败血症、肝炎、先天性巨细胞病毒感染、胆道畸形、内脏出血等疾病引起的。

有一种特殊的情况,即有些喂母乳的婴儿黄疸持续时间较长,甚至可达数月,由于是喂母乳引起的黄疸,所以为母乳性黄疸。这样的婴儿没有任何疾病的表现,吃奶及精神状态都很正常,医生也检查不出什么异常。母乳性黄疸通常对婴儿影响不大,它是由于血中的胆红素在肠道回收增多所致,无须停喂母乳。对于个别黄疸严重的婴儿,只要暂停喂哺母乳3~4天,黄疸就会明显减轻或逐渐消失。停喂母乳期间可改用配方奶哺乳，并用药物和蓝光治疗，不可掉以轻心。

如果怀疑是病理性黄疸，就应及早到医院看医生，进行详细检查和治疗，不然病情会加重。血中胆红素过高，特别是胆红素与脑细胞结合以后，有引起智力发育障碍的可能，甚至会导致死亡，医学上称为"核黄疸"，是新生儿患黄疸病最严重的后果。

哪些母亲不宜给婴儿哺乳

1. 患心脏病的母亲

给婴儿喂奶会加重自己心脏的负担，从而导致病情加重。

2. 患结核病的母亲

不仅对婴儿的健康有损害，而且对自己病情康复也不利。

3. 患肝炎的母亲

HBsAg可能通过乳汁传给婴儿，也不利于自己身体的康复。

4. 患慢性肾炎的母亲

本来身体就虚弱，若喂母乳并照管婴儿，会因过度劳累使病情加重。

5. 患糖尿病的母亲

会增加母体负担，若在病情尚未稳定时喂奶，会诱发糖尿病酮症而昏迷。

6. 患癫痫病的母亲

如果在喂奶时病情发作，会对婴儿造成伤害。而且，母亲服用的鲁米那、安定、苯妥英纳等药物可随乳汁传给婴儿，引起婴儿虚脱、嗜睡、全身淤斑等不良反应。

7. 患有乳腺炎的母亲

如果发病就应及时就医控制炎症，待病症消除后方可喂奶，不然会损害婴儿健康。

8. 患甲状腺机能亢进的母亲

在服药期间不要喂奶，以免引起婴儿甲状腺病变。

9. 患急性感染的母亲

在服用红霉素、氯霉素、磺胺等药物治疗期间，应停止给婴儿喂奶数天，否则影响婴儿肝脏和肾脏功能

10. 生下半乳糖血症或苯丙酮尿症患儿的母亲。

应立即停止用母乳及其他奶类喂养婴儿，听从医生指导更换最适宜的代乳品，以免婴儿的病情加重。

1~2个月宝宝的发育

1. 当宝宝饥饿时，将宝宝抱起做喂奶的动作，看宝宝能否出现寻找奶头的动作。

答案及指导：

婴儿能出现主动寻找奶头的动作则通过。妈妈可以有意识地将奶头靠近婴儿的嘴边逗引，训练婴儿主动寻找奶头的能力。妈妈要逐渐开始定时给婴儿喂奶。

2. 在婴儿的眼前约15厘米处，用手握住1个彩色玩具，慢慢移动，看婴儿的双眼能否注意到玩具并跟随玩具移动45度以上。

答案及指导：

婴儿的双眼能跟随物体移动45度以上则通过。妈妈可在床上悬吊各种色彩鲜艳的玩具，包括一些可以发出某些声响的玩具，以加强对婴儿视觉、听觉的刺激。

3. 婴儿睁着眼睛时，妈妈将手或物品迅速向婴儿眼前移动，不要接触婴儿的双眼，看婴儿是否会出现眨眼睛的动作（瞬目反应）。

答案及指导：

婴儿有瞬目反应则通过。妈妈可以用各种玩具来逗引婴儿，但要注意避免各种异物掉入婴儿的眼睛，要保护好婴儿的眼睛。

4. 在离婴儿约30厘米处点燃1支蜡烛、火柴或打着打火机，看婴儿能否注视火头方向。

答案及指导：

婴儿能注视火苗3秒钟以上则通过。妈妈要在每天抽一定的时间抱婴儿到亮处和户外活动一下，增加对婴儿视觉的刺激，扩展婴儿的视野。

5. 在婴儿清醒的情况下（躺着或抱着都可以），当妈妈或其他熟悉的人出现在婴儿面前时，看婴儿的双眼是否会注视着妈妈或熟人的面孔。

答案及指导：

婴儿能注视人脸则通过。妈妈可以抱婴儿出门散散步，接触一下其他人，并逗引婴儿，加强婴儿与他人的交往。

6. 观察婴儿吃饱奶后，能否主动停止吸奶，将奶头吐出。

答案及指导：

婴儿能主动吐出奶头，停止吸奶则通过。要训练婴儿习惯于吃饱后吐出奶头。稍微活动一下，并将婴儿竖抱起来，轻拍后背，使其吐出进到胃里的空气。不要养成婴儿含着奶头睡觉的坏习惯。

7. 妈妈注意观察婴儿在饥饿、大小便、想睡时是否会发出不同的哭声来表示。

答案及指导：

婴儿能够有不同的哭声表示不同的需要则通过。妈妈要根据婴儿啼哭的不同声音做出适当的反应，满足婴儿的正常需要。

8. 让婴儿俯卧，观察婴儿能否把头抬起，离开床面45度以上。

答案及指导：

婴儿头能够离开床45度以上则通过。

在俯卧时，让婴儿做抬头动作，并练习用手支撑前身。例如，将婴儿俯卧，在婴儿头部前上方用摇铃等有声玩具逗引婴儿，使婴儿努力抬头向上看，并试图用手支撑起头、胸部。

9. 让婴儿俯卧，把一些轻巧、颜色鲜艳的玩具放在婴儿手上，看婴儿是否会用手抓住玩。

答案及指导：

婴儿能用手抓玩小玩具则通过。

俯卧时要让婴儿自由活动四肢，把双手露在外面。放一些轻巧、鲜艳的小玩具给婴儿自己抓玩，练习抓握动作和俯卧的支撑能力。

教宝宝做游戏

20天: 对宝宝说话

方法: 婴儿清醒时，妈妈可以用缓慢、柔和的语调对婴儿说话，如: "宝宝，我是妈妈，妈妈喜欢你，你是个乖宝宝。" 也可以给婴儿朗读简短的儿歌、哼唱歌曲。此活动可在婴儿出生后的20天开始。

目的: 给婴儿听觉刺激，有助于婴儿日后早日开口学习说话，并促进母子间的情感交流。

注意: 对婴儿说话应该使用普通话。

脚印画

目　　的：记录宝宝的脚印变化。

准备材料：印泥、白纸。

参与人员：宝宝、爸爸和妈妈。

游戏过程：

（1）把宝宝的小脚丫洗干净，然后放在印泥上，让宝宝的脚掌和脚趾均匀地蘸上印泥。

（2）帮助宝宝将左脚按在空白的纸上，停留一会儿，待纸上清晰地印出脚印后再轻轻移开宝宝的左脚。

（3）按照上一步骤将宝宝的右脚脚印印在纸上。

（4）用清水或是干净的软布将宝宝的小脚丫擦干净。

（5）把纸固定在通风的地方晾干。

第二章

宝宝2月

◎ 母乳喂养与人工喂养宝宝的方法

◎ 掌握宝宝传递出的各种信息

◎ 奶癣的治疗方法

育儿方法尽在码中

看宝宝辅食攻略，抓婴儿护理细节。

宝宝的发育状况

到了2个月时，婴儿的眼睛能看清东西，注视眼前出现的物体的时间也长了。这是丰富婴儿视觉刺激的好时机。

这个时期的婴儿已显示出先天的个体差异。有的宝宝吃完就睡，即使醒来也不爱啼哭，很让妈妈省心，有的宝宝稍不如意就哭个不停，也有的宝宝晚上临睡前必先哭闹一场，俗称"闹觉"，怎么哄也不行，常常让妈妈十分疲劳。对爱哭的宝宝，除了哄抱以外，没有更好的方法。若置之不理，随他哭去的做法是不对的。

对2个月的婴儿，哺乳次数以每天7次为宜，但也不必拘泥于此。婴儿的吃奶量也已显示出个别差异。有的宝宝食欲好，醒来就找奶吃。有的宝宝每次喂奶吃，只吃几口，就不肯吃了。食量小的宝宝，不必强迫他每次吃下"标准量"。对那些胃口极佳、奶粉喂养的婴儿倒是应适当控制一下喂哺的数量，每次不要超过150毫升，以免将来长成"肥胖儿"。

大小便的次数比上个月稍有减少。有的宝宝大便较有规律，一天2~3次。有的宝宝经常是两天排1次大便，只要不干燥，排出时不费劲儿，就不必在意。还有的宝宝每次换尿布时，尿布上都有一些大便。这是生理上的差异，妈妈不必介意。

这个月的婴儿，舌头上可能覆盖有一层厚厚的白苔，白苔会自然消失，不必治疗。这个月的婴儿还容易长湿疹。

发育快的宝宝，近两个月时，俯卧在床上，头能稍微抬起来。

2个月宝宝的喂养

妈妈应该坚持用母乳喂养宝宝。通常，母乳是足够一个健康婴儿食用的，但由于精神因素或其他原因可能造成母乳暂时不足，这时切莫轻易断掉母乳而改喂牛奶。乳母应该保持精神愉快，坚定母乳喂养的决心，同时多吃些容易下奶的食物或催乳药物，以促进乳汁的分泌。

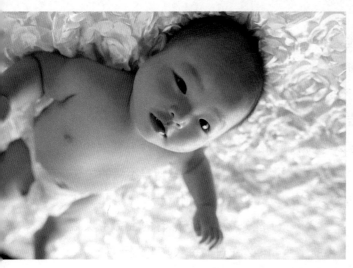

若母乳确实不足，则需要给宝宝加喂牛奶。可在两次母乳之间喂一次牛奶，也可在每次哺乳时先喂母乳，不足部分再用牛奶补充。

奶粉或牛奶喂养的宝宝，若上月是吃稀释奶，这个月可以改喂全奶了。一日奶量大致可按每千克体重100~125毫升计算。但每个宝宝的食量不同，活动量也不同，不能强求一致。市场上出售的鲜牛奶浓度差异较大，妈妈可根据宝宝的特点和消化能力来调整奶量。

2个多月的婴儿通常已养成了按时进食的习惯。

小·贴士

宝宝一啼哭是否就需喂奶

当喂奶不久宝宝便啼哭时，应看一看是不是尿布湿了，若换上干净的尿布，宝宝就停止啼哭，说明宝宝现在并不饿。还有的宝宝啼哭只是想让妈妈抱抱，这样的宝宝只要抱起来就不哭了。若宝宝一哭就喂奶，反而容易造成婴儿消化功能紊乱。

按需喂哺，不宜一哭就喂哺

新生儿不应采取每隔3小时喂哺1次的刻板的喂哺法，而应采取在婴儿想进食时即喂奶的按需喂哺法。但按需喂哺并不等于一哭就喂。婴儿不只是在饥饿时啼哭，当他身体不舒服或想要抱以及受到各种刺激时都会啼哭。

宝宝一哭就喂的方法，在母乳不足的情况下，容易出现以下问题。首先，频繁地喂奶会使妈妈心神不定，不能得到充分的休息，以致影响乳汁分泌，使奶水越发不足。宝宝由于每次都吃不到足够的乳汁，过一会儿又饿得啼哭起来，形成恶性循环。其次，频繁喂奶，易使妈妈乳头破裂，有些妈妈最终因疼痛而改喂牛乳。

▌ 判断宝宝饥饱的方法

仅仅从婴儿吃奶时间的长短来判断宝宝是否吃饱是不正确的。有的宝宝在吸空乳汁后还会继续吮吸10分钟或更长时间，还有的宝宝只是喜欢吮吸着玩。仅从婴儿的啼哭也无法准确地判断宝宝是否饥饿，因为婴儿也常会因其他的原因而啼哭。通常，可从以下几个方面来判断宝宝的饥饱。

（1）根据婴儿体重增加的情况和日常行为表现来判断宝宝是否吃饱是比较可靠的。若宝宝清醒的时间精神好，情绪愉快，体重逐日增加，说明婴儿每次都吃饱了。若宝宝体重长时间增长缓慢，并且排除了患有某种疾病的可能，则说明宝宝可能处于饥饿状态。

（2）哺乳时，宝宝长时间不离开乳房，哺乳后宝宝立刻啼哭，表明宝宝没有吃饱。

（3）宝宝吃过奶后能安静地睡觉，直到下次吃奶之前才有些哭闹，这是吃饱奶的表现。

（4）若宝宝吃奶时很费劲儿，吮吸不久便睡着了，睡不到1~2小时又醒来哭闹，或有时猛吸一阵，就把奶头吐出来哭闹，体重不增加，这是宝宝吃不饱的表现。

（5）大便不正常，出现便秘和腹泻。宝宝正常大便应为黄色软膏状。奶水不足时，大便可出现秘结、稀薄、发绿或次数增多而每次排出量少。

漾奶和吐奶

婴儿漾奶是指喂奶后随即有1~2口奶水返流入嘴里而从口角边溢出来。有的宝宝在喂奶后因未拍出嗝来，或因改变体位易出现漾奶。漾奶会随年龄的增长，于生后6个月内自然消失，不会影响宝宝的生长发育。还有的宝宝在生后1~2个月内有吐奶的毛病，有时吃完奶一会儿就都吐出来了，有时吃完奶过20分钟后又全吐出来，吐出来的奶呈豆腐渣状，这是奶和胃酸作用的结果。宝宝吐奶前没有痛苦的表情，吐奶后也没有任何异常表现，大便正常，精神很好，也不发烧。这是一种习惯性吐奶，不必管它，逐渐就会好转。对吐奶的宝宝做不到定时吃奶，宝宝吐奶后很快又会饥饿，对这样的宝宝，一次喂奶量要少些，喂奶后可多抱一会儿，使其上半身立着，直到打嗝将胃内空气排出。然后放到床上，枕上枕头，右侧卧20分钟，这样有助于减少吐奶次数。

如何防止宝宝吐奶

吃奶的婴儿往往会有吐奶的现象，这是因为婴儿的胃呈水平位，胃的容量小，贲门（紧接食管处）较宽，关闭作用差，幽门（紧接小肠处）较紧，而婴儿吃奶时又容易吸入空气，所以吃奶后奶汁容易从胃的贲门倒流入口腔，造成吐奶。应怎样防止宝宝吐奶呢？

（1）掌握好喂奶的时间间隔。通常，乳汁在婴儿胃内排空时间约为2~3小时，因此每隔3小时左右喂奶1次较合理。若婴儿吃奶过于频繁，上一餐吃进的乳汁尚有部分存留在胃内，必然影响下一餐的进奶量，或者引起胃部饱胀，以致吐奶。

（2）采用适宜的喂奶姿势。有的妈妈喜欢躺着喂奶，即母婴双方面对面侧卧哺乳，采用这种姿势喂奶，婴儿吐奶的可能性较大。若妈妈抱起婴儿喂奶，婴儿吐奶的机会就会减少。怀抱的婴儿身体倾斜，胃的下口便相应有了一定的倾斜度，吸入的奶汁由于重力作用可部分流入小肠，使胃部分腾空。婴儿在进食等量乳汁的情况下，抱起喂奶比躺着喂奶发生吐奶的机会要少。

（3）喂奶后不要急于放下婴儿。婴儿吃完奶后，妈妈不应立即把他放回到小床上，而应竖直抱起，让婴儿趴在妈妈肩头，妈妈用手轻拍婴儿背部，让那些随吸奶而吞入的空气排出，即让婴儿打嗝儿。气体在胃中停留，占据一定的空间，是引起婴儿吐奶的重要因素。婴儿打完嗝儿，胃中气体排空，再放下就不易吐奶了。

（4）吃奶后不宜取卧位。通常，婴儿多取仰卧位躺在床上。但吃奶后为防止吐奶，应该避免马上把宝宝置于仰卧位，应先右侧卧一段时间，经观察无吐奶现象后再让宝宝仰卧。

奶瓶奶嘴的选购与使用方法

奶瓶是婴儿必不可少的用品，妈妈为了方便起见，应该为婴幼儿准备7~8个奶瓶，才可满足日常所需。

奶瓶构造

一个完整的奶瓶包括以下几部分。

奶瓶外盖：用于防尘、防污染。

奶瓶内盖：用于固定奶嘴。

奶嘴：用于婴幼儿吸吮。

瓶身：用于盛奶、果汁、米糊等。

奶瓶种类

（1）玻璃奶瓶

优点：易于蒸煮消毒，无毒无味，透明度高，坚硬不易变形。

缺点：易摔碎、分量重。

耐热温度：120℃。

使用建议：适合居家使用。

（2）PC（聚碳纤维，一种无毒塑料，俗称太空玻璃）制奶瓶

优点：分量轻，不易摔碎，耐高温。

缺点：食品放入时间过长可能会有异味，透明度稍差，硬度差。

耐热温度：105℃。

使用建议：适合外出使用或婴幼儿自己拿着用。

奶瓶容量

240ml奶瓶：主要用于喝牛奶及添加辅食。

120ml奶瓶：主要用于喝水、果汁或添加辅食。

240ml奶瓶和120ml奶瓶是最常用的两种容量的奶瓶。此外，市面上还有200ml、160ml、150ml、80ml、40ml等多种容量的奶瓶可供选择。妈妈们可根据宝宝需求量任选。

奶瓶形状

圆形：适合0～3个月的婴儿用。此时期，婴儿吃奶、喝水主要是靠妈妈喂，圆形奶瓶内颈平滑，里面的液体流动顺畅。母乳喂养的婴儿喝水时最好用小号，储存母乳可用大号的。用其他方式喂养的婴儿则应用大号喂奶，让婴儿一次吃饱。

弧形、环形：4个月以上的婴儿有了强烈的抓握东西的欲望，弧形瓶像一只小哑铃，环形瓶是一个拉长的

O字,都便于婴儿的小手握住,以满足他们自己吃奶的愿望。

带柄小奶瓶:1岁左右的婴幼儿就可以自己抱着奶瓶吃东西了,但却常常抱不稳,这种类似练习杯的奶瓶就是专为他们准备的,两个可移动的把柄便于婴幼儿用小手握住,还可以根据姿势调整把柄,坐着、躺着都行。

奶瓶、奶嘴的辅助用品

奶嘴穿孔器:用来扎奶嘴的圆孔,根据婴儿的需要来增加。

奶瓶夹:奶瓶消毒后会很烫,用奶瓶夹取出奶瓶、奶嘴可避免烫伤。平时要保持奶瓶夹的清洁卫生。

奶瓶清洁剂:所用原料均为食物中的砂糖脂肪酸等中性洗剂,用于消毒奶瓶、奶嘴等。好瓶、奶嘴消毒后需用流动的水冲洗干净。

奶瓶刷:一套奶瓶刷包括一大一小两个刷子,大刷子用于刷瓶端,小刷子用于刷奶嘴。海绵奶瓶刷采用抗菌海绵为原料,不会刮伤奶瓶及容器,适合清洗塑料奶瓶。尼龙奶瓶刷以尼龙为原料,可轻易将奶瓶内侧边缘清洗干净,高温消毒不变形,适合清洗玻璃奶瓶。海绵奶瓶刷不可高温消毒,尼龙奶瓶刷易刮伤瓶壁。奶瓶刷用后需要放在洁净干燥处以备后用。根据不同的奶瓶选择适宜的奶瓶刷。

奶瓶消毒锅:煮沸消毒是最常用也是最有效的消毒方法,但通常需要火源加热,比较麻烦。专用的消毒锅利用电能,13分钟自动断电,使用方便、安全。奶瓶要完全浸没在水中,消毒后避免在锅内放置时间过长。

蒸气消毒煲:每次可消毒8个奶瓶及其配件,利用环绕各奶瓶的水蒸气消灭所有细菌,消毒后应及时取出晾干。

奶瓶保温袋:外出时可以携带调奶的水。不能将奶调好后放入袋中,不然会变质。

暖奶器:间接加热瓶装食品,方便、卫生、安全。不能放入时间过长,不然食品会变质。

奶瓶专用过滤器:主要用于过滤果汁中的杂质。消毒后使用,保证清洁卫生。

一次性奶袋:将奶袋与奶瓶内盖衔接,然后装入奶粉,冲水即可。此种奶袋为即用即弃型,免去了清洗消毒的步骤,适合外出使用。奶袋还有专用的奶瓶桶,为无底中空,比常用奶瓶稍大一点儿,有利于妈妈手拿着哺喂宝宝。

小·贴士

奶瓶、奶嘴的清洗与消毒

将调奶、喂奶用过的所有用具浸泡在盛有热水的器具中。

使用奶瓶专用刷，彻底清洗每一个部分，然后用清水冲洗。

奶嘴不仅要用专用刷刷洗外面，里面也要认真刷洗。

将冲洗干净的所有用具放进微波炉内加热消毒。也可用蒸汽锅或消毒锅消毒。

最后，用消毒过的镊子将消毒过的喂奶用具逐个取出，将它们放在干净的地方。

怎样人工喂养宝宝

妈妈必须先洗净双手，提前15分钟准备好调制奶粉所需的用具，然后拿出消过毒的奶嘴、奶瓶，准备好适量奶粉、热水。

把准备好的50~60℃的热水2/3量倒入奶瓶中。

用奶粉罐所附的汤匙，按说明加入适量奶粉。

晃动奶瓶，让奶粉充分化开，不要有结块。

将剩余的1/3热水加入奶瓶中，然后把奶瓶放平，通过刻度查看是否够量。

盖上奶瓶盖后再轻轻晃动一次。不要太用力，以免起泡沫。

妈妈先在胳膊弯处滴几滴试试温度，稍感温热即为适宜。

妈妈选择自己感到舒服的姿势，如坐在床边，可以放一个坐垫在腿上，以此来调整高度，避免手臂很快酸痛。一只手拿奶瓶，另一只手让宝宝头枕在手肘上，用小臂支撑住宝宝的身体。

随着奶瓶中的奶量减少,逐渐增加奶瓶的倾斜度,以免宝宝吸入太多的空气。

若奶嘴扁缩,阻塞出孔而影响出奶量,可将奶瓶盖松开少许,让空气进入瓶内。

竖着抱起宝宝,让头靠在妈妈身上,妈妈轻拍宝宝后背,让其将吞进胃内的空气排出。

育儿注意事项

给新生宝宝打包

当宝宝呱呱坠地后,许多年轻父母听从老人的建议,将新宝宝的手和脚强行拉直,然后捆紧包好,据说这样做不仅抱起来方便,还可让宝宝睡得安稳,并能防止日后形成"罗圈腿"。

不良后果:

（1）打包将影响宝宝今后抬腿、翻身、转身等运动能力的正常发育。

（2）打包时把婴儿肢体强行拉直,很可能会使股骨头一半在髋臼之内,另一半则落在髋臼之外,造成先天性的髋关节"半脱位",轻者使宝宝手腿抽筋,重者可能造成宝宝终身跛腿。

正确方法:

让宝宝呈"青蛙"式的自然状态,不要打成"蜡烛包"。

用热水给宝宝泡脚

常用热水洗脚或泡脚,是成人的养生之道,然而对于宝宝却并不适宜。

不良结果:

这样做可能会影响宝宝足弓的形成,不利于双足的发育。脚是由26块大小不同、形状各异的骨头组成,彼此之间借助于韧带和关节相连,共同构成一个向上而起的弓形结构——足弓,以缓冲行走和跑跳时对机体和大脑的震荡,保护足底的血管神经免受压迫。但因足弓是从儿童期才开始形成的,用热水洗浴会使足底的韧带松弛，不利于形成正常的足弓，因此导致扁平足的形成，成年后影响运动及行走功能。

正确做法：

用温水代替热水，避免足底韧带松弛及弹性下降。

宝宝一哭就制止

许多父母很害怕宝宝啼哭，一见宝宝啼哭就用喂奶等办法加以制止。

不良结果：

婴幼儿啼哭，是他在未能说话之前与父母或周围的人进行感情交流的一种方式，若人为地阻断这种交流，会使婴幼儿的感情无法得到表达，同人沟通的最基本能力也无法得到锻炼，因此阻碍智力的发展。

正确做法：

宝宝适度地哭一哭有益无害，然而，当宝宝的哭声异常时须留意有无意外情况。

让宝宝学走不学爬

人们普遍认为宝宝走路越早越表示身体健康，以致许多父母提前让宝宝学走路。

不良后果：

科学研究人员证实：周岁内婴儿不应当学走路，而应该学习爬行。因为，婴儿出生后都是远视眼，而爬行是宝宝视力正常发育必须经过的一个重要阶段，若不练爬行，易发生视力障碍。另外，让宝宝过早走路，可能会增加下肢畸形的发生率，如"X"形腿或"O"形腿等，妨碍健美。

正确做法：

在宝宝7~8个月时，积极调动宝宝学习爬行的热情，当宝宝学爬时父母应该及时鼓励。

宝宝缺钙长期吃鱼肝油

鱼肝油能向婴幼儿提供两种维生素：一种是维生素A，另一种是维生素D。

维生素D对防治佝偻病很有效。医学研究表明，宝宝患佝偻病多数在出生2个月后，6~12个月为高发期，2岁以后则大大减少。因为宝宝出生后的最初两年内，生长发育最快，对各种营养需求较多，容易造成供不应求的局面，因此影响宝宝的健康。

不良结果：

当宝宝2岁后，户外活动逐渐增多，接受太阳照射的机会增加，能够在体内大量合成内源性维生素D，此时再吃鱼肝油，则会造成维生素A和维生素D中毒，对宝宝健康造成危害。

正确做法：

当宝宝逐渐长大，户外活动增多，无须再长期服用鱼肝油。

打防疫针后"忌口"

许多父母认为，宝宝打防疫针后不能吃鸡蛋、鱼、水果等食物，认为这些食物会影响免疫力的形成，抵消防疫针的效果。

不良结果：

宝宝打防疫针与生病不同，注射后获得的免疫作用往往体现在抗体的质量上，而抗体实际上是一类特殊的蛋白质，若多吃蛋白质含量丰富的食物，身体吸收后就会使制造抗体的原料增多，恰恰能促进免疫力的形成。如果打防疫针后忌这忌那，会使体内制造抗体的原料供不应求，反而削弱了打防疫针的效果。

正确做法：

无须忌口，但尽量少吃刺激性的食物。

给宝宝掏耳垢

人的外耳道皮下组织内有一特殊腺体，谓之耵聍腺，其分泌物即称为"耳垢"或"耳屎"。耳垢是有一定生理作用的，主要有阻止尘埃和小虫的入侵，以及缓冲噪声保护鼓膜的作用。另外，耳垢具有油腻性，也可阻止外界水分的流入。然而，有些年轻父母误以为耳垢是废物，往往动用牙签、火柴杆、耳勺甚至发卡掏挖耳垢。

不良结果：

宝宝耳道尚未发育成熟，大多呈扁平缝隙状，皮肤娇嫩。稍有不慎，轻者掏伤宝宝皮肤导致感染，甚至引起疖肿；重者掏破鼓膜，造成宝宝听力丧失。

正确做法：

耳垢可随咀嚼、张口或打哈欠，以及借助下颌等关节的运动而自行脱落、排出。若因"油耳"或耳垢实在太多而阻塞耳道影响听力时，应该带宝宝去医院请医生处理。

居室放花草

许多妈妈喜欢在宝宝的卧室内摆放一两盆花草，以让室内空气清新。其实，这样恰恰影响宝宝的饮食、休息和健康。

不良结果：

许多香味浓烈的花草，如茉莉、丁香、水仙、木兰等，都会减退宝宝的嗅觉和食欲，甚至引起头痛、恶心、呕吐。

如果宝宝不小心接触了某些有毒花草，如万年青、仙人掌、五彩球、洋绣球、报春花等，可能引起皮肤过敏或黏膜充血、水肿等中毒症状。

宝宝新陈代谢旺盛，需要充分的氧气供应，而花卉在夜间吸进氧气，放出二氧化碳，因此减少了宝宝室内的氧气量，对宝宝的健康很不利。

正确做法：

宝宝的室内应避免放花草，可以用富有童趣的图片、床单和窗帘来装点房间。

怎样巧治婴幼儿红臀

每日用艾叶（中药房有售）煮原汁洗澡一次，不宜过浓或过淡。通常一把艾叶（75~100克）可煮一大锅水，足够6个月以内的宝宝洗一次盆浴，水凉温后洗，不兑清水。患处多浸泡一会儿，洗后不用清水过洗，只用浴巾擦干，在宝宝

皮肤皱褶处扑上爽身粉（婴幼儿专用品牌），在臀部及会阴部抹上油剂（淡鱼肝油、鞣酸软膏均可），会阴部忌扑粉。红臀现象改善后，巩固3天，可用婴幼儿专用沐浴露洗澡。艾叶作为外用中药，有祛湿、消炎、止痒的功效，并且无刺激性，长期使用也不会伤及宝宝幼嫩的肌肤。

患红臀的婴幼儿应停用一次性纸尿裤、隔尿巾等产品，改用棉质尿布。尿布应一湿就换，洗前洗后均需用开水烫一下，洗后在太阳下晒干。忌用洗衣粉洗尿布，应用肥皂洗涤。

婴幼儿每次小便后用棉织布将残留在皮肤上的尿液蘸干，每次大便后要将宝宝的小屁股洗干净并涂上油剂，注意动作要轻柔，避免弄破宝宝皮肤。

尽早建立婴幼儿规律性排尿排便反射，每次睡醒及进食进水1小时左右，宝宝会排尿。宝宝手脚挣扎，口中嗯嗯唧唧，妈妈就要注意了，宝宝可能是要排便了。有些宝宝2个月就开始把尿把尿，慢慢适应后，就不会拉在尿布上，顶多尿湿几块尿布，这样尿液、粪便就不易污染、刺激皮肤了。

若婴幼儿臀部皮肤由发红转为出疹子，且范围有扩大的趋势，就应尽早带宝宝到医院去检查，使用外用药膏并配合上述中医疗法，可治愈婴幼儿红臀。

新生宝宝的保暖要求

体温对于宝宝意味着什么

人类是一种恒温动物，人体的温度只能在很小的范围内波动。对于新生宝宝来说，体温调控特别重要，人体内的酶只有在很小的温度范围内才起作用，而这些酶又决定了细胞和器官的功能。若婴幼儿的体温低于适宜温度太多，一些机体的功能就会下降到危险水平；若体温过高（发烧），就会影响体内酶活性，呼吸及新陈代谢因此加快，血液内的物质平衡会因而遭到破坏。所以说，宝宝必须维持相对恒定的体温。

宝宝是怎样维持体温的

我们先来了解成人是怎样应对温度变化的。当成人处于较热的环境时，代谢下降，血管扩张，大量的血液流经体表，热量散发到空气中，还能够通过出汗、蒸发散热，也可以通过呼吸释放热量。当处于低温环境时，体表的血管关闭以减少热量的散失，并可通过运动或寒战使机体产生热量，还可以增加衣服达到保温的作用。

与成人相比，刚刚出生的婴儿在维持体温方面存在很大的问题。新生儿的体表面积很大，若直接暴露于冷空气中，损失的热量很大。而且，新生儿比成人防止热量散失的脂肪层要少得多，在寒冷环境中处境极为不利。这些因素加起来就会导致新生儿丢失热量的速度是成人的4倍。所以新生宝宝会在出生后15分钟，就能够收缩体表血管并增加热量来应对低温。2~3小时后，其对抗寒冷的代谢水平已经接近成人，但相对于其体表面积，情况就不那么乐观了。可见问题不是新生宝宝缺乏体温调节的功能，而是这项调节任务对于宝宝来说过于艰巨了。

新生宝宝的体温调控能力在其出生后将迅速经受考验。子宫内的温度通常恒定在36.5℃左右，而新生儿出生时的室温却要比子宫内的温度低得多，很少高于27℃，有时室温只有15℃。新生宝宝生下来身体是湿湿的，有时还要先洗个澡，相当多的热量因此损失掉。由于温度的陡降，宝宝产生的热量要是成人的两倍才能够应对这种情况。若是成人从温暖的浴室走到更衣室，身上挂着水珠，会感觉到特别冷，这是因为蒸发散失的热量特别多。即使把身子擦干，也会有发抖的倾向，穿上一两件衣服后就不那么冷了，因为衣服阻止了身体向空气中大量散热，因而不难理解新生儿面临的冲击。许多医院试图将这种冲击减少到最小，但子宫中的环境仍旧比产房要温暖得多，新生宝宝必须能够调节自己的体温以应对这种挑战。像一些早产儿，他们太小了，无法适应外界的环境，只能先待在温箱中，等待成熟一些再抱出来。

宝宝除了能够动用生理自动调节方式外，还有两种主要的方式可以用来调节体温。一种方式是婴儿紧贴在看护者身上，这样成人的热量会传递给婴儿，这就是婴儿所眷恋的温暖的怀抱。与此同时，安静地躺着，可以减少热量的散失。另一种方式是当温度下降时，婴儿会蜷起身子，这样能减少体表面积，降低热量的散失。

怎样为新生宝宝保暖

（1）室温要保持适度，通常在22~26℃为宜。如果冬天无法维持这样的温度，要用其他方式为宝宝保暖。

（2）给宝宝穿适当的衣物，以宝宝感觉舒适为好。衣服应该以棉质为主，这样的衣服吸汗又不刺激皮肤。给宝宝穿衣时注意松紧适度，衣袖不要过长，让宝宝手露在外面。手是宝宝重要感知外界的器官之一，就如同眼睛、耳朵和鼻子一样。

（3）关于宝宝盖被子的问题，老一辈的人习惯是把宝宝裹在小被里，而不是盖上被子，婴儿的手脚都被绑在被子里不能动，这样做的好处是宝宝不会将被子踢掉，不会因此着凉，父母也不必花更多的心思关注宝宝这方面的需求。但缺点是宝宝被限制了活动空间和活动自由，婴儿用手和脚探索外部世界的权利和机会都被剥夺了。因此，父母应该尽量给宝宝盖被子而不是裹住宝宝，这样虽然会累一点儿，但对宝宝多投注些心力，会有利于宝宝的成长。

（4）给宝宝更换尿布时，要及时迅速。宝宝尿后，臀部沾满尿液，更换尿布时，臀部暴露在外面，尿液的蒸发会带走大量的热，且皮肤也会迅速向空气中散热。所以必须迅速给宝宝擦干，更换好干爽的尿布，可避免宝宝受更多的寒冷环境的刺激。

（5）给婴儿洗澡时要注意水温。成人的皮肤特别是手的温度的适应范围很大，成人不觉很冷很热的水，对宝宝来说可能已经无法适应了，因为宝宝的皮肤是非常娇嫩和敏感的，冷热的过度刺激会使宝宝惧怕洗澡。因此，试水温时用腕部等部位为好。当然，最好还是准备一个测水温的温度计。宝宝洗完澡后，要迅速把宝宝擦干包好。

给宝宝喂牛奶的正确方法

煮牛奶不要去奶皮

在煮牛奶时常在牛奶表面上产生一层奶油皮,许多人喜欢将这层皮去掉,这是不对的。因为这层皮内含有丰富的维生素A,维生素A对婴儿的眼睛发育和抵抗致病菌很有益处。

每日喝牛奶不要过多

以牛奶为主食的婴儿,每天喝牛奶不得超过1千克。超过1千克时,大便中便会有隐性出血,时间久了容易发生贫血。

牛奶不可光照

牛奶在阳光下照射30分钟,维生素A和B及香味就会损失一半。

不要和酸性食物同食

因为这样会造成牛奶中蛋白与酸质形成凝胶物质,影响宝宝的消化吸收。

煮牛奶时不要加糖

牛奶中的赖氨酸与果糖在高温下会生成一种有毒物质果糖基赖氨酸,这种物质不能被婴儿消化吸收,而且还会产生危害作用。

牛奶不要煮得太久

牛奶加热以刚沸为度,久煮理化性质会发生一系列改变,如蛋白质出现凝固沉淀,营养成分特别是维生素也会有一定损失。近年还发现,普遍存在于牛奶中具有防止婴儿腹泻作用的轮状病毒抗体,亦可因热遭破坏。

宝宝不宜空腹喝牛奶

空腹喝牛奶，喝进去的牛奶就像流水一样，在胃肠内停留的时间很短。婴儿喝牛奶前最好先吃一定淀粉类的食物，如饼干、面包、馒头等，这样会使牛奶在胃内停留的时间较长，同胃液发生充分的酶介作用，牛奶中的营养便能得到充分的消化吸收。

牛奶中不要加钙粉

牛奶中加入钙粉，会使牛奶出现凝固，蛋白质和钙的吸收都会受到影响。钙还会和牛奶中的其他蛋白结合产生沉淀，特别是加热时，这种现象更加明显。

保暖杯内不宜久放牛奶

牛奶煮沸后放在保暖杯中，时间长了，温度会逐渐下降，牛奶中的蛋白质及糖分是细菌很好的培养基，在适宜的温度下，细菌就会生长、繁殖，使牛奶中微量的维生素全部破坏掉，长期食用这样的牛奶会影响婴儿的健康。

不要多饮冰冻牛奶

牛奶的冰点低于水，平均为$-0.55℃$。牛奶结冰后，牛奶中的脂肪、蛋白质分离，干酪素呈微粒状态分散于牛奶中。再加热溶化的冰冻牛奶，味道明显淡薄，液体呈水样，营养价值降低，也就达不到给婴儿增加营养的目的了。

小·贴士

婴儿通过表情传达的信号

宝宝双眼紧闭、呼吸平稳、规则，身体没有任何动作，或者双眼紧闭，但呼吸较快并有变化，偶尔微睁一下眼，或者脸上出现表情如笑、皱眉，有时手和脚活动一下，可实际上却睡得挺沉。这时不要叫醒宝宝吃奶、换尿布，不然宝宝会烦躁。

外表看宝宝还在睡觉，眼睛似睁非睁但目光不灵活，此时叫醒宝宝他不会太闹，因此可以给宝宝喂水、喂奶或换尿布。

宝宝目光灵活，而且十分有神，对于外界的反应很专注。这时是给宝宝哺喂、对他讲话及做其他交流的最佳时机。

宝宝长了奶癣怎么办

什么是奶癣

奶癣是中医或民间的一种通俗而习惯的叫法，即是西医所称的"湿疹"。它是婴儿最常见的皮肤病之一，通常宝宝在2~3个月时发病，并且以喝牛奶的胖宝宝多见。虽然皮疹会反复发作，但愈后并不留痕迹。

发病原由

婴儿患奶癣的缘由比较复杂，一般认为与特异性体质有密切关系，患奶癣的宝宝常常有家庭过敏性的倾向。在他们的家族成员中，常有患哮喘、过敏性鼻炎、荨麻疹、湿疹等过敏性疾病的病史。宝宝患病大多是消化道对牛奶、蛋、鱼等蛋白质过敏而引起皮肤发生炎症，但也可因为吸入花粉、灰尘、丝、毛纤维或接触涂料、油漆、玩具、肥皂、湿热而引起，并加重病情。通常，患奶癣的宝宝比较容易反复发生呼吸道感染、腹泻，待日后稍大时，哮喘的发生率也很高，所以应该引起妈妈的重视。

宝宝患"奶癣"的症状

奶癣的症状轻重不一，常常先在宝宝的面颊部出现皮疹，进而可蔓延至额、颈、肩、臀及四肢。奶癣时轻时重，以奇痒和反复发作为特点，宝宝因皮疹的剧烈瘙痒而哭闹不安，不能安睡，并伴有食欲差、消化不良。皮疹有多种多样的表现，常常一开始是小点点的红疹子，以后大多变成红斑、丘疹、小水疱、渗液、结痂和脱屑，皮肤因此而变得粗糙，在吃奶、哭闹或受热后皮肤变得明显发红。奶癣主要表现为以下三种：

（1）渗出性奶癣是婴儿患病最多的一种，多见于肥胖的宝宝。皮疹主要长在头顶、额和面颊部，并且对称分布，皮疹有明显的渗液。

（2）脂湿性奶癣多发于婴儿的头皮、面部、两眉之间及眉弓、眼睑处，皮疹渗出淡黄色脂性液体，并形成黄色油腻性结痂。

（3）干燥性奶癣的皮疹为小丘疹及红斑，但皮疹没有渗出液，而是有糠皮样脱屑及细小鳞屑。

奶癣

奶癣食疗小方案

日常饮食的注意事项

1. 避免让宝宝过量进食

保持宝宝正常的消化和吸收能力，食物应以清淡为主，少加盐和糖，以免造成体内水和钠过多积存，加重皮疹的渗出及痛痒感，导致皮肤发生糜烂。

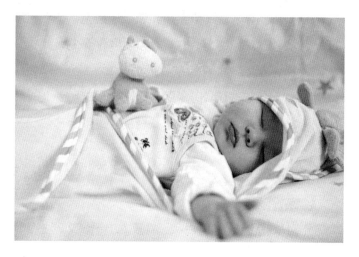

小·贴士

看护婴儿注意事项

重点1：给婴儿喂母乳的妈妈，在喂奶期间应该暂忌辛辣、酒及其他刺激性的食物，而应该多饮多吃鲜橘汁和其他新鲜水果。

重点2：婴儿患奶癣后，居室内应保持18℃左右，要通风舒爽，但空气不可过干或过湿。婴儿必须和其他化脓性皮肤病的患者隔离，防止发生细菌交叉感染。

重点3：妈妈一定要把婴儿的指甲剪短，用干净的手套把婴儿的双手套住，以避免抓破皮肤。用清洁纱布包扎好皮疹处，可避免摩擦刺激。

重点4：对于渗出液较多的婴儿，绝对不能用温水洗皮疹，更不能用碱性较大的肥皂水刺激，不然会使皮疹加重。

2~3个月宝宝安全备忘录

此时期，宝宝会转头，会挥舞着小手做出可爱的动作。父母要注意，当你试图改变宝宝的姿势和位置时，必须支撑好宝宝的头部，尤其是在洗澡的时候。如果使用婴儿躺椅，要保证躺椅摆放得稳定和安全。婴儿躺在上面时，须系紧安全带。

禁止宠物进入宝宝的房间。

宝宝的小床要稳固结实，护栏的每根木条间隔不能大于6厘米。

大的海绵填充玩具和枕头不可以放在宝宝的小床上，以避免可能盖住宝宝的脸部造成窒息。

不要一手抱孩子，一手拿着热牛奶瓶。

让婴儿生活在无烟环境中。

2. 寻找可疑的食物过敏源

若发现明显地诱发宝宝长奶癣的食物，应立即停用，即使是妈妈也应避免吃可能引起宝宝过敏的食物。如对蛋清过敏可以暂且只给吃蛋黄，停喂蛋清。煮熟的蛋清和蛋黄之间的薄膜是卵类黏蛋白，极易引起过敏，不要给婴儿吃。

3. 宝宝添加新食物要从少量开始

从很少的量开始，一点儿一点儿逐渐增加，若10天左右宝宝没有出现过敏反应，才可以再增加摄入量，或增加另一品种的新食物。

4. 适当多摄入植物油

长奶癣的宝宝身体内的必需脂肪酸含量一般较低，妈妈可在喂养中适当多用植物油，同时应少吃动物油，以免湿热加重不利于奶癣的治疗。

5. 牛奶煮沸次数要多一些

若宝宝的奶癣是由于牛奶过敏引起，在煮牛奶时，应该加长煮沸时间和次数，使其中引起过敏的乳白蛋白变性，以减轻过敏，或用其他代乳品替代，如可以改吃豆奶或宝宝乐等。

6. 饮食多选用清热利湿的食物

如绿豆、赤小豆、苋菜、荠菜、马齿苋、冬瓜、黄瓜、莴笋等，少食鱼、虾、牛羊肉和刺激性食物。

7. 多吃富含维生素和矿物质的食物

如绿叶蔬菜、胡萝卜水、鲜果汁、西红柿汁、菜泥、果泥等，以调节宝宝的生理功能，减轻皮肤过敏反应。

食疗小妙方

1. 菜泥汤

分别取适量新鲜的白菜、胡萝卜、卷心菜，洗净后切成小碎块儿，放进锅里加水煮15分钟左右，然后取出捣成泥状后加盐服用。菜汤可调些儿童蜂蜜，随时喝。此小妙方有祛湿止痒功效。

2. 丝瓜汤

取新鲜丝瓜30克左右，切成小块儿放入锅里加水熬汤，待熟后加盐调味，让宝宝喝汤，并将丝瓜也吃下去，对于奶癣有渗出液的婴儿较为适用。

3. 绿豆百合汤

取绿豆、百合各30克左右，按照平时常用的方法煮汤，待豆子熟后，连渣带汤一同饮用，可以减轻奶癣宝宝痛痒感。

4. 泥鳅汤

取新鲜泥鳅30克，洗净后放入水中煎煮，然后把汤汁取出，加盐调服，适合奶癣症状较为严重的宝宝。

2~3个月宝宝的发育情况

（1）宝宝平躺在床上清醒时，在宝宝的床上空约50厘米处挂一个色彩鲜艳的玩具，并轻轻摇动玩具，观察宝宝能否注视玩具的摆动。

答案及指导：

能注视玩具摆动5秒钟以上则通过。

在床头悬挂的各种彩色玩具，应常变换位置和排列方式，如有可能，花色品种也最好不时地变换一下，增加对宝宝的吸引力。会动和有声的玩具最佳，但注意不要让有声玩具整天开着单调的声音，应该时开时闭，最好是一些旋律优美的小曲。床的周围也可悬挂一些漂亮的图画，增加对宝宝视觉的刺激。

（2）宝宝清醒时，播放一些轻柔、节奏明快悦耳的音乐，观察宝宝的面部表情。

答案及指导：

若宝宝对所播放的音乐有所注意，或者出现欢快、手足随音乐摇动等情况时则通过。

父母平时要经常给宝宝听一些悦耳动听的音乐、歌曲等,用音乐刺激宝宝的听觉系统,培养宝宝对音乐的感受力和辨识力。注意音量要适中,不能太大声。

(3)父母与宝宝讲话,逗引宝宝,观察其反应。

答案及指导:

若宝宝会转过头来注视父母,停止哭泣、咧嘴微笑、安静地听等,或者似乎在跟随父母发音、做出应答的表现则通过。

父母应该加强与宝宝的交流,多与宝宝说话(即使宝宝听不懂也不要紧),要不厌其烦地、不断地用和蔼、轻柔的声音与宝宝说话,教宝宝发音。例如:手拿玩具小狗在宝宝面前晃动,同时清楚而缓慢地说"狗,狗",用手拿布娃娃在宝宝面前晃动时就说"娃娃、娃娃",在给宝宝把尿时就说"尿尿、尿尿"等。把物品、行为动作和相应的动作结合起来,经常说给宝宝听,培养宝宝发音、听音和认识物件、明白动作的能力。这是早期智力训练中非常重要的一个环节,父母必须要多做、常做。

(4)在宝宝清醒的情况下,父母用小件的物品放到宝宝的手中或者碰触宝宝的手,然后观察宝宝手的反应。

答案及指导:

若宝宝用手来抓住递过来的物品则通过。

对父母的碰触没有反应的宝宝,需要经常进行抓握训练,使宝宝对外界产生适当的反应。

(5)宝宝清醒时,观察宝宝是否能自发地发出"啊、哦、哈"等想说话的声音。

答案及指导:

能自发地发出喉音则通过。

父母要加强与宝宝的交流。多与宝宝说话,放音乐给宝宝听,给予宝宝适当的良好刺激,促使宝宝听觉系统的良好发育。

(6)注意观察宝宝是否尿湿后会用哭声来呼唤父母,更换尿片后就停止哭闹。

答案及指导:

尿湿后能用哭声呼唤父母,更换后停止啼哭则通过。

平时宝宝尿湿后要及时更换尿片,保持干燥的衣着和良好的卫生环境。

(7)让宝宝仰卧(即脸朝天),父母用双手将宝宝上臂慢慢向上拉起来(注意不要用力过猛,否则会伤到宝宝头颈部肌肉),看宝宝是否能够跟随仰起而不向后垂头。

答案及指导:

能跟随仰起不向后垂头则通过。

(8)把宝宝抱起,用一只手托住宝宝的头部,然后慢慢地放开扶持者的手(不要离开太远,以免宝宝支撑不了时伤到宝宝的头颈部肌肉),看宝宝头部能否竖立3~5秒钟。

答案及指导:

能够竖起头3~5秒钟则通过。

抱宝宝时,可逗引宝宝,使宝宝主动抬头,锻炼颈部肌肉。

宝宝的人工喂养

对于需要人工喂养的宝宝来讲,通常婴儿配方奶粉(又称人乳化奶粉)是最理想的代母乳的食品。鲜牛奶营养很丰富,且有使用方便、价格较低等优点,但对于婴儿并不完全适宜。虽然牛奶中的蛋白质含量较人乳高,可它主要是分子量较大的酪蛋白,而分子量小的乳白蛋白却比人乳少。酪蛋白进入胃内,在胃酸的作用下形成较大的凝块,不容易被消化吸收,必需脂肪酸的含量也少,且又缺乏消化脂肪的酶,不能帮助消化吸收脂肪,宝宝易出现消化不良。而且牛奶中的乳糖、维生素等含量也比人乳少,可矿物质却比人乳高3倍,这样会增加宝宝肾脏的工作量。牛奶中还缺乏人体所需的微量元素,特别是铁质不仅含量少,而且吸收率也低,易出现缺铁性贫血。

婴儿配方奶粉经过科学调配,从营养素上已很接近母乳,并尽量克服了牛奶的种种不足。婴儿配方奶粉将蛋白质的结构进行了改变,使蛋白凝块变得细小、均匀、易于消化,并调整了酪蛋白和乳白蛋白的比例,有的还加入了DHA、植物油、乳糖及各种维生素和微量元素等成分，很多实践证明，哺喂效果确实优于鲜牛奶。然而，尽管配方奶粉从成分上与母乳很相似，但无论如何也不能与母乳相媲美。因此，宝宝出生后还是尽量用母乳喂养。

哄宝宝睡觉的错误做法

摇睡

婴幼儿哭闹或睡眠不安时，许多妈妈便将宝宝抱在怀中或放入摇篮里摇晃，宝宝哭得越凶，妈妈摇晃也就越猛烈，直到宝宝入睡为止。

这种做法对宝宝十分有害，因为摇晃动作使婴儿的大脑在颅骨腔内不断晃荡，未发育成熟的大脑会与较硬的颅骨相撞，造成脑小血管破裂，引起"脑轻微震伤综合征"，发生脑震荡、颅内出血。轻者发生癫痫、智力低下、肢体瘫痪，严重者出现脑水肿、脑疝而死亡。若眼睛里的视网膜受到影响，还可导致弱视或失明，由此铸成大错，特别是10个月内的小宝宝更危险。

陪睡

从宝宝一出生，妈妈就应积极鼓励宝宝独自入睡，并养成习惯。即使是新生儿，也不应与妈妈同睡一个被窝。妈妈熟睡后稍不注意就可能压在小宝宝身上，造成窒息死亡。外国一项调查资料证实了这一点，即让婴儿单独睡觉可降低60％的突然死亡率。如果妈妈长期陪睡，宝宝会出现一种"恋母"心理，到了幼儿园甚至上小学的年龄，同妈妈分离还会很困难，对宝宝的身心发育不利。

俯睡

国外专家研究发现婴儿猝死综合征与睡眠姿势有关，尤其是面朝下的俯睡最具危险性。婴儿通常不会自己翻身，并且不能主动避开口鼻前的障碍物，因而呼吸道在受阻时，只能呼吸到很少的空气而缺氧，加上消化器官发育不完善，当胃蠕动、胃内压增高时，食物就会反流，阻塞本已十分狭窄的呼吸道，造成婴儿猝死。

宝宝最安全的睡姿是仰睡，此种睡姿可使其呼吸道畅通无阻，一定程度上避免了婴儿猝死。

搂睡

许多妈妈担心宝宝在睡眠中发生意外，常常搂着睡觉。这样做恰恰增加了发生意外的机会。

（1）搂睡使宝宝难以呼吸新鲜空气，吸入的多是被子里的污秽空气，容易生病。

（2）容易使宝宝养成醒来就吃奶的坏习惯，不易形成定时喂养，因此妨碍宝宝的食欲与消化功能。

（3）限制了宝宝睡眠时的自由活动，难以舒展身体，影响正常的血液循环。若妈妈睡得过熟，奶头堵塞了宝宝的鼻孔，还可能造成窒息等严重后果。

蒙睡

通常在冬春气温较低的季节，妈妈为让宝宝暖和，常将宝宝头部蒙在棉被下，这样做有两大危害。

（1）被窝湿度较高，加上宝宝代谢旺盛，容易诱发"闷热综合征"，可致宝宝大汗淋漓，甚至发生虚脱。

（2）可能引起呼吸困难，或者窒息。宝宝睡觉时都应将头面部露在被子外面，以防发生不测。

热睡

为给宝宝保暖，很多家庭购买了电热毯。然而，电热毯加热速度较快，温度也较高，会增加宝宝不显性失水量，引起轻度脱水而影响健康。如果要用电热毯须掌握正确方法。睡前通电预热，待宝宝上床后及时切断电源，切忌通宵不断电；使用过程中，若宝宝出现了哭声嘶哑、烦躁不安等现象，说明身体可能脱水，应马上给宝宝多喝些白开水，一般就会平静下来，很快恢复正常。

亮睡

许多妈妈为了方便夜间喂奶、换尿布，常将卧室里的灯通宵开着，这对宝宝有不利影响。

医学研究表明，宝宝在通宵开灯的环境中睡眠，可导致睡眠不良，睡眠时间缩短，进而减慢发育速度。婴儿的神经系统尚处于发育阶段，适应环境变化的调节机能差，卧室内通夜亮着灯，势必改变了人体适应的昼明夜暗的自然规律，从而影响宝宝正常的新陈代谢，危害生长发育。以视力发育为例，据英国学者报告：睡觉时居室内开着小灯的宝宝有30%成了近视眼，而面对灯火通明的宝宝近视眼的发生率则高达55%。

裸睡

夏天气温高，许多妈妈便将宝宝衣裤脱光，让宝宝光着小身子躺在床上，以求凉爽。但小宝宝体温调节功能差，容易使身体受凉，尤其是腹部一旦受凉，可使肠蠕动增强，导致腹泻发生。即使炎夏宝宝也不可裸睡，胸腹部最好盖一层薄薄的衣被或戴上小肚兜。

与宝宝一起做游戏

婴儿头面部抚触操

目　　的：刺激宝宝淋巴系统，增强抵抗力，促进宝宝神经系统发育，并有助于亲子关系形成。

准备材料：柔软的毛巾、婴儿按摩油、尿布、用于更换的尿布。

参与人员：宝宝、爸爸或者妈妈。

游戏过程：

（1）爸爸或妈妈将手心抹上适量的按摩油，双手搓热。

（2）双手拇指由宝宝眉心沿眉骨滑向眉梢，并重复3次。

（3）双手拇指由下颌中央沿下颌骨向耳垂下方推进，使上下唇呈微笑状，并重复3次。

（4）两手掌沿宝宝头部两侧滑下，双手中指轻抵他的耳后，停顿按压，并重复3次。

婴儿四肢抚触操

目　　的：刺激宝宝淋巴系统，增强抵抗力，促进宝宝神经系统发育，并有助于亲子关系形成。

准备材料：柔软的毛巾、婴儿按摩油、尿布、用于更换的尿布。

参与人员：宝宝、爸爸或者妈妈。

游戏过程：

（1）爸爸或妈妈将手心抹上适量的按摩油，双手搓热。

（2）螺旋式按摩宝宝的上臂及手腕，然后夹住小手臂，上下搓滚，两手拇指依次按摩手腕、手心、手指，两侧交替进行（若宝宝爱吮吸手指，则不做手部按摩）。

（3）螺旋式按摩宝宝的大腿至踝部，然后夹住小腿搓滚至足踝，两手拇指依次按摩脚后跟、脚心、脚趾，两侧交替进行。

宝宝3月

第三章

- ◎ 宝宝排便训练
- ◎ 宝宝皮肤病的预防
- ◎ 婴儿抱摆操的锻炼方法
- ◎ 宝宝翻身训练

微信扫码

辅食攻略 | 疾病预防
婴儿护理 | 益智游戏

宝宝的发育状况

这个月龄的宝宝手脚的活动能力越来越强,起初把玩具塞到宝宝手里,不久就会落下,而快到3个月时,就能抓住玩具握很长时间。随着月龄的增长,宝宝仰面躺时,两只胳膊的活动越来越频繁,腿部力量也增大了。婴儿运动能力的发展随季节而异,夏季穿着单薄,运动能力发展得快;冬季穿得笨重,运动能力发展较慢。胖孩子的运动能力比一般孩子发展得慢些。

婴儿对周围事物的关心也越来越强烈。抱到室外,宝宝会对周围的一切露出好奇的目光。

几乎所有3个月的婴儿都会把手指放到嘴里吮吸。这并不是因为没有满足婴儿的欲求,而是婴儿快活的一种表现。妈妈大可不必为此焦急,更不必采取往手指上抹药水、辣椒,或戴上小手套等办法强行制止宝宝的这种自娱行为。可以采取转移宝宝的注意力,让宝宝手握玩具玩耍的办法减少宝宝吮吸手指的时间,以免宝宝养成长久地吮吸手指而对周围其他事物不感兴趣的习惯。

宝宝笑出声音的时候也多了起来。情绪好时,独自发出某种声音的时间也多起来。有的宝宝会独自一人长时间咿咿呀呀地不停,十分可爱。

睡眠时间也变得和成人一样,白天玩耍,夜里睡觉。但午睡时间却因人而异,既有午前或午后各睡2~3个小时的爱睡的宝宝,也有午前或午后只睡一次的爱活动的婴儿。既有晚上入睡后一觉睡到天亮的宝宝,也有夜间醒来2~3次,吃点儿奶再睡的婴儿。

婴儿吃奶量及次数的差异也越来越明显。有的宝宝一次能吃160~180毫升牛奶,体重增长较快;有的宝宝一次吃不到100毫升就再也不肯吃了。有的宝宝一天要吃5~6次奶,也有的宝宝一天只吃4次。

人工喂养的婴儿这个月还会出现厌食牛奶的现象,一般是由于喂食过多的牛奶造成的。在这个月中,无论婴儿如何想吃,每次喂奶也最好不要超过200毫升。

到了3个月时,只喝牛奶的宝宝可加喂鲜果汁,母乳喂养的宝宝,由于母乳中含有维生素C，若不愿意喝果汁，也可以不加。

关于排便，通常来说吃母乳的宝宝每天大便次数较多也较稀，而喝牛奶的宝宝每天大便次数少，大便也较干燥，且时常会发生便秘。多喂些菜水或果汁，可能会缓解便秘的现象。小便的个体差异也很大，有的宝宝小便量少次多，需经常更换尿布；有的宝宝排尿间隔较长，一次排尿量也较大，这样的宝宝可以试着把一把尿。

在气候温暖的季节，可抱宝宝到室外走走。但避免去人群密集的场所，以免宝宝染上疾病。

宝宝的喂养

宝宝这一时期生长发育特别迅速。每个宝宝的食奶量因体重和个性的不同，而各有差异。

由于营养的好坏关系到婴儿今后的智力和体质，因此乳母必须注意饮食，以保证母乳的质和量。

由于宝宝胃容量增加，每次喂奶量增多，喂奶的时间间隔也就相应延长了，大致可由原来的3小时左右延长到3.5～4小时。

这个月的宝宝消化道中的淀粉酶分泌尚不足，不宜多喂健儿粉、奶糊、米粉等含淀粉较多的代乳食品。

为补充维生素和矿物质，可用新鲜蔬菜（如油菜、胡萝卜等）给宝宝煮菜水喝，也可用水果煮果水或榨果汁在两顿奶之间喂给孩子。

如何保证母乳质量

母亲乳汁分泌的多少、质量的高低，同母亲自身的营养状况、精神状况以及生活起居有着密切的关系。

乳汁的质量与饮食营养有关

产后母亲的膳食，不但要补充母体因怀孕分娩所消耗的能量，而且又要保证乳汁量足质高，因此乳母的营养供给要高于普通人。

乳母膳食的营养要求应是品种齐全、数量充足，只有这样，乳汁才能满足宝宝的需要。乳母要吃高蛋白质的食物，如牛奶、鸡蛋、瘦肉、鱼、动物内脏、豆制品等；要吃富含矿物质、维生素的食物，如各种新鲜蔬菜、瓜果等。乳母的膳食要平衡，还要吃足够的谷类食物，尤其是一些粗粮。乳汁中大部分是水，喝水量不足，是乳汁分泌不足的原因之一，乳母还要多喝开水，多喝一些营养丰富容易发奶的汤类，如猪蹄汤、排骨汤、鲫鱼汤、肉汤、鸡汤、青菜豆腐汤等。乳母切忌偏食或忌口，只吃自己爱吃的东西，而不考虑乳汁的质量和宝宝的需求。如果妈妈饮食单调，宝宝就不能从母乳中得到应有的营养，长期下去就会导致营养不良。

乳母还要注意少吃过于油腻的食物，饮食内脂肪过多，则乳汁量少且浓，易引起宝宝消化不良。葱、蒜、辣椒等辛辣食品也不宜食用，以免引起宝宝肠胃不适和大便秘结。

精神愉悦，可使乳汁分泌充足

乳母如果经常处于紧张、忧虑、焦急、烦躁、气恼的状态下，会使乳量减少甚至回奶，家庭气氛和睦，家庭成员体贴关心，会使乳母情绪稳定，保证乳汁的分泌。

生活要有规律

乳母睡眠充足、休息充分，会使分泌乳量增加，过于操劳会使乳汁分泌减少。乳母的工作、学习、休息、家务要合理安排，劳逸结合。

乳母要忌烟、酒、茶等刺激物

烟中的尼古丁能减少乳汁的分泌，酒中的酒精、茶中的咖啡因及茶碱等成分可通过乳汁进入宝宝体内，造成兴奋不安。

乳母的内衣不宜过紧，以免压迫乳房，影响泌乳。乳母经常让婴儿吸吮乳头，也能刺激乳汁分泌。

宝宝排便训练

婴儿所有的条件反射都在出生后30~40天间出现。因此，父母可利用一些声音和体位的条件刺激，使婴儿建立起定时大小便的条件反射。当然，这种条件反射是要经过较长时间的训练才能建立起来的。

宝宝出生后1~2个月，家人就可以开始训练把尿。宝宝越小，排尿的时间间隔越短。随着月龄的增长，间隔可越来越长。2~3个月的小宝宝，吃完奶喂完水后15分钟左右就有尿，之后每隔10~15分钟左右排尿1次，约3次后，排尿的间隔就长一些了。

训练宝宝排尿的习惯，即"把尿"，一般在睡前、醒后、进食前后、喝水后、外出前及回家后进行，夜间也可叫醒宝宝把尿。

宝宝在排尿前一般会有一些反应，父母只要仔细观察，就会掌握其规律。男孩要排尿时一般阴茎饱满，比较容易发现。有的婴儿在排尿前有暂时的愣神儿或打寒战，此时父母及时把尿成功率较高。

训练把尿主要是依赖条件反射的形成，把尿时，家人要发出"嘘……嘘……"的声音作为条件信号，并要注意把尿的姿势。如果每次把尿都有固定的位置，则更利于条件反射的形成。经过多次反复后，当把尿的声音信号和动作信号出现时，宝宝就知道该小便了。宝宝到8~9个月时，如果能坐稳，便可扶着坐便盆训练，这对宝宝今后主动控制大小便更有好处。

训练把尿，要掌握宝宝有尿的规律，切不可频繁地或强制性地把尿，否则易造成宝宝对把尿的反感，不利于排尿好习惯的养成。

每天定时大便，能逐渐使宝宝的消化排便功能规律化。一般是从1~2个月就可以开始训练宝宝排大便的习惯。

宝宝排大便一般多在早晨或进食后不久。多数婴儿排大便时，家人可发出"嗯……嗯……"的声音作为排便信号，经过多次训练也可形成条件反射。一般情况下，大便次数少的婴儿，训练较易成功；大便次数多的婴儿，不易训练成功。另外，婴儿生性倔强，常常"拒绝"把屎把尿，父母应根据自己宝宝的具体情况进行排便训练，要有耐心、持之以恒，不可操之过急。

宝宝常见皮肤病的预防

尿布疹：皮肤色红，凸起表面，一般由氨引起。尿布上的尿液时间一长就被粪便中的细菌分解成氨，氨对皮肤具有刺激性。

预防办法：

（1）经常换尿布。

（2）用温和的清洁剂，在皮肤表面形成保护层。

（3）用婴儿爽身粉防止皮肤摩擦。

痱子：痱子是由于宝宝在湿热环境中降低体温的能力较差而引起的。这种疾病的特征是早期出现红斑性水疱和丘疹性水疱，损害部位集中在摩擦区域，像前额、颈部和皮肤皱褶部位。

预防办法：

（1）降低周围的热度和湿度。

（2）用爽身粉吸收过多的湿气，不要给宝宝穿得太多。

脂油性皮炎：出现在油脂分泌较多的部位，例如头部、眉毛和脸部，皮肤色红、脱屑，但不痒，一般几周后消失，主要是婴儿头皮上形成干燥的鱼鳞状皮屑，往往6~8个月后自然消退。

预防办法：

（1）晚上用婴儿油（使皮脂软化）。

（2）白天用温和的婴儿香波清洁和梳理头发。

粟粒疹：表现为鼻尖周围有许多白点，也可位于下颌和颈部，由于皮脂分泌过于旺盛引起。

不需治疗，出生后4~6周会自然消失。

皮肤干燥：非常常见，特别是过期产儿，这种皮肤会变得极度干燥，必须治疗，预防发生湿疹和极度搔痒。

须注意：

（1）用婴儿油或浴液涂抹。

（2）婴儿沐浴后用润肤露。

湿疹：两颊和前额出现痛痒的红斑，稍后扩展到皮肤皱褶处，同遗传、环境、食物有关。

（1）替宝宝戴上棉质手套并把指甲剪短。

（2）选用不刺激皮肤的沐浴露。

（3）用止敏感药物。

宝宝肌肤的特性及所用护肤品

因尚未发育成熟，婴儿皮肤显得特别娇嫩敏感，易受刺激及感染，在护理婴儿时，应使用特别配方的婴儿产品加以细心呵护。

宝宝皮肤的角质层尚未发育成熟，真皮较薄，纤维组织稀少，仅有成人皮肤的十分之一厚，因此缺乏弹性，易被外物渗透，并容易因摩擦受损。所以给婴儿贴身使用的衣物及尿布应是棉质且柔软的，并须使用弱碱性的婴儿皂清洗，沐浴后将经高压蒸汽消毒处理过的细腻不含杂质的婴儿爽身粉涂于全身，尤其是皱褶处。这样能有效吸收湿气，预防痱子和尿布疹的发生，减少皮肤的摩擦。宝宝皮肤发育不全，控制酸碱的能力差，仅靠其表面的一层酸性保护膜来保护皮肤，以防止细菌感染。因此，好的婴儿沐浴和护肤产品的pH是中性温和的，在彻底清洁的同时，会留下天然的保护膜，维持适宜的水分，滋润并有效抵御细菌。宝宝皮肤的黑色素生成很少，色素层薄，易受阳光中的紫外线灼伤，因而在婴儿期就应该开始养成避免过度暴露在阳光下的良好习惯。对于6个月以下的宝宝应避免暴晒，户外活动应遮盖并使用刺激性更小的无机物婴儿防晒品。

宝宝的汗腺及血液循环系统还处于发育阶段，其调节体温的能力远不及成人。资料显示开始出汗的温度，成年女性大约在32℃，成年男性大约在29℃，而新生宝宝则高达42℃，所以易产生热痱和发热。夏季，切忌给宝宝穿戴过多，如果长了痱子，可涂上专为婴儿设计的热痱粉，帮其祛痱止痒。婴儿较易出现的皮肤过敏，如红斑、丘疹、水疱甚至脱皮等，主要原因是其免疫系统不完善，抵抗力较弱，所以应使用不含皂质和刺激物的温和的婴儿沐浴及护肤品。对于婴儿的眼睛，由于未发育完全的泪腺不能分泌足够的泪水来保护双眼，防止外界刺激物的伤害，应注意避免使用普通洗发水，要选择特有的"无泪配方"的婴儿产品。

宝宝护肤产品经过严格的医学测试，纯正温和，pH中性，无刺激、无过敏反应，并经严谨的品质管理，能给婴儿娇嫩的肌肤以最安全的呵护。总之，婴儿护肤产品与成人护肤产品有巨大的差别，细心的妈妈必须认真鉴别。

育儿注意事项

喂奶技巧

（1）乳母喂奶时可从下面解开上衣的纽扣，或者穿针织的套头衫喂奶，宝宝的头会挡住裸露的身体，套头衫的下缘也可以遮住乳母的胸部。

（2）手边不妨准备一件前面开扣的宽松背心，乳母喂奶时可方便遮掩。此外，斗篷、围巾或小毯子也十分好用。

（3）坐在有椅垫的摇椅、扶手椅或沙发上来喂奶，在扶手上垫一个枕头，以方便手臂搁放着较舒服，并让宝宝的头枕在妈妈的臂弯里。

（4）在床上喂奶时可在手臂下垫一个大枕头。

（5）冬天，夜里从床上坐起来喂奶时，乳母要在身上裹一条大毛毯，或穿上睡袍保暖，因为身体温暖舒适的时候乳汁分泌得比较好。

（6）为了记住上次喂奶是用左乳或右乳，妈妈可以拿一枚安全别针别在胸罩的带子上作记号，喂过一次乳后就移到另一边去；或者买一个质轻又佩戴方便的手镯，在两只手腕上交换着戴；或者轮流在两边的手指上戴一个容易取下来的指环。

（7）当宝宝不饿而乳房又发胀时，乳母可以先洗个热水澡再把乳汁挤出来，也可以利用挤乳器挤出来。

奶瓶的处理

用电咖啡壶热奶瓶时，可在壶里盛点儿水，把奶瓶浸在里面热几分钟。

用微波炉热一瓶牛奶，只需热15~30秒钟；刚从冰箱里取出的冷牛奶则需加热30~60秒钟。

可以把奶嘴放在盛了水的玻璃罐中，用微波炉来消毒。消过毒的奶瓶应放入奶瓶架内，再放入冰箱中收存，这样奶瓶可以集中一处且不易倒翻。消毒时在水里加一茶匙的醋可防止水中杂质沉淀罐底。

若奶水流得太慢，可将奶瓶与奶嘴接头处拧松一点儿，流得太多时可把它拧紧点儿。把奶瓶倾斜到适当喂奶的角度来观察奶嘴开孔的大小，如果奶水很稳定、均匀地滴流，就表示这奶嘴可以使用。

想要把奶嘴上的孔弄大些，可以用牙签来钻，再把奶嘴煮3分钟；或用烧热的针在橡皮嘴上刺几次。要是开孔太大只有扔掉它，换用新的奶嘴。

协助宝宝打嗝

妈妈可以把婴儿抱到肩膀上，底下垫一块干净纱布或围兜，轻轻拍宝宝两块肩胛骨之间的地方。当把宝宝换一边抱的时候，可将围兜也换到那边去。

把宝宝放到腿上，让宝宝肚子朝下，头侧向一边，妈妈从下往上轻拍或抚摩宝宝的背。

将宝宝抱坐膝上，把拇指和食指圈成"u"形，撑住宝宝的下巴，让宝宝往前靠在你的手臂上，妈妈用另一只手在宝宝背上从下往上轻拍。

用手掌从宝宝的胸骨下托住宝宝的身体（手上垫一层布），同时很轻柔地慢慢拍抚宝宝的背。

哄宝宝睡觉

妈妈一开始就要帮宝宝养成某种入睡的习惯，例如每次哄宝宝睡觉时都唱同一首催眠歌，或摸宝宝身上同一个地方，像后脑壳或屁股等，这些地方只有在暗示宝宝睡觉时才可摸。

把宝宝轻轻地裹在毛毯里，温柔地哄宝宝入睡。有些婴儿喜欢裹得紧一点儿，好像回到出生前的环境里。

用宝宝感觉最舒适的姿势将宝宝放在小床上，用两条小毛毯将宝宝裹好，一条裹在脖子部位，另一条裹在腹部。

把婴儿放在摇篮或睡车的一个角落里睡，让宝宝头顶着褥边或软垫，给宝宝一种安全感。这种睡法还有一个好处，当这头的床单尿湿了，还可以换另一个角落去睡。

如果宝宝喜欢,可以偶尔让宝宝在婴儿椅或兜带里直起来睡。

把宝宝从床上抱起来喂奶的时候,在宝宝床上放一个热水袋,等宝宝吃饱放回去时床还是暖和的(放回去时要把暖水袋拿走),或将宝宝的毯子在电暖器上烘热也可以。

录下洗衣机开动的声音或水注入盆的声音放给婴儿听,这种水流的声音与子宫内的声音相似。

把妈妈的手稳稳地、轻轻地按在宝宝的一只手或脚上,使宝宝安静下来,帮助宝宝入睡。

为方便夜间探视婴儿,要在电灯开关上加装调光器;或在婴儿房里点一盏昏暗的小灯,甚至干脆在床头放个手电筒,以免吵醒宝宝。

婴儿抱摆操

横托抱

宝宝适合年龄:0~4个月(出生第一天即可做)。

动作方法:妈妈站立或立跪,左手托在宝宝颈肩部,右手托臀部,双手根据宝宝的反应加大或缩短距离。通常,随着妈妈双手距离的加大,宝宝会反射性地挺胸,当不挺胸时,妈妈应缩短双手距离。

锻炼的部位及意义:

宝宝——刺激骶棘肌及背部肌肉力量的增长,使宝宝躯干姿态挺拔。

妈妈——刺激腹部,有利于体形恢复。

横托摆

宝宝适合年龄：0~4个月（出生第一天即可做）。

动作方法：妈妈横托抱宝宝，双手距离缩短后再以腰带动手臂，做横向摆动，根据宝宝的适应情况逐渐加快速度。

锻炼的部位及意义：

宝宝——刺激大脑前庭，提高宝宝的身体平衡自控能力。

妈妈——刺激腰部，尽量使宝宝与自己的身体有一段距离，可加大运动强度。

竖托抱

宝宝适合年龄：0~4个月。

动作方法：妈妈左手托住宝宝的背、肩、颈，食指、中指分开，托住宝宝头的下部；右手托住其臀部，手指托住腰部，使宝宝保持腰直，或右手放在宝宝两腿之间，左手向上托使其从水平状过渡到45°（可随时改变角度）。

锻炼的部位及意义：

宝宝——刺激运动感觉，使宝宝开始了解肢体的位置与运动的感觉。

妈妈——刺激腰腹部，利于体形恢复。

竖托摆

宝宝适合年龄：0~4个月。

锻炼的部位及意义：

宝宝——刺激大脑前庭，整合感觉；刺激眼肌，开发宝宝的视觉学习能力。

妈妈——刺激腹部、腰部和髋部，可保持妈妈体形，也有利于调节机体内部机能。

第一节：竖托横摆

动作方法：妈妈竖托抱宝宝，以腰部的旋转带动手臂，随着宝宝的适应逐渐加大幅度。

第二节：竖托竖摆

动作方法：妈妈竖托抱宝宝，双脚前后站立，腰部前后运动，带动手臂，使宝宝沿身体的纵轴运动。

第三节：竖托转摆（适合2~6个月的宝宝）

动作方法：妈妈托抱宝宝的方法与竖托抱基本相同，只是右臂在宝宝的左侧，横摆到一侧时，利用惯性使宝宝的身体纵向转动90°。

挤出的母乳存放后能再食用吗

挤出的母乳如何保存确实是个很重要的问题，如果保管不当，既造成浪费，又会让宝宝患上胃肠疾病。通常，如果挤出的时间不长，冷藏保存就可以，但必须把冷藏的母乳在12小时内喝完。要是想较长时间保存，如一周左右，则应该采取冷冻的方法。具体操作方法是：妈妈应先将手洗净，然后用手把母乳挤出，立即装入已消过毒的干净奶瓶中（或冷冻用的塑料袋里）盖上奶瓶盖。若是冷藏保存，可放进一直能保持4℃以下的冰箱中；若是冷冻保存，应把奶挤出后马上放进冷藏容器中，然后记录一下时间、日期和奶量。为了快速冷冻，应该把冷冻容器平着放进冷柜，若冷柜开闭频繁，最好放置在深处的专设地方。

解冻母乳时注意不要使用微波炉去加热，温度太高会把母乳中所含的免疫物质破坏掉。可以将装有冷冻母乳的容器放在盛有温水或凉水的盆里解冻，着急用时，可用流动的水冲。解冻后的母乳需在3小时内尽快食用，而且不能再进行冷冻。

宝宝需要剃胎毛吗

按照传统说法，婴儿满月时就应剃胎毛，这样可以使头发增多变粗。但这种说法有科学依据吗？

露出皮肤表面的毛发是"毛干"，埋在皮肤里的是"毛根"，两者都是已经角化并且没有生命活力的物质。生长毛发的能力取决于"毛根"下端的"毛球"，它隐藏在真皮深处。因此，无论怎样剃、刮甚至拔，触及的只是未起作用的"毛干"和"毛根"，对起决定性作用的"毛球"却一点儿也未触及，根本不可能改变头发的质量。

宝宝的头皮十分娇嫩，抵抗力差，若刮伤皮肤，还会引起细菌感染。尤其是在夏天，宝宝出汗多，容易出痱子，满月后可以考虑把头发理短，既凉快又便于清洗。若是在冬天，头发对宝宝有保暖作用，就不必剃掉了。

一般来说，胎毛生长如何与遗传因素及妈妈孕期的营养有较大关系，有的宝宝会随着年龄的增长，头发越长越好。妈妈可在宝宝稍大些时，添加一些有利于毛发生长的食品，而不必靠剃胎毛来提高、改善发质。

关注一下宝宝的指甲

刚出生的小宝宝指甲长得非常快，两只小手还不停地动，到处乱抓，很容易把自己的小脸抓破。这对新妈妈来说确实是一个难题，因为给宝宝剪指甲时，宝宝会很不配合，叫妈妈无从下手，不是将宝宝的指甲剪得太深，就是把手指肌肉剪着，妈妈应该掌握一些窍门。

（1）宝宝躺卧在床上，妈妈跪坐在宝宝头的一旁，将胳膊支撑在自己的大腿上，以求手部动作稳固；或者让宝宝躺在婴儿床里，妈妈坐在床旁。

（2）妈妈用手握着宝宝的小手，将宝宝的手指尽量分开，用婴儿专用指甲刀靠着指甲剪。

（3）要把指甲剪成圆弧状，不要尖，剪完后，妈妈用自己的拇指肚摸一摸指甲是否有不光滑的部分。

如何早期发现宝宝发育异常

如果父母对宝宝的感官和运动发育过程有一些了解，就可能会避免宝宝被延误治疗的憾事发生。做父母的应当怎样来洞察一切呢？

1. 正常运动发育

包括粗大运动及精细运动。宝宝发育的过程遵循从头到脚、从粗到细、从简单到复杂的顺序进行。民间有一句谚语形象地描述了这一发育顺序，即"二抬四翻六会坐，七滚八爬周会走"。

2. 运动发育的异常表现

（1）很多疾病在早期均表现为运动发育落后，如先天性肌肉病、先天性重症肌无力以及脊髓性肌萎缩症等。患儿常常表现为出生后身体就发软，正常婴儿早期仰卧时四肢屈曲，而此病患儿却往往四肢松软，似"平摊"在床上，且肢体活动少、幅度小，学会抬头的时间明显过晚。

（2）脑瘫患儿3～4个月时腿的踢蹬动作明显少于正常宝宝，而且很少出现交替动作，上肢常向后伸而不会向前伸取物，会坐、会走的时间明显落后于同龄的宝宝。良性先天性肌驰缓症患儿会坐的时间往往不延迟，但会走的时间相当晚。

（3）先天性髋关节脱位虽不会使宝宝学会走路的时间延缓，但宝宝在行走时会步态异常。

（4）正常宝宝的发育在1岁以内均应为左右对称，但假如宝宝两侧运动明显不对称时则可能有运动功能异常。例如，6个月的宝宝，当用一块深色手帕蒙住他的脸时，他会用手抓掉手帕，而当压住他的一侧上肢时，他会用另一只手去抓,这个试验叫"蒙脸试验"。

(5)通常4~5个月的宝宝已经会抓玩具,6个月时还会将玩具从一只手换到另一只手里。若一直不会准确抓握眼前的玩具,则可能患有运动障碍,也可能与智力发育或视觉障碍有关。

3. 正常视听觉发育

正常1~2个月的小宝宝已能够对不同颜色做出反应,如对红色物体最感兴趣。3~4个月的宝宝已经会注视眼前的物体,6个月时可以弯腰或低头去看感兴趣的东西。3~4个月的宝宝听到声音后,头会转向音响侧,眼睛也朝声音方向看。6个月时,若声音在耳上方,头会先转向声音一侧,然后再向上寻找。7个月的宝宝叫其名字会有反应。10个月时能直接将头转向声音来源。9~12个月时能听懂几个字,如家庭成员的称呼等。

4. 视觉和听觉落后的表现

一般最常见原因是智力落后,而不是视力或听力异常,若宝宝智力发育落后,应注意仔细检查其视力和听力,视力、听力障碍对智力发育也是有影响的。

真正的盲儿不仅表现为自幼不能准确抓住物体等,而且常常表现一些特异的动作,如有时用手指深压眼窝,做揉、按眼球的动作(此动作常在1岁时出现,5~6岁停止)。盲儿有时有快速地、对称性上下挥动双手的动作,会微笑的时间也较晚。

5. 正常语言发育

与很多因素有关,如遗传、听力、环境教育,智力等等,它们之间又是相互关联的,所以,语言发育个体差异较大。多数宝宝9个月左右就可以说单个词,1岁时能说2~3个字,1岁半时可以说出几个有意义的词或简单的句子,2岁左右会用"我、你"等代词,3岁时可以自如地说话。

6. 智力发育正常的宝宝语言发育异常的原因

有的宝宝到3~4岁时才会说话,个别甚至到5岁才会说话。除了不会讲话,其他看上去与别的孩子完全一样,这与下列因素有关:

(1)家庭因素,这种宝宝家中,特别是他的父母常常说话也晚。

(2)环境影响,缺乏语言环境及训练机会,宝宝的语言发育就会延迟,如孤儿院抚养长大的孩子,普遍开始说话和组句的时间落后于同龄儿。

（3）在婴幼儿早期即同时接触多种语言环境，并不像想象的那样有利于儿童掌握多种语言。恰恰相反，这种孩子常常语言发育落后，甚至出现行为障碍，因此在早期还是以一种语言为主进行教育较好。

（4）父母的负性刺激，如不停地批评孩子说话的语调或方式，或很少理睬孩子的问话，这些都会影响孩子的语言进步。

（5）双胞胎宝宝常常出现语言发育落后，这可能是由于妈妈没有足够的时间和精力同时教两个孩子说话的缘故，也可能是由于双胞胎中的一个常常模仿另一个说话，而不是模仿成人的语言。

（6）日常生活中常看到有些宝宝到了说话的年龄还不会说，一旦会说就能说出很多词，这与神经系统发育成熟程度有关。正常儿童在听懂别人说话以后很长时间才会自己说，这时他们虽然只能说几个词，但是却能听懂几十甚至几百个词。

7. 智力低下宝宝语言发育异常的表现

（1）宝宝不能注意别人对他说什么，精神常不能集中，理解和模仿语言的能力较差，不能理解和表达词、句的含义，主要表现为说话时间较晚而且不能运用词、句来表达自己的意思。

（2）年龄较大的智力低下患儿，往往说话不切题、无意义地模仿、重复语言。

（3）有些智力低下宝宝开始也能说清楚某个词，但很快又忘掉了，给人的感觉是教会的总是记不住，学得很慢。

8. 其他发育落后的表现

如2~3个月仍不会笑，生后一直吸吮、吞咽困难，常常作张嘴伸舌状等等。出生时不顺利，曾出现窒息、严重黄疸、颅内出血等异常情况的宝宝，早期应严密监测，并且在生后第1、3、6个月时，找有经验的小儿神经科医生就诊，以便及早发现发育异常问题。

预防接种备忘录

　　婴儿一出生就要接受免疫预防，这是保障健康的必要手段。许多妈妈并不清楚宝宝什么时候该打何种预防针，在此特意列出一份免疫程序，如果妈妈们还有什么疑问，也可以向附近的保健所、医院的保健科，或所在的社区进行咨询。

　　预防病种：

　　卡介苗预防结核病。

　　乙型肝炎疫苗预防乙型肝炎。

　　脊髓灰质炎三价混合疫苗（又称小儿麻痹减毒活疫苗）预防脊髓灰质炎。

　　百白破混合剂预防百日咳、白喉、破伤风。

　　流脑多糖体菌苗预防流行性脑脊髓膜炎（简称流脑）。

　　麻疹减毒活疫苗预防麻疹。

　　乙脑疫苗预防乙型脑炎（简称乙脑）。

Apgar评分的含义

　　Apgar评分是对出生后的新生儿健康情况进行评估的一种方法，评分范围是0～10分。分数越高越好。根据新生宝宝的5种不同特征进行评分，每种特征的得分范围是0～2分，5种特征总的得分就是Apgar评分。Apgar评分有出生后1分钟内评分，出生后5分钟、10分钟评分。出生卡片上标示的大多是出生后1分钟评分。这5种特征评分分别为：

1~4个月的宝宝离乳期食品的准备

妈妈可以为宝宝做菜汁、果汁，让宝宝习惯除了牛奶之外各式各样的味道，并补充维生素C及纤维素，以便顺利进入离乳期。

1. 菜汁

将新鲜绿叶蔬菜洗净、切碎，煮沸5分钟，过滤出菜水。

2. 橙汁

将橙子剥皮切成两半，用榨汁器榨出果汁并过滤。

3. 西红柿汁、葡萄汁

将新鲜的西红柿或葡萄放进沸水中煮1分钟，剥皮、挤压西红柿或葡萄，过滤汁水即可。

给宝宝喂菜水及果汁宜在两次喂奶中间，最好在沐浴、日光浴、散步以后喂。刚开始喂时，将菜水、果汁用温开水稀释，每天喂一小匙，观察宝宝有无不适反应，两三天后逐步增加，半个月后就可以倒入奶瓶中喂，大概30~50毫升，等宝宝习惯以后就可以不用温开水稀释了。

（1）心率：新生儿出生后心率大于100次／分，得2分；小于100次／分，得1分；如检测不出来则为0分。

（2）呼吸：若新生儿出生后啼哭声音洪亮有力，则得2分；若新生儿哭声微弱，甚至无哭声，呼吸微弱、浅表、没有规律，则得1分；若新生儿无呼吸则为0分。

（3）肌张力：若新生儿四肢伸展有力，弹性好，则得2分；若伸展无力，则得1分；若四肢软，几乎无张力，则得0分。

（4）肤色：肤色正常、红润则得2分；肤色青紫发蓝则得1分；肤色发白则得0分。

（5）反射：若新生儿出生后就啼哭，不需做刺激，得2分；如新生儿出生后不哭，但对刺激有反应，喉反射存在，则得1分；如新生儿对刺激没任何反应，则得0分。

Apgar评分8～10分为正常新生儿，7分以下为轻度新生儿窒息，3分为重度新生儿窒息。

夏天宝宝尿布使用六忌

忌尿布过厚：尿布过厚，影响皮肤散热，夏季宝宝容易出汗，加之尿布被尿液浸湿，很易引起尿布炎。

忌尿布过紧：如果把尿布包得过紧，则不易透气，下肢活动受限，也易摩擦大腿内侧，宝宝皮肤薄嫩，很易擦破皮肤造成感染。特别是女婴，尿布过紧还易引起女婴外阴炎和尿道炎。

忌垫塑料布：许多妈妈怕宝宝尿湿被褥就在尿布外垫塑料布，这是不对的。塑料布不透气，也不散热，如果不能及时更换被尿湿的尿布，则更易患尿布炎。

忌尿布不洁：尿布要勤换，清水洗净，日光下暴晒。

忌用纸或尿布擦臀部：婴儿排大便后不要用卫生纸或尿布直接擦臀部，这样很容易把宝宝臀部皮肤擦破，患肛周感染、脓肿。排大便后可直接用清水把婴儿臀部洗净，再用吸水性好的棉织布沾干水分。

忌用一次性尿不湿：一次性尿不湿（外表）大都有一层塑料薄膜，透气性不好，易患尿布炎。也不可使用一次性尿裤，一次性尿裤过厚，长时间不更换，兜许多尿液，也易引起尿布炎，大点儿的宝宝可定点把尿。天气太炎热，就用薄一些的棉质柔软的白布，纯棉针织布最好。

如果宝宝患了尿布炎，可擦鞣酸软膏或肤炎净。清水冲洗，不要过力擦洗，要用纯棉布沾干，不是擦干。若有细菌感染则要涂红霉素软膏，夏季必须警惕婴儿患肛周脓肿。

夏季不但易患尿布炎，凡是皱褶的部位都易糜烂、溃破。如颈下、腋下、膝窝、肘窝、腹股沟等处，应给宝宝勤洗澡，特别是皱褶处更要洗净、沾干，适当用爽身粉。

脑性瘫痪

脑性瘫痪是指出生前（从胚胎时起）到生后一个月以内各种脑损伤或脑发育异常所引起的中枢神经系统运动障碍及身体姿势怪异，有时伴智力低下、癫痫和感官、性格、行为的不正常。可分为7种类型，其中以痉挛型最为多见，占全部病人的60%~70%。

脑性瘫痪的三个特点

（1）非进行性，即脑部发生异常后不再继续往严重发展，而呈静止性，所以患病宝宝的病情会逐渐减轻而不会加重。

（2）脑瘫的脑部异常是出生前一个月发生的，所以患病宝宝的症状在1岁以内，多数是半岁内就出现。

（3）脑性瘫痪的表现主要是运动功能障碍和姿势控制不良，但它的表现和严重程度差异很大，即使是同一病儿在不同年龄阶段表现也不尽相同。

罹病原因

（1）胎儿期的发育异常，如孕早期孕妇营养不良，接受放射线和电磁辐射，糖尿病和服用药物等。

（2）遗传因素，例如脑瘫病儿家庭中癫痫、智力低下的发病率高于正常人群；再如，分娩时严重窒息的婴儿，有的发生严重的神经系统后遗症，而有的则并不出现，这说明正是遗传因素所起的作用。

（3）分娩异常，如难产、产伤、新生儿缺氧窒息等所致的脑部损伤也是造成脑性瘫痪的重要因素之一。

病儿的四种主要表现

（1）运动发育落后。正常宝宝运动机能发育为"二抬四翻六会坐，七滚八爬周会走"，但脑瘫的病儿则达不到相应年龄段正常宝宝的上述发育水平，如7~8个月仍不会翻身或抬不起头、不会坐等，在满月前表现为吸吮及觅食差；长到3个月大时，脚的踢蹬动作明显少，或不像正常宝宝一样交替踢蹬，而是双腿同时踢蹬。

正常小儿出生4~5个月后上肢动作很多，且能主动取物，而脑性瘫痪病儿则动作少，或只会向后伸，而不会向前伸展取物，到1岁时还不能形成优势手（即左、右撇子）。

（2）大多数病儿在出生时表现为过度松软，随着年龄增长肌肉越来越僵硬，造成活动有困难。

（3）病儿姿势异常。如趴着时四肢屈曲，臀部高于头部，抬头困难，双上肢不能支撑身体；仰卧时头仰，下肢伸直；直立悬空时双下肢内旋、伸直、脚尖绷紧并下垂，严重者两腿交叉呈剪刀状。

（4）出生时带来的原始反射消失缓慢。如正常宝宝4~5个月后刺激其手掌心不再引起紧握刺激物的握持反射，但脑瘫病儿仍持续存在此反射，而应该出

现的保护性反射却延迟出现或不出现,如正常宝宝4~5个月扶成直立位时,突然倾斜其身体,能伸出上肢,做支持身体的保护动作,脑瘫病儿却无此反应。

如何断定脑性瘫痪

脑性瘫痪的临床表现复杂,一定要请有经验的小儿神经专业医生详细了解婴儿出生前后的情况,家庭遗传因素,孕妇在妊娠早期的情况,然后给婴儿进行严格的身体检查,这对于断定是否患脑瘫至关重要。本病病情"呈静止"性发展的特点,一定不能忽视。

同时可做脑电图、头颅电子计算机断层扫描(CT)、头颅磁共振(MRI),这些对研究脑瘫病因及判定病情的发展及恢复情况有帮助,但不能据此诊断或否定诊断。

居家护理

发现婴儿有异常表现要早就医,特别是高危儿(难产儿、早产儿、出生时窒息)有无异常也需定期就诊,若能在出生后3个月内或出生后6~9个月内发现,并开始长期正规治疗,大多数病情较轻的病儿可基本治愈。

现代医学研究表明,脑性瘫痪的治疗是一场持久战,不可能在短期迅速治愈。病儿住院治疗只是短期的,长期的治疗训练只能在家庭中完成。因此,父母在病儿住院期间有必要在专业医师的指导下学会家庭康复手法。若病儿同时有癫痫、语言障碍、行为异常等现象也应在专业医师的指导下学会相应的家庭训练法和特殊教育方法,以培养病儿的独立生活能力,促进其社会适应性和交往能力的形成。

宝宝练翻身

热身训练

1. 先练两臂支撑力

宝宝2个月后，妈妈要在小床的上方大约60厘米处悬挂一个色彩鲜艳的玩具，或能发出清脆悦耳声音的风铃。让宝宝先趴在床上，两臂向下支撑着身体，妈妈这时可在一旁摇动玩具或风铃，逗引宝宝抬头挺胸往上看。一开始宝宝可能支撑得并不太好，逐渐练习要达到能坚持2分钟左右。

2. 再练身体各部位运动协调性

调整气球等玩具的高度，以宝宝仰面躺着小手和小脚都能够着为原则。妈妈摇动大气球，吸引宝宝用小手和小脚去抓碰。

翻身动作训练

（1）让宝宝仰面躺在床上，妈妈轻轻握着宝宝的两条小腿，把右腿放在左腿上面，宝宝的腰自然会扭过去，肩也会转了一周，多次练习后宝宝即学会翻身。

（2）让宝宝侧身躺在床上，妈妈在宝宝身后叫宝宝的名字，同时还可用带声响的玩具逗引，促使宝宝闻声找寻，宝宝会顺势将身体转成仰卧姿势；待宝宝这一动作练熟后，再把宝宝喜爱的玩具放在身边，妈妈不断逗引宝宝去抓碰，宝宝可能会在抓玩具时顺势又翻回侧卧姿势，如果宝宝做得有点儿费劲，妈妈可以帮一下。

（3）待宝宝练熟了从仰卧变成侧卧后，妈妈可在宝宝从仰卧翻成侧卧抓玩

具时，故意把玩具放得离他稍远一点儿，这样，宝宝就有可能顺势翻成俯卧。但不要把玩具放到拿不到的地方，这样会使宝宝失去练习的兴趣，延长学会独立翻身的时间。宝宝大约3个月才能开始翻身，6个月左右才能比较熟练地从仰卧翻成俯卧，因此妈妈要耐心，让宝宝在愉快之中进行训练，不要过于心急。

在宝宝学会独立翻身后，妈妈

仍要继续让宝宝练习，不只为了熟练这一动作，更为宝宝日后学爬打下基础。

妈妈帮助宝宝时动作一定要轻柔，以免扭伤宝宝的小胳膊小腿。

一开始练习时间和次数不要太长，要逐渐增加。

避免在宝宝刚吃完奶后或身体不舒服时练习。

预防接种关系宝宝的健康

1. 为什么接种可以保护宝宝的健康

预防接种是科学家们经过反复研究和探索，把已灭活或减毒无致病性的致病菌及它的毒素，制成各种对人体无伤害力的免疫制剂——疫苗，然后，将这些疫苗注射到人体内。当人体第一次接触它后，免疫系统便会由于它的刺激而分泌出一定的活性物质，当人体再次被这些致病菌侵扰时，活性物质就会阻止它们对人体的伤害，从而避免感染，起到防病抗病作用。

新生宝宝身体内的免疫系统像其他器官一样要逐步发育才能完善，对致病菌的抵抗力弱，容易受到侵扰而感染疾病。从预防医学的观点来看，最好的方法就是进行预防接种。像小儿麻痹症、白喉、百日咳、破伤风、麻疹都是很危险的传染病，发病率和死亡率非常高。倘若给宝宝进行疫苗接种，就会促使他们体内产生能抵抗相应致病菌的感染或中和相应毒素的有益的特异性免疫反应，从而预防疾病的发生，对保证他们健康生长发育十分必要。

2. 疫苗均接种次数

因为疫苗的性质不同，所以接种后身体获得的免疫效果不一样。减毒活疫苗只需接种一次，便可使人体得到持久的免疫力，而死菌疫苗及类毒素接种后，由于对人体刺激时间短，引起的免疫反应很快就消退了，仅能起到免疫动员作用，尚需接种第2次，乃至第3次，才能使人体获得持久的免疫力。每种疫苗接种次数和每次间隔的时间，都是据不同疫苗在人体产生免疫反应的快慢及人体吸收的快慢来决定的。因此，必须按时按量接受接种，不要发生漏种，才能保证免疫效果。儿童全程免疫即是这个意义。

为宝宝做全程免疫接种

宝宝注射疫苗后要适当休息,不要剧烈活动,也不吃刺激性食物,暂时停止洗澡。

不宜做预防接种的情况:

(1)空腹或饥饿时不宜注射,以防血糖过低引起严重反应,如休克。

(2)宝宝患病或体温在38℃以上,待病痊愈后及时接种。

(3)宝宝患传染病的恢复期不能接种,以防病情加重。

(4)宝宝有免疫性缺陷不宜接种,否则会引起全身的严重感染。

(5)患过敏性疾病,如过敏性哮喘病、荨麻疹以及癫痫、大脑发育不全不宜接种。

(6)2个月的宝宝服小儿麻痹糖丸时,应在口内含化或凉开水送服,服后半小时内不能喝开水。宝宝如有腹泻也可暂缓,待病好2周内及时补服。

(7)有严重皮肤病时不宜接种,否则可能加重病变。

常见预防接种反应处理对策

通常,宝宝接种后都不会有太大反应。但它毕竟对人体来说是一种异物,也会引起一些生理、病理及免疫反应。

常见生理反应:

(1)接种局部出现红肿热痛,范围如黄豆粒大小,1~2天消肿。但卡介苗接种后,局部有可能出现红肿,而且还渐渐形成白色的小脓包。

处理对策:

它会逐渐自行吸收或破溃成溃疡,1~2月后结痂而愈,千万不要挤压。

（2）个别宝宝接种后出现37.2～38℃的低烧，同时伴烦躁不安、食欲减退、精神不振等症状。

处理对策：

这些症状多数在24小时内消失，很少持续好几天，无须处理。只要多给宝宝喝水，注意让宝宝休息即可。

常见异常反应

（1）接种的部位发生无菌性化脓，主要是因疫苗在局部吸收不良、疫苗中的成分在此堆积而造成。形成的慢性炎性刺激，使局部皮肤成一个硬结，慢慢液化并坏死。

处理对策：

轻者无须处理，仅用湿毛巾热敷即可恢复。若已形成脓肿但未溃破，可用无菌注射器抽取其中脓液，切忌切开。一旦脓肿破溃，应到医院切开挑脓。

（2）宝宝发生晕厥。多在注射疫苗后突然发生。

处理对策：

应立即让宝宝平卧，并采取头低脚高姿势。同时解开衣扣，喂温开水或温糖水，一般几分钟就可以恢复。这种情况大多是因宝宝内心恐惧、紧张或打针疼痛引起。所以，宝宝在接受注射前，必须要给予鼓励，让宝宝精神放松，吃好睡好。

（3）出现过敏性皮疹及过敏性休克。过敏性皮疹多在注射后几分钟或几天后出现，最常见的是荨麻疹，表现为大小不等、淡红或深红色的丘疹，非常瘙痒。

处理对策：

采用抗敏治疗后很快就可恢复正常。

（4）发生过敏性休克。宝宝常在注射后几秒之内或几分钟发生，表现为不安、呼吸困难、面色苍白、四肢发凉、抽风、血压下降，若不及时抢救可危及生命安全。

处理对策：

应该立即静脉注射1/1000肾上腺素，同时服用抗敏药物。

宝宝缺乏营养的简易判别方法

由于家长对营养知识的缺乏，再加上宝宝有不良饮食习惯，往往会出现以下某些营养素缺乏的表现。

倘若宝宝消瘦、食欲不佳、生长发育明显落后、表情淡漠、不活泼，可能是蛋白质和热能不足。如宝宝个头较小，骨骼牙齿发育不良，出牙晚，腓肠肌痉挛（小腿后面肌肉抽搐）则是由于缺钙所致。铁是合成血红蛋白的原料，若铁缺乏到一定程度就会产生缺铁性贫血，表现为面色、口唇、眼结膜、指甲苍白，烦躁、食欲不振、注意力不集中，有的还表现为异食癖（即吃我们日常不能吃的东西如纸张、煤渣子等）。若宝宝个矮，厌食、偏食、挑食、异食癖，反复发生口炎则可能是锌缺乏。维生素A对维持皮肤和人体呼吸道及消化道上皮组织的健康非常重要，维生素A缺乏时，皮肤粗糙、脱屑，有时表现像鸡皮疙瘩，容易反复发生呼吸道感染，重者可出现夜盲症，甚至可造成失明。若宝宝夜惊、多汗、头部呈方形、肋缘外翻，甚至有鸡胸，O形或X形腿，可能是由于缺乏维生素D造成的佝偻病（当然缺钙也会促进佝偻病的发生）。维生素B_2（核黄素）缺乏时可出现口角烂、口唇发炎、舌面光滑、视力模糊、怕光流泪、皮脂增多、皮炎等；若宝宝常有齿龈出血、皮肤有出血点、鼻出血，甚至尿血等，可能与维生素C缺乏有关。

以上是最常见的几种营养缺乏病，若宝宝有以上某些表现，应该及早到医院找医生诊断，适当补充含某种营养素的制剂或保健品。但是有的药物如维生素A、维生素D、锌等过量会造成中毒，所以必须在医生指导下服用，不可擅自随便乱用。

教宝宝做游戏

这一阶段任务主要是积极地促进婴儿视觉、听觉的发展，适度地练习视力集中和视线随物移动、对声响的反应等。这些练习也会使新生儿情绪愉快。

1. 悬挂玩具

悬挂的玩具，如灯笼、彩色转盘、吹塑玩具。有利于婴儿练习眼的活动，使婴儿情绪愉快。

玩法及成人指导：

宝宝仰卧时在上方和视线所及处，悬挂能引起注视的玩具。距离一般是40~70厘米。成人可利用语言、动作来引起宝宝注视。注意玩具不要悬挂在婴儿眼睛的上方。

成人可拿着色彩鲜艳、形象生动的玩具移动，使宝宝注视，并随着玩具移动视线，追踪玩具。移动玩具时不能太快地摇晃或移动，移动范围不要过大。对于转动玩具来说，游戏时间不要太长，而且转动速度过快的玩具也不适合。

2. 发展听觉的玩具

带有声响的玩具，如八音盒、铃鼓、铃铛、各种哗铃棒，带响的形象玩具，如橡胶或软塑的各种能捏响、摇响的小动物、小人等形象的玩具，能拉响的各种悬挂玩具等。它们有利于培养宝宝听力集中和对声响的反应。

玩法及成人指导：

引逗宝宝将头转向声音的一侧，寻找声源。应吸引宝宝努力向各个方位去寻找。

让宝宝听时，也可以给宝宝看玩具，边看边听，使视听协调。

3. 和宝宝对话

方法：3个月的婴儿会"咯咯"地发出笑声，高兴的时候还能"咿咿呀呀"地讲话，这时妈妈要以同样的声音应答，同婴儿对话。

目的：训练婴儿发音，促进母子间感情交流。

注意：对婴儿说话要做出反应。

妈妈育儿有方法，
宝宝健康做"加法"

为了帮助你更好地阅读本书，我们提供了以下线上服务

快来学

· 【宝宝辅食攻略】　花样辅食学着做，宝宝营养又健康

· 【宝宝疾病预防】　面对问题不焦虑，做好预防少生病

跟着做

· 【婴儿护理手册】　日常护理有参照，抓好生活小细节

· 【亲子益智游戏】　亲子互动手指操，玩出聪明宝宝

来分享

· 【育儿交流群】　育儿过程有困难，宝爸宝妈来帮忙

微信扫码，添加智能阅读向导
对照【身体指标】，了解宝宝发育情况

PART ❷

宝宝4月至6月

　　满3个月后，宝宝的摩罗反射和踏步反射逐渐消失，开始为下一步自主运动的发育做准备。妈妈需要每天不断地给宝宝接触新事物，让宝宝接受更多的良性刺激，促进宝宝的感官发育。

　　开始添加辅食：宝宝从这个月起需要添加一些辅食了，不爱吃不要紧，隔几天再拿给宝宝尝，这个阶段主要是为了让宝宝适应各种食物的味道，长大不偏食，并不靠辅食来保证营养供给。

　　这个阶段的宝宝开始关注外界声音，我们可以和宝宝做一些开发听力的游戏。比如：妈妈摇动哗啷棒，然后再敲响小鼓逗引宝宝听，看他的表情会不会出现不同的反应。还可以让宝宝听取哭声、笑声、和蔼的言语声、命令声、喊叫声等等，训练宝宝的听觉，丰富他的情感体验。

育儿方法
尽在码中

看宝宝辅食攻略，
抓婴儿护理细节。

第一章

宝宝4月

◎ 宝宝发育情况

◎ 宝宝喂养要点

◎ 宝宝辅食的添加

◎ 让宝宝跳健身操

育儿方法
尽在码中

看宝宝辅食攻略，
抓婴儿护理细节。

█ 宝宝的发育状况

这个月的宝宝,眼睛和耳朵的功能以及手脚的运动逐渐开始协调了。

随着头部能逐渐挺直,每当发现新奇的东西或听到响动,宝宝就会转过脸去看。让宝宝俯卧时,双臂也会撑起身体,使劲抬头。

躯干肌肉的功能也加强了。宝宝不总是仰卧,如果穿得少的话,就想侧转,有的宝宝甚至能翻过身来。由于双腿乱动老想翻身,宝宝会在床上移动位置。因此妈妈要格外小心,以免宝宝从床上掉下来。

快到4个月时,宝宝手脚的活动已相当自由,有的会把抓到手的物品放进口中吮吸,有的会用自己的双手扶着奶瓶。

睡眠时间因人而异。大多数宝宝能在午前、午后各睡2个小时左右,晚上8点左右开始睡觉,夜里醒1~2次。但有少数宝宝却与此不同。不爱睡觉,白天只睡2~3次小觉,每次半小时左右,晚上甚至到了9点、10点也不肯入睡。睡眠不多的宝宝,父母照料起来就比较辛苦。

食量的差异有时也很大。能吃的宝宝1次吃200毫升牛奶好像还不够,而吃得少的宝宝只吃100~200毫升就足够了。进行混合喂养的宝宝到了这个时期就渐渐不爱喝牛奶了,这是常见的现象。只吃母乳的宝宝,尽管母乳不足,也不愿意喝牛奶。

宝宝近4个月时,妈妈就可以试着添加辅食了,但并不是所有宝宝都能愉快而顺利地接受辅食。有的宝宝喜欢吃代母乳食品,如奶糕、米糊、奶糊等,很快就习惯于用勺子吃东西。有的却拒绝食用,不习惯用小勺吃。不必强迫不爱吃辅食的宝宝吃各种代乳食品,开始时可以试着用小勺喂一部分果汁或面汤,若是不成功,可以过一段时间再试,应该让宝宝慢慢习惯用小勺喂食。

宝宝三四个月时,有的妈妈开始"把尿",训练宝宝的大小便。其实,这时候训练宝宝大小便是很难成功的。因为宝宝的生理发育尚不成熟,还无法控制自己的大小便,即使妈妈经常能把出尿来,也多半是碰巧了,不能因此说明妈妈的训练已经成功。

应该多抱这个月龄的宝宝到室外呼吸新鲜空气，晒晒太阳，看看周围的景色，这会使宝宝身体健壮、精神愉快。白天外出，晚上会因疲劳而很快入睡。夜间不易入睡的宝宝，白天应多抱出去走一走、看一看。

以前经常吐奶的宝宝到了这个月大都不吐了。唾液分泌较多的宝宝开始流口水，经常把胸口弄得湿漉漉的，不用担心，这是正常现象，以后会自愈的。

不要忘了按期到附近的医疗保健站给宝宝预防接种，如果正赶上宝宝身体情况不好，如发烧、感冒，应及时告诉医生，看看是否需要推迟接种日期。

宝宝的喂养

这个月的宝宝奶量差异很大，应根据自己宝宝的食量和消化能力来决定哺乳量的大小。若宝宝吃不到规定的奶量，也不必着急担心，因为有的宝宝天生食量就小。

除了吃奶以外，可试着增加些半流质的食物，为以后吃固体食物做准备。这时宝宝的消化能力增强了，淀粉酶的分泌也比从前增多，因此可喂些含淀粉的食物，如粥、米糊等，开始先从一勺、两勺喂起，看宝宝的消化情况慢慢增加。可在每次喂奶之前先喂粥或米糊，能吃多少就吃多少，不必勉强。

由于宝宝体内的铁储备到这时已消耗殆尽，为了防止贫血，应当从辅食中补充铁质了。比较适宜这个月龄的宝宝食用的含铁食品是蛋黄。从这个月起，可加喂蛋黄。先从1/4个蛋黄加起，可用奶瓶喂，也可单独用小勺喂食。

为补充维生素C和矿物质，除了吃水果汁和新鲜蔬菜以外，还可用菜泥来代替菜水，锻炼宝宝的消化功能。

在增加以上辅食的过程中，要注意观察宝宝大便的情况。每一种辅食都要逐渐增加，使宝宝有个适应过程，不能急于求成。

这个时期，宝宝仍应以奶为主要食物。

吃母乳的宝宝为何会患"轻度贫血"

下面听一下医生的解释。

1. 母乳确实是婴幼儿最佳的天然食物，而且在喂养上又很便利和安全，但这种优势仅仅是相对于宝宝出生的最初几个月而言。理由是：

（1）宝宝刚出生时，消化道的器官发育尚未成熟，胃肠道缺乏消化大人所能接受食物的消化酶，胃容量也小，因此不能吃大人的食物。

（2）由于宝宝还没有长出牙齿，而且也不会咀嚼，因而不能将食物咀嚼碎，没法消化食物。

（3）更重要的是母乳在宝宝刚出生的头几个月内分泌量大，其中富含有各种优质蛋白质、必需脂肪酸、乳糖、多种维生素和矿物质，以及抵抗致病菌感染的抗体。以母乳作为宝宝的主要食品，不仅完全可以满足快速生长发育的需求，而且宝宝还不容易生病。

2. 随着宝宝月龄的增长，宝宝对于营养物质的需求数量越来越大，而且所需要的养分也越来越多。而妈妈的乳汁分泌量却越来越少，其中的各种营养物质也大为减少。这时，再以妈妈的乳汁作为宝宝的主要食品，已经不能满足快速生长发育的需求了，喝配方奶的宝宝更是如此。

宝宝消化器官的功能发育变得越来越完善，消化食物的能力无论从种类上还是数量上都在逐渐增强，并且由于牙齿相继萌出具备了咀嚼能力，能够消化母乳及乳制品以外的食物了。

3. 宝宝患上贫血是因为没有及时添加离乳食品（给宝宝添加的辅食）造成的，何时开始让宝宝一点点儿地尝试吃饭，何时应该尝试哪些食物，并怎样去尝试，是每一个妈妈都要熟知的事情。大多数宝宝生下来后都很健康，在出生后的5~6个月与国外发达国家婴儿相比，身高、体重及健康水平都没有太大的差别，但在6个月后就出现了明显的不一样，佝偻病、贫血以及某些营养不良的发病率上升。这个问题与妈妈密切相关，因为许多妈妈并没有意识到及时为宝宝添加离乳食品的重要性，宝宝出生前在身体内储存的铁，出生后的3~4个月已经基本用尽，妈妈的乳汁只能给宝宝微乎其微的铁，因而患上贫血症。

为宝宝添加离乳食品的九种方法

与宝宝月龄相适应

过早或过晚添加离乳食品，都会对宝宝的健康有不良影响。过早添加不适宜宝宝消化的食品，会因消化功能还未成熟而导致呕吐和腹泻，消化功能发生紊乱。而过晚却会造成宝宝出现营养不良，甚至会因此而拒吃非乳类的流质食品。

从一种开始逐渐到多种

按照宝宝的营养需求和消化能力逐渐增加食物的种类。一开始添加时，只能先给宝宝单独吃一种与月龄相宜的离乳食品，待尝试了3~4天或一周后，宝宝的消化情况良好，排便也正常，再开始让宝宝尝试另一种，不能在短时间内一下子增加好几种。

从稀逐渐变稠

刚开始只能给宝宝流质食品，逐渐变成半流质，最后发展到固体食物，因为宝宝还未长牙齿，液体食物对宝宝更适合。若一开始添加时，就马上给宝宝半固体或固体的食物，肯定会使宝宝难以消化吸收，因此发生腹泻。应该按照宝宝消化能力及牙齿的长出情况逐渐过渡，即从菜汤、果汁、米汤过渡到米糊、菜

泥、果泥、肉泥。再一点点儿变成小块的菜、果及肉，或从米汤、烂粥、稀粥过渡到软饭，这样才能避免发生消化不良。

从细小逐渐变粗大

做出的食物，颗粒要细小，口感要嫩滑，多做些"泥"状食品给宝宝吃。如菜泥、胡萝卜泥、苹果泥、香蕉泥、蒸蛋羹、鸡肉泥、猪肝泥等，以利于培养宝宝的吞咽功能，为以后逐步过渡到固体食物打下基础。同时也可让宝宝从小熟悉各种食物的天然味道，养成不偏食、不挑食的好习惯。况且，"泥"中还含有纤维素、半纤维素、木质素、果胶等，可促进肠道蠕动，适宜宝宝消化，并有利于排便。

从少量逐渐增至多量

每添加一种食品，开始时每天只能给宝宝喂上一次，而且量不要大。比如加蛋黄时先给宝宝吃1/4个，3~4天后宝宝没有什么反应，且在两餐之间无饥饿感，排便正常，睡眠也安稳，再增加到半个蛋黄，以后逐渐增至一个整蛋黄。

宝宝不适要停止

若宝宝出现腹泻，或便里有较多的黏液，则赶快停下来，待恢复正常再从少量重新开始。需要调整的是添加食品的速度不要太快，让宝宝消化道有一个适应过程。

倘若遇到宝宝生病或天气太热，可以推迟添加离乳食品的时间，因为宝宝情绪不佳时不易接受离乳食品，必须在宝宝身体健康、消化功能正常时添加。如果宝宝病情较重，那么原来已添加的食品也应适当地减少，待病愈后再恢复。

不宜过久食用

一般宝宝在开始添加离乳食品时都还没有长出牙齿，流质或泥状食品非常适合他们消化吸收。许多妈妈因为这一点，就总是给宝宝吃这样的食品。但时间过久，便会使宝宝错过咀嚼能力发育的关键期，有可能导致1岁以后咀嚼功能

健康饮食心理的培育

在给宝宝喂离乳食品时，要为宝宝营造一个愉快和谐的进食气氛和环境，不要在宝宝情绪很不好的情况下喂食，应该选在宝宝心情愉快和清醒的时候。宝宝表示不愿吃时，千万不可采取强迫手段硬要宝宝进食，这样只会在宝宝的脑海里留下不良的印象，以后更加执拗、疑心，从此再不吃这种东西了。当宝宝搞得满身满脸都很脏及周围的环境也很乱时，也不要对宝宝发火，因为给宝宝添加离乳食品不仅只是补充营养，同时也在培养健康的进食习惯和进餐礼仪，正常味觉发育以及学做事情的态度。若宝宝的心理受挫，将会给日后的生活带来负面影响。

发生障碍，如嚼颗粒性或固体的食物有困难。虽然流质或泥状食品适宜宝宝，但不能让宝宝长久地吃这类食品。

不能很快让离乳食品替代乳类

在宝宝6个月以内时，便减少母乳或其他乳类的摄入量，这种做法并不可取。因为宝宝在这个月龄，主要食品还是应该以母乳或配方奶为主，离乳食品只能作为补充食品。

鲜嫩、卫生、有味道

在给宝宝制作食物时，以为宝宝不懂口味只注重营养，而忽视食物的味道，这样不仅会使宝宝对离乳食品产生厌恶，从而影响营养的摄取，时间久了还会患上贫血、佝偻病等营养不良疾病。应该以天然清淡为原则，可稍添加一点儿盐或糖，但不宜过多，避免养成嗜盐或嗜糖的不良习惯。更不可添加味素和人工色素等，以免增加宝宝肾脏的负担而损害功能。

宝宝的离乳食品应该单独制作，制作的原料必须鲜嫩，蔬菜和瓜果在制作前最好要浸泡15~20分钟，以使农药完全溶解，再用开水烫一下。制作的烹饪用具必须经常清洗消毒，保持清洁卫生，

以现做现吃为佳,特别是不要吃剩下的菜汁。

鸡蛋是宝宝的好食品

宝宝正处于生长发育的旺盛时期,需要充足优质的蛋白质食物,鸡蛋是天然食物中含优质蛋白质的食品。其所含蛋白质最易被人体吸收,蛋黄和蛋白中所含蛋白质的营养价值很高。蛋黄中含有蛋类的全部脂肪,含较多的磷质和胆固醇,且脂肪呈乳融状,容易消化吸收。鸡蛋中含丰富的维生素A、B$_1$、B$_2$、D等,蛋黄还富含铁、硫、磷等。虽然鸡蛋中缺乏糖及维生素C,但仍是适合婴幼儿营养的较好食物,宝宝每天都应吃鸡蛋。

宝宝每天吃鸡蛋要掌握好数量,通常每天吃一个即可。此外,还要吃肉、鱼、鸡、牛奶、豆类及豆制品等含蛋白质丰富的食物。如果其他蛋白质类食物摄入不足时,可以加一个鸡蛋来补充。

若宝宝正在发烧,不应吃鸡蛋,否则会使体温升得更高;若宝宝正在出疹子,或出现不明原因的过敏,也不要吃鸡蛋,以免加重病情。

注意不要因鸡蛋营养丰富就让宝宝多吃(一天不要超过2个),这样会影响吃其他食物,造成某种食物营养摄入不足。另外,宝宝食用鸡蛋宜采用蒸鸡蛋羹、煮鸡蛋(不宜煮老)等方法,以利于消化。通常还有以下巧吃鸡蛋的方法:

蛋黄拌豆腐

原料:盒装豆腐1/3盒,鸡蛋1个,虾皮末1勺。

做法:

(1)鸡蛋煮熟,趁热切开,取出蛋黄,拌入豆腐中,加入盐、味精、虾皮末拌匀,再加点儿美极鲜酱油。

(2)放入微波炉中加热1分钟,使之温热。

特点:绵软细腻,入口即化,味道鲜美,营养丰富。

用法：适合6个月以上的宝宝，既可当主食，又可佐餐。

蛋皮馒头

原料：刀切小馒头2个，鸡蛋1个，虾皮末1勺，面粉适量，香葱一小把。

做法：

（1）将蒸熟的刀切小馒头切成薄片。

（2）面粉加凉开水调成面糊，加入鸡蛋液、虾皮末、香葱末、盐、味精拌匀。

（3）将馒头片的两面挂上面糊，投入油锅内煎得变色即可。

特点：嫩黄的馒头片上还有青绿的香葱，闻起来香香的，宝宝一定爱吃。

用法：适合周岁以上的宝宝，做早餐或点心均可，佐以牛奶更佳。

宝贝蛋炒饭

原料：米饭半碗，鸡蛋1个，胡萝卜1/3根，土豆1/3个，小蘑菇2个，豆腐干1块，肉糜1勺，高汤1大勺。

做法：

（1）将胡萝卜、土豆、豆腐干分别切成小丁，小蘑菇切成薄片，鸡蛋打匀，加盐、味精适量。

（2）锅内放少量油，投入肉糜，加料酒、少许酱油翻炒，熟后盛出。

（3）锅内放少量油，加入鸡蛋液翻炒，边炒边用锅铲将其捣碎，盛出。

（4）锅内放适量油，加入胡萝卜丁、土豆丁、豆腐干丁、小蘑菇片，翻炒片刻，放盐、味精适量调味，加盖焖一会儿，再加入米饭、肉糜、鸡蛋，淋入一大勺高汤，再加盖焖2分钟即可。

特点：色彩鲜艳，味道鲜美，饭软菜烂，易于消化。

用法：米饭应软硬适中，对牙齿还未长全的宝宝，各种配料应尽可能切得细碎些。炒饭不宜油腻，可以根据宝宝的喜好并结合时令，在炒饭中加入不同的配料，如虾仁、鸡肉丁、牛肉丁、黄瓜、西芹、豌豆等，做出令宝宝百吃不厌的炒饭来。

宝宝患精神分裂症的危险因素

精神病学专家认为，分娩前3个月的孕妇对维生素D需求增高，若在此时未能及时补充，就会使体内的维生素D水平降低，成为引起儿童患精神分裂症的一个危险因素。除了维生素D外，精神病学专家还认为，儿童患精神分裂症可能和出生季度、出生城市、产科并发症、围生期与病毒有接触等有关系。

宝宝在4个月时就已生嫉妒心

英国的心理学家最新研究发现，4个月大的宝宝已经懂得"吃醋"。

在一次偶然的机会中，心理学家发觉一个只有4个月的宝宝流露出嫉妒之情，于是决定对24名母亲和她们的宝宝（4~6个月大）进行研究。心理学家先让这些母亲们互相交流，然后让她们去抱别人的宝宝抚摸、玩耍。当母亲们相互交流时只有3个宝宝大哭起来，而当自己的母亲抱起别的宝宝爱抚时，却有13个宝宝哭闹不止。

家庭环境对宝宝偏头痛有影响

芬兰的一项医学研究表明，发作性头痛家族史是儿童易患偏头痛的危险因素，而家庭生活不愉快则会增加这种危险。

研究人员发现，患偏头痛的儿童大多家庭中有问题，如环境差，父母不和，离异及父母对孩子态度不恰当，而这些家庭问题在无偏头痛的儿童中很少见。

研究者认为,遗传和环境均对儿童偏头痛的发病率有影响。

适合4~6个月宝宝的玩具

这时的宝宝能注视较远距离的物体,会通过视、听、嘴咬、吮吸、手的触摸来接受外界刺激。刚开始时,宝宝尝试着挥动手臂朝物体摇动,试图用手去接触物体,但由于动作的不协调而做不到。这时的宝宝在抓东西时,主要不是用手指的动作,而是把整只手弯起来,好像一个大钩子那样。到了6个月,他们的手眼协调已发展起来了,大拇指的动作与其他四指在逐渐分开,渐渐地把大拇指放在物体的一边,其他的四指放在另一边,这就形成所谓"五指分工"。这时,宝宝已从仰卧学会侧卧,到翻身和独自坐一会儿。这些动作能力的获得,一方面扩大了宝宝接触和探索环境的范围,同时也使双手解放出来,这对双手的协调和手指精细动作的发展是极为有利的。

这一时期宝宝开始能区别一些物体和现象。6个月时见到熟人,就能表示高兴,并开始认生。为了进一步发展宝宝的视觉能力,父母不应该满足于婴儿躺在床上不哭不闹,这样会失去视觉能力发展的机会。

手的动作出现是这一时期的主要特征。家长的主要任务是在促进宝宝视、听运动协调的同时,给宝宝提供可触摸的玩具,让宝宝去抓、捏、握,练习手的动作和翻身、爬行的动作。

训练手的动作的玩具。

主要的玩具有摇棒、哗铃棒、拨浪鼓、各种环状玩具、拉串、软硬塑料和橡胶玩具。

玩法及成人指导:

(1)成人开始用玩具碰触宝宝的手,帮宝宝拿住,之后让宝宝自己去抓握。所放玩具大约在距离宝宝的脸部25厘米处。

(2)可用松紧带把玩具悬挂在宝宝手能够摸到的地方,以便宝宝能自己玩弄。

（3）可选用一些用手捏住可发声的橡胶玩具或较轻的小型舔弄玩具。

（4）玩具应便于宝宝抓握，不要太大或太小，或太滑。

（5）宝宝抓握到玩具，有时会放到嘴里吸吮，因此玩具必须坚固，经常保持干净，清洗消毒。

（6）当宝宝触摸玩具失败时，不要迫不及待地把玩具塞给宝宝，而应该给宝宝提供尝试和练习的机会，鼓励宝宝自己去触摸。

（7）也可以拿着玩具配合藏猫猫等游戏来玩，以增加游戏的乐趣。

适合练习翻身、爬行动作的玩具。

（1）将玩具放在宝宝必须经过翻身才能取到的地方，锻炼宝宝向左向右翻身拿到玩具。

（2）将玩具放在儿童俯卧的前方，并逗引宝宝向前爬行，伸手移取玩具，并逐渐加长些距离。

（3）在学翻身时，成人也可用手轻推宝宝的背部，帮助宝宝翻过来。

（4）成人可把手抵在婴儿的脚后，在他们爬行时做推动来帮助。但是不可在宝宝没有做出爬行动作时去推动。

哺乳期妇女可以服用避孕药吗

避孕药中含有黄体酮、睾酮以及睾酮类衍生物，这些物质进入哺乳妈妈的血液后，会抑制泌乳素的分泌，使乳汁分泌量减少。而且还会通过乳汁进入宝宝

小·贴士

测试宝宝听力是否正常

妈妈应仔细观察，发现宝宝在不同阶段对"声音"的反应，从而判断出宝宝的听力是否正常。

刚出生：对大的声音会做出惊跳反射。站在宝宝的身后，用小铃铛、小哨子或者拍手，观察宝宝的反应。若宝宝眨眼睛、转身或者有跳跃的反应，说明有听力。

3个月后：能转过头寻找声音的方向。

6个月：能熟练判定声音的方向。

8个月：会对自己的名字或其他感兴趣的名词做出反应。

9个月以届：开始咿咿呀呀地练习发音，并能听懂简单的话，说出单音字。

如果经过反复细心的观察，仍得不到上述反应的肯定结论，就应该到医院进行进一步的检查和确诊。

身体内，引起宝宝恶心、呕吐、肠痉挛、腹泻等症状。因而，哺乳妈妈不宜服用避孕药。适合哺乳妈妈的避孕方法可首选避孕套，其中不含有任何对宝宝及哺乳妈妈不利的药物，而且还卫生，有利于生殖器官的恢复。产后3个月，剖宫产手术后半年内使用比较适宜。若没有子宫脱垂、阴道过松或过紧、重度宫颈糜烂、阴道炎，在产后3个月也可使用阴道隔膜。产后6个月后尚还在哺乳的妈妈，若是阴道分娩者，可以考虑在子宫内放置节育环（即避孕环）。这种方法安全、有效、简便，一次放入可以避孕多年。但在放环前需去医院做妇科检查，医生同意后方可放环，特别是剖宫产生育的妈妈。还有一种名叫迪波盖斯通的长效避孕针，它对乳汁分泌以及宝宝的生长发育无影响，注射一针可避孕3个月，且有效率为100%。因此哺乳妈妈可以注射。

4~6个月宝宝的社交本能

能认识妈妈的脸，一见妈妈就笑，妈妈要是从宝宝身边离开，宝宝就会哭。

不甘寂寞，如让宝宝长时间独自一人与玩具在一起就会哭，嘴里还经常发出"么么、吧吧、嗒嗒"的声音。如看到陌生的面孔会变得呆板，会躲避，甚至会哭，不愿让生人碰自己。宝宝会通过抚摩妈妈的脸表示问好。

（1）经常把一些陌生的客人介绍给宝宝，让宝宝熟悉他们。

（2）尽可能陪宝宝一起玩生动有趣、能响能动的玩具，如小熊打鼓、小鸡吃米、哗铃棒等。若宝宝对此反应不热烈，可制造一些奇特的声音来引发兴趣，如放音乐、听小床悬挂的风铃声、搓纸声等。

（3）做"躲猫猫"游戏，即妈妈用布蒙住脸，宝宝以为妈妈消失了，在宝宝疑惑时妈妈把布拿开，向宝宝逗乐说"喵，喵"。看到"不见"了的妈妈再现，会使宝宝很高兴，当妈妈再次用布蒙住脸时，宝宝想自己动手去拉开寻找消失了的东西。经过几次训练后，可让宝宝自己拿布蒙在脸上，然后掀开布逗妈妈玩，这个游戏可使宝宝知道寻找消失的东西。

什么是纯母乳喂养

宝宝4~6个月内只给予母乳，而不添加水和任何其他食品称为纯母乳喂养。目前，在一些包括母乳喂养婴儿非常普遍的国家，纯母乳喂养逐渐减少。4个月内纯母乳喂养与非纯母乳喂养的宝宝，肺炎与腹泻的发生率分别为1.72%、3.77%与32.22%、60.09%；4个月内纯母乳喂养的婴儿比非母乳喂养的婴儿平均体重多0.36千克，平均身长多1.2厘米。通

小·贴士

母乳喂养的重要性

母乳营养全面，含有婴儿成长必需的各种营养，包括蛋白质、脂肪、维生素、矿物质和水，并有利于婴儿吸收与利用。母乳中还含有多种免疫物质，能增强宝宝的抗病能力，喂母乳还具有方便经济、增进母子感情、促进宝宝发育的作用。自20世纪90年代以来，我国大力推广爱婴医院行动，积极推行母乳喂养。

在母乳喂养的行动中存在着一个很危险的误区，那就是母乳喂养的纯度不够。换句话说，许多妈妈仅仅采用部分母乳来喂养自己的宝宝。研究证实，完全依靠母乳（即纯母乳）喂养与部分母乳喂养的婴儿有区别。

过分析显示，非母乳喂养的宝宝生长迟缓与腹泻的危险分别为纯母乳喂养的2.19倍和2.74倍。

部分母乳喂养的不利影响

许多母亲对单纯母乳喂养的观念持有怀疑态度。她们规律地给宝宝喂水以防脱水，或者喂一些粥类以及其他传统饮料，她们相信这些饮料会有利于消化与健康。这些传统观念在某些地区非常牢固。宝宝4~6个月前添加水可带来如下危害：首先，给宝宝添加水分会导致母乳量减少。出生后的前几个小时，新生儿组织中含有较多水分，即使2~3天内只有少量乳汁情况下也不需添加任何液体，并且宝宝的吸吮能刺激泌乳素并能维持乳液量，如喂水会导致等量奶液分泌减少。规律喂水还容易使母亲养成习惯，即使乳汁已经产生后仍然保留这种习惯，这将干扰母乳喂养的持续性，从而导致母乳喂养过早终止。其次，宝宝胃肠道和肾功能还未发育成熟，尚不具备处理非母乳食品或液体中某些成分的能力，尤其是具有较高肾脏溶质负荷的食物，可能导致需要排出的尿超过了新生儿肾脏浓缩的能力。还有，宝宝消化道通透性相对高，可能有发生外来蛋白质透过的危险性，结果会引起严重过敏反应。此外，喂水或其他食品，由于水或食物污染等原因，可能增加新生儿患病机会，甚至死亡的可能性。

夏季是否需要给婴儿添加水分

夏季要给婴儿添加水分，这个建议好像很合理，因为医生也推荐，但这种情况并不适宜4个月内单纯母乳喂养的健康宝宝。因为母乳含有满足4~6个月时包括水分在内的全部营养。进一步讲，由于母乳只含有低浓度的矿物质及氮类,故纯母乳喂养的宝宝尿量排除也少。当体内水分缺乏时,宝宝的肾脏能浓缩尿液,从而减少排尿以适应内环境的变化。即纯母乳喂养宝宝的水分状态是正常的,不需提供额外的液体就能满足自身的液体需要量。由于天热宝宝口渴,最好办法就是随时给宝宝喂奶。用其他食品代替母乳的另一个潜在后果是使母亲过早地恢复生育能力,增加了再次怀孕的可能性。

在部分母乳喂养时,非母乳食品还可能会干扰母乳中某些营养素(如铁和锌)的生物利用。在纯母乳喂养时,这些营养素吸收利用的百分比很高。研究证实,当宝宝摄入其他食物时,母乳中的铁吸收率显著降低,如喂谷类食物可使母乳中的锌吸收降低20%~70%。因此,4~6个月前给宝宝添加水分或其他食物的危害明显超过了任何潜在好处。

摇晃婴儿是很危险的

摇晃会导致婴儿精神不振、表情淡漠、眼神呆滞、食欲不振等症状,称为婴儿摇晃综合征。

案例一:4个月女婴,哭闹不止,不肯入睡。小保姆就用力上下左右摇晃,从而导致颅内出血,经抢救宝宝是活了下来,但却留下了严重的后遗症——癫痫、智力低下。

案例二:8个月男婴,叔叔逗他玩耍,把他在空中抛来抛去,致使硬膜下血肿而死亡。

国外也常有这类事情的报道。如加拿大渥太华儿童医院对49例因摇晃而导致入院的婴儿进行了调查研究,结果显示其中10%的婴儿因过重的撼动而死亡,其余有的表现为发育迟缓,有的竟出现"脑瘫"。

科学研究认为,婴儿的头部相对较大,约占身体的1/5,而支撑头部的颈部肌肉力量却较弱。加之颅内小血管比较脆弱,在用力摇晃时,未发育完善的脑组织与较硬的颅骨相碰撞,极易出现小血管破裂而引起脑震荡、颅内出血,轻者发生癫痫、智力低下、肢体瘫痪,严重者出现脑水肿、脑疝而死亡。

10个月以内的孩子出现颅内出血的概率最高,严重程度与摇晃的强度和时间成正比。

很多人并不知道用力摇晃婴儿会出现如此危险的后果,希望大家注意,千万不要用力摇晃或震荡小宝宝!

食用奶制品的误区

(1)许多妈妈不按奶粉调制说明调奶,认为给宝宝的奶瓶里放的奶粉多一些,这样宝宝才能吃得饱、长得快。

奶粉中含有较多的钠离子,如果奶粉的含量过高,其中的钠离子也会增多,若这些钠离子没有被适当稀释,而被宝宝大量吸收,就会使血清中的钠含量增高,长期如此就会导致一系列的严重症状,如高血压、抽搐甚至昏迷等,因此婴幼儿不能喝过浓的牛奶。通常奶粉与水的配制比例是1:4。妈妈们应当按说明科学调配,而且在两次奶间要适量喂些水。

(2)酸奶是一种营养丰富、口感滑爽的健康饮料,许多妈妈为了让宝宝也能享受如此的美味,便买来给小宝宝食用,其实是不恰当的。

酸奶并不能随意喂宝宝,尤其是患有胃肠炎的婴儿及早产儿,否则可能引起呕吐、急性溶血现象和坏疽性胃炎。在4个月内,除母乳外,配方奶粉是宝宝最好的食品。若想要喂酸奶,可在宝宝添加辅食后(6个月后)作为零食给予食用。

(3)认为在牛奶中加入糕干粉、米汤、米粥等给婴儿吃,这样营养会更丰富,婴儿吃得更饱。

科学试验证明,将牛奶与米汤掺和后分别置于各种温度下,结果维生素损失惊人。食品学记载维生素A不宜与淀粉混合就是这个道理。宝宝长期摄入维生素A不足,会导致发育迟缓、体弱多病,因此不能用牛奶加米汤、米粉、糕干粉喂婴幼儿,要分开食用,最好间隔10分钟。

(4)认为炼乳和奶粉的营养成分一样,可以长期作为婴幼儿的主食。

炼乳是牛奶制品，由新鲜牛奶浓缩至原来容量的2/5，然后加40%的白糖制成。甜炼乳含糖量高达40%，当炼乳加水稀释到糖的浓度和甜味下降到符合要求时，则蛋白质及脂肪含量就低了许多，不能满足宝宝的生长发育需要。若长期作为主食喂养，就会造成宝宝发育缓慢、消瘦。如果少加水，使蛋白质和脂肪接近正常牛奶水平，则糖的含量又太高，易引起婴幼儿腹泻，腹胀。因此，甜炼乳不能作为宝宝的主食食用。

（5）认为牛奶和豆浆同煮，动物蛋白和植物蛋白结合得更为完美。牛奶和豆浆都含有优质的蛋白，营养价值较高，但二者并不宜同煮。因为豆浆中含胰蛋白酶和抑制因子，能刺激肠胃和抑制胰蛋白酶的活性。这种物质需在100℃的环境中经数分钟才能被破坏，不然未充分煮沸的豆浆食后易中毒。牛奶若长时间煮沸，则破坏了其中的蛋白质和维生素，降低了牛奶的营养价值，造成了营养的浪费。

（6）将鲜牛奶冻起来，觉得能够保证牛奶不变质。

在夏季，为了防止牛奶变质，人们往往喜欢将牛奶冷冻起来，以为这样牛奶就不会坏了。其实这样做既破坏了牛奶的营养价值，又加快了其腐败过程。这是由牛奶的内部结构决定的。牛奶冻结时，游离水先结冰，牛奶由外向里冻，里面包着干物质（包括蛋白质、脂肪、钙等矿物质）。随着冰冻时间延长，里面干物质含量相应增高，这时的奶如果切开看，外面颜色浅，里面颜色深（黄色），这种状态导致解冻后奶中蛋白质易沉淀、凝固。因此，买回后的鲜奶应保存在冰箱冷藏室，温度在2~6℃，不宜高于10℃。注意标明的保质期，牛奶是各种细菌最好的培养基，极易变质，必须在保质期内食用。

（7）以为在牛奶中加入钙和巧克力，营养会更丰富。

123

牛奶中含有大量优质蛋白，也含有大量钙，而巧克力中则含有草酸，当巧克力和牛奶相遇时，二者会形成草酸钙，草酸钙不易被人体吸收，长期食用会使宝宝缺钙。若想给宝宝食用，应当间隔一段时间。

▮▌ 4~5个月的宝宝练坐起

热身训练

（1）宝宝4个月时，妈妈可用双手慢慢拉起仰面躺着的宝宝稍坐片刻，再让宝宝仰面躺下。

（2）妈妈用双手夹住宝宝的腰部或腋下，把宝宝扶成站立的样子，两只小脚要分开些。然后把宝宝的身体向后向下推按，让宝宝坐下，但要扶直上身，稍坐片刻再重新开始练习这个动作，每次可练习4~6次。

稳固坐姿训练

（1）先把宝宝扶成坐姿，然后用彩色大气球或有好听声响的玩具，在宝宝前上方进行逗引，这样宝宝会拼命地抬头、挺胸，直起腰观看。一开始，可把玩具放得离宝宝近一点儿，能让宝宝抓住，待宝宝抓到玩具后，慢慢将玩具再升高，直到宝宝的上身可完全挺直。

（2）待宝宝上身挺直一小会儿，再将玩具高度一点儿一点儿地降低，使宝宝上身逐渐往前倾，又回到原来的姿势。

坐姿训练

当宝宝能自己挺直身子独坐后，妈妈可拿着玩具在宝宝的前后左右逗引，让宝宝学会扭身抓碰的动作。但不要把玩具拿开得太快，应尽量让宝宝扭身时能够抓碰到玩具，通过一段时间的练习，7个月时宝宝就能独坐自如了。

乳糖会引起宝宝腹泻

奶类是营养丰富的食品，除提供优质蛋白、维生素外，还含有丰富的钙，而且吸收率高。处在生长发育期的宝宝，应该鼓励多喝牛奶，但是有些宝宝却不喜欢喝牛奶。因为喝牛奶后，宝宝感到不舒服，如腹痛、腹胀、腹泻。

因何引起不适

出现以上情况是由于身体对乳糖不耐受所致。宝宝以奶为主食，若对乳糖不耐受，往往是引起慢性腹泻的一个重要原因。研究表明，在婴儿腹泻中，乳糖不耐受的发生率大约为48%～58%。

乳糖是奶类食品特有的糖类，在母乳中含量较丰富，牛奶中含量也很多。当宝宝吃奶后，其中的乳糖在小肠内经过乳酶的水解后被吸收利用。然而，有的宝宝肠道先天就缺乏乳糖酶，致使乳糖在小肠不能被水解而直接进入大肠。在大肠细菌的作用下产生酸和气体，刺激肠道因而导致腹痛、腹胀和腹泻。由于婴儿大肠清除能力差，所以腹泻更明显。无论是吃母奶或喝牛奶的宝宝均可发生，但以喝牛奶的宝宝更多见。

对宝宝有何影响

往往表现为慢性腹泻，但也有表现为急性严重性腹泻。婴儿乳糖不耐受的表现为水样便，可能有泡沫、酸臭味，但大便常规检查却常常是阴性。也可表现为出生后不久即腹泻，可持续数周到数月，但宝宝食欲好，生长发育也正常，这即是日常所说的生理性腹泻。

宝宝对乳糖不耐受怎么办

倘若宝宝吃奶后有腹痛、腹胀的表现或腹泻经久不愈，便应怀疑是否是肠道缺乏乳糖酶，应及早带宝宝去医院做检查。若是由于乳糖不耐受引起，可改

125

吃低乳糖或无乳糖奶粉、豆浆、米面制品，腹泻便可很快好转。须注意的是长期吃米面制品可致营养不良，吃一段时间（约2周）后可逐渐加奶，渐渐加至全量吃奶，宝宝就可能不再腹泻。

4~5个月宝宝安全备忘录

此时的宝宝是个抓握能手，凡是能够着的东西，宝宝都要拿来研究一番。父母要保证宝宝身边的任何物品都不会伤害到宝宝的手和嘴。

将易碎的物品、电线等东西远离宝宝的小床边。

若是宝宝特别好动，在换尿布时，一只手要始终扶好宝宝的身体。否则，转身间宝宝可能就滚到地上了。

小床的木栏杆也是宝宝玩弄的东西，父母要经常检查是否有松动或小零件的掉落。

倘若带宝宝驾车外出，必须使用婴儿专用座椅。放置的位置是后座的中间，宝宝面朝后面。因为宝宝的颈部肌肉十分娇弱，相对无害的碰撞，对面朝前坐的宝宝来说，就是十分危险的。

洗澡时，将肥皂、浴液、润肤霜等物品远离宝宝够得着的地方。

注意妈妈的长头发以及项链等饰品都是宝宝喜欢抓握的目标。

宝宝出门时，戴上小帽子，穿上长袖衣，脸部和手臂抹好防晒霜，是对宝宝皮肤最好的保护。

4~6个月宝宝离乳食品添加备忘录

4~5个月的婴儿

浓鱼肝油滴剂从每天4滴渐增至6滴，分2次喂。

菜汁、果汁从3汤匙逐渐增至5汤匙,分2次喂。

开始吃煮熟的蛋黄。从四分之一个开始,压碎后放入米汤或奶中,调匀后喂食,待适应后逐渐增至二分之一个。

从4个半月起可吃煮得很烂的粥,每天1汤匙,消化情况好从5个月起增至2~3汤匙,粥里可加半汤匙菜泥并分2次喂。

6个月的婴儿,从此时起到12个月,浓鱼肝油每天保持6滴左右,分2次喂。

菜汁、果汁增至每天6汤匙,分2次喂。

煮熟的蛋黄增至每天1个,可过渡到蒸鸡蛋羹,每天半个。

粥可略稠些,每天先喂3汤匙,分2次喂,逐步增加至5~6汤匙。

在粥中加菜泥1汤匙,可稍加些盐。

如果离乳食品吃得好,每天可少吃1次奶。

怎样自制宝宝离乳食品

蔬菜水果类

1. 菜汁

原料:新鲜绿色蔬菜,如青菜、菠菜、油菜、白菜均可。

制作:取以上任一种蔬菜洗净、切碎。水烧开后放入碎菜煮5分钟,等温度适宜时用消毒纱布或清洁双层纱布挤压菜汁,加入少许食盐调匀即可饮用。

哺喂提示:菜汁要随煮随用,以免放置后维生素C逐渐丢失。

2. 菜泥

原料:胡萝卜、土豆、南瓜、红薯、青菜叶等。

制作:取以上任一种菜洗净、去皮,放入锅中蒸熟或加水煮熟,取出放入碗中用勺压碎。青菜叶用开水煮5分钟将菜煮烂,将其放入不锈钢筛过滤,滤下的泥状物即菜泥。

哺喂提示:开始喂可加温开水调稀并加少许白糖,待习惯后直接用小勺喂。

3. 果汁

原料: 西瓜、橘子、西红柿等水分较多的水果。

制作: 取以上任一种新鲜水果洗净后去皮切开, 用榨汁器将果汁榨在碗中即成。

哺喂提示: 初喂时加些温水和少量白糖, 待习惯后直接喂挤出的汁。

4. 果泥

原料: 苹果、香蕉、橘子等。

制作: 取肉厚个大的鲜果洗净切开, 直接用小勺刮下果肉, 压碎后喂婴儿。

5. 苹果红薯丁

原料: 苹果1个 (约100克), 红 (白) 薯1个 (约100克), 蜂蜜10克。

制作: 把苹果去皮去核后切成小碎丁, 洗净的红 (白) 薯也切成小碎块。将锅置于火上, 加适量水, 放入苹果丁、薯丁, 煮开后改用小火煮烂加入蜂蜜拌匀。

放凉后即可食用。

谷、豆类

1. 豆腐软饭

原料: 大米50克, 豆腐30克, 菠菜25克, 排骨汤适量。

制作: 将洗净大米放入碗中加适量水, 放入蒸屉蒸成软饭, 豆腐放入开水中汆一下捞出, 控水后切成碎末, 洗净菠菜控水后切碎。将软饭放入锅中加适量排骨汤一起煮烂, 放入豆腐末和菠菜末, 再煮3分钟左右即可。

2. 红小豆泥

原料: 红小豆50克, 红糖25克。

制作: 洗净红小豆倒入锅中, 加适量水放在火上烧开, 改用小火煮烂后, 用勺压碎成泥, 倒少许植物油于锅内, 放红糖至熔化, 再倒入豆沙泥, 用勺子炒匀即可。

3. 面粒汤

原料: 面粉50克, 鸡蛋1个, 干净虾仁5~10克, 菠菜叶20克。

制作: 将面粉放入碗内打入1个鸡蛋, 用少许水和成硬面团, 擀成薄片, 先切成细条再切成5毫米长的粒。把虾仁剁成碎末,洗干净菠菜切成碎末,锅内放适量水,烧开后下入面粒,虾仁和菠菜末用小火煮几分钟放入适量拌匀,滴入香油即可食用。

蛋、奶

1. 翡翠蛋羹

原料:鸡蛋1个,菠菜20克,鱼肉20克,香油少许,食盐适量。

制作:将菠菜叶洗净切成碎末,剔净鱼肉刺剁成细泥,把鸡蛋打入碗中加适量温水搅匀,再放鱼肉泥、菠菜末和适量盐搅匀,置蒸屉中蒸约5分钟,拿出后滴入香油,等稍凉后即可食用。

2. 脱脂奶(用于腹泻患儿)

原料:鲜牛奶,白糖。

制作:取鲜牛奶1杯(约250毫升)放入冰箱,迅速冷却后去掉上层奶油,将剩余奶放入奶锅中煮泥,用筷子挑去上面的奶皮即得脱脂奶。

鱼、肉类

1. 肝泥、肉泥、鱼泥

原料:新鲜动物肝脏、瘦肉、净鱼块、葱、姜、植物油、食盐。

制作:将动物肝脏洗净,去筋切碎放入小碗中,加入少量葱姜、盐和适量水蒸熟。也可把切碎的肝泥加入软面条或粥中煮熟。肉泥和鱼泥做法与肝泥相同,要注意去鱼皮,除去鱼骨刺。

2. 鱼肉末

原料:鲜鱼肉(鲤鱼、草鱼均可)、葱、姜、植物油、食盐。

制作:取鲜鱼肉,去皮,去骨刺,放入小碗中,上锅蒸熟后取出捣碎,加入适量盐搅匀。

与宝宝一起运动

锻炼意义：

1. 跳跃运动

妈妈——锻炼腕力、臂力及腰腹部力量。

宝宝——锻炼握力、牵拉力、自控力和前庭器官的平衡能力。

宝宝适宜年龄：3~6个月。

动作方法：妈妈坐在椅子上，双手托住宝宝的腋下，让宝宝在妈妈的双腿上跳。

2. 翻身抬头游戏

目　　的：帮助宝宝学习翻身和抬头。

准备材料：宝宝喜欢的玩具。

参与人员：宝宝、妈妈和爸爸。

适用年龄：3个月以上。

游戏过程：

（1）妈妈可让宝宝仰卧在床上，然后用玩具分别在左右两侧逗引宝宝，亲切地对宝宝说："宝宝快看，好玩儿的玩具哦！"

（2）宝宝看到玩具就会自己努力地翻过身来呈俯卧状。如果宝宝翻得比较吃力，爸爸可以在旁边托着宝宝的脚帮助宝宝翻身成功。

（3）宝宝学会翻身后，让宝宝俯卧在床上，妈妈拿色彩鲜艳或有响声的玩具在前面逗引，说："宝宝，漂亮的玩具在这里。"促使宝宝努力抬头。然后妈妈将玩具慢慢左右移动，让宝宝的小脑袋随着玩具的方向转动。

第二章

宝宝5月

◎ 宝宝手指的早期锻炼

◎ 宝宝头发的护理

◎ 宝宝离乳期食品的准备

育儿方法
尽在码中

看宝宝辅食攻略，
抓婴儿护理细节。

宝宝的发育状况

这个月，宝宝不仅能看清东西，并对看过的东西也有良好的记忆了。最先记住的是妈妈，看到妈妈就手舞足蹈。有的宝宝一看到妈妈离开，就大声哭叫。

爱哭的宝宝和老实的宝宝差别越来越大。爱哭的宝宝会让妈妈感到十分劳累，而老实的宝宝则让妈妈十分省心。

每个宝宝都有各自的睡眠规律。对于睡得少的宝宝，要想办法在他醒着的时间里让他快乐。对于睡得多的宝宝，也不要强行改变其睡眠规律。

这个月的宝宝应当适当地添加辅食了，但不要强迫。如果宝宝不肯接受用勺子喂食或不爱吃辅食时，再等1个月也无妨。

这个月的宝宝多数已不需要夜间喂奶了，夜间换尿布即可。

在4~5个月中，几乎所有宝宝的头部都能完全挺立，听到声音就会转过头去。

手的活动也相当自由了，婴儿常常把手放到嘴里吮吸。手可以主动做抓东西的动作了，当抓到带响的玩具时会胡乱挥舞。

宝宝俯卧时会用双手支撑，长时间地抬起头来东张西望。虽然还不能独自坐，但只要扶一下宝宝的腰部就能坐一会儿。但没有必要让宝宝过早地练习坐、立。

有的宝宝已能较好地翻身，有的却怎么也不肯尝试一下。有的会站在妈妈的膝头上下跳动，而有的却宁愿躺着。当妈妈们看到同月龄的宝宝已会做相关动作，自己的宝宝仍不会做时，难免有些着急。其实，运动机能上的某些差异，大多是由个性上的不同造成的。有的宝宝爱动，动作发展自然会快一些；有的宝宝好静，动作发展就迟一些。对不爱动的宝宝，妈妈可试着帮宝宝做做婴儿体操，以促进其运动机能的发展。

宝宝的喂养

这个月的宝宝只吃母乳或牛乳已不能满足生长发育的需要了，必须添加辅食。

主食仍是乳类，辅食为蛋黄、菜泥或粥。为了保证铁质的补充，这个月的宝宝必须加喂蛋黄。上个月已吃少量粥、蛋黄和菜泥的婴儿，这时可逐渐加量。

辅食可在上、下午各吃一顿，能吃多少就吃多少，然后再补充一些母乳或牛奶。辅食宜淡，以减轻宝宝肾脏负担。倘若发现大便的性状和次数有异常时，可喂食胡萝卜泥。

做辅食时的注意事项

食物种类要适合宝宝

宝宝在婴儿期需要添加辅食时，妈妈在制作上应该遵循这样的顺序：先喂面糊等单一的谷类食品，然后加蔬菜和水果，最后加肉类。这种添加首先是为了宝宝的肠胃，因为婴儿的消化道正在发育，对食物的适应能力需逐步培养；其次是为了适合宝宝的口味，吃奶的宝宝习惯于有一点儿甜味的东西，在添加辅食的最开始给予像面糊这种口味的食物，容易让宝宝接受，此后根据食物制作的需要再逐渐加一点点儿盐和调味品，这样就遵循了宝宝消化道的发育规律。

食物品种要搭配齐全

宝宝需要的食物基本可分为四大类，即奶和奶制品、蔬菜和水果、大米和谷类、蛋和肉类。当宝宝慢慢适应并喜欢上这些食物后，妈妈应在每餐或每日为宝宝做食物时，包含以上的四大类营养。只有营养丰富、均衡，宝宝才能发育得快、长得壮实。

食物的形态从液体到固体

宝宝未长牙齿时，液体食物对宝宝更适合。倘若在一开始添加辅食时，就马上给予半固体或固体的食物，宝宝肯定难以消化吸收，从而引起胃肠疾病。应该按照宝宝消化道发育的情况，先从液体开始，逐一向糊状、泥状及固体食物过渡，即从喝菜汤、果汁过渡到米糊、菜泥、果泥、肉泥，再一点点儿变成小块的菜、果及肉。这样才能消化吸收得好，避免发生消化不良。

食物质地从细小变粗大

在刚给宝宝加辅食时，做出的食物颗粒要细小、口感要嫩滑，如胡萝卜泥、苹果泥、香蕉泥、蒸蛋羹等，以利宝宝吞咽和消化。如果宝宝就要长牙或正在长牙时，可把食物的颗粒逐渐做得粗大一点儿，这样不但有利于促进宝宝长牙齿，还可锻炼咀嚼能力。

食物要清淡无刺激

妈妈不能根据大人口味喜好来为宝宝做食物，这样宝宝不易接受，对宝宝的健康也不利。应该以天然清淡为原则，不添加过多的盐或糖，以免增加宝宝肾脏的负担而损害功能，避免养成日后嗜盐或嗜糖的不良习惯。

食物制作要新鲜卫生

宝宝的辅食应该单独制作，制作的原料一定要新鲜。蔬菜和瓜果在制作前要浸泡15~20分钟，以使农药完全溶解，再用开水烫一下。制作的烹饪用具必须经常清洗消毒，保持清洁卫生，以免让宝宝吃进不干净的食物使肠胃患病。食物要现吃现做，特别是菜汁和果汁，不要给宝宝吃存留的食物。

宝宝健脑益智的食品

健脑食品

在给宝宝选择健脑食品时，要结合宝宝身体的具体情况，有针对性地对症进食，才能收到良好的效果。

倘若宝宝面色苍白、萎靡不振、目光呆滞、畏寒手冷、反应迟缓、体形瘦矮、嗜睡无神，那么，就应该给宝宝常食健脾益胃、安神益智的食物。例如，苹果、核桃、胡萝卜、红枣、花生、松子、鱼虾、山药等食品。

倘若宝宝肥胖、无神懒怠、小便赤短、大便溏泻、腹胀积食、营养不良、下肢微肿、稍动则累等，则应该给宝宝常吃一些化湿燥脾、消积化淤的食物。例如，红豆、山楂、鲤鱼、泥鳅、蚕豆、冬瓜、笋、洋葱等食品。

倘若宝宝胖嫩浮肿、面黑肤糙、小便赤短、遗尿惊厥、大便发稀焦黄、反应迟钝、语言含糊等，就应该常给宝宝吃一些益肾助阳、活血补脑的食品。例如，核桃、山楂、动物肝脏、动物血、动物大脑、山药、瓜子、黑芝麻、黑豆、栗子、黑鱼、紫菜等食物。

倘若宝宝神怠衰懒、出汗不止，易风寒感冒或生病，则应经常选择那些壮体质、助阳补气的健脑食物。例如，黄花菜、荔枝、萝卜、大枣、芝麻、桃仁、牛奶、鸡、鱼、蛋、豆制食品等。

益智食品

现代营养科学研究证实，以下食品具有良好的益智作用：

1. 鱼类

鱼肉中富含丰富的蛋白质，如球蛋白、白蛋白、含磷的核蛋白，还含有不饱和脂肪酸、钙、铁、维生素B_{12}等成分，都是脑细胞发育的必需营养物质。

2. 蛋类

鸡蛋中的蛋白质非常优良，而且吸收率高。蛋黄中的卵磷脂经肠道消化酶

新生宝宝头发的护理

刚出生的宝宝头发稀只是一个暂时的生理现象。

头发的多少是有个体差异的,有的新生儿头发稀疏,但到了1岁左右头发就会逐渐长出,2岁时头发就已长得相当多了,5~6岁时头发就会和其他宝宝一样浓密而乌黑,以后不会出现脱发的现象。

由于宝宝头发稀疏,许多父母就不敢给宝宝洗头发,担心会使原本就稀少的头发脱落,使头发更少。实际上,在洗发过程中脱落的头发本身就是衰老而自动脱掉的,倘若长期不洗头,就会使油脂、汗液等分泌物以及污染物刺激头皮,引起头皮发痒、起疱,甚至继发感染,这样倒使头发脱掉。还有的妈妈以为将宝宝的头发剃光,便可加速头发生长,这种方法也不可取。个别妈妈盲目地在宝宝头皮上涂擦"生发精""生发灵"之类的药物,希望宝宝能长出浓密的头发,须知这类药物不适用于婴幼儿稚嫩的头皮。

的作用,释放出来的胆碱直接进入脑部与醋酸结合生成乙酰胆碱。乙酰胆碱是神经传递介质,有利于宝宝智力发育,改善记忆力。同时,蛋黄中的铁、磷含量较多,均有助于脑的发育。

3.动物的内脏

主要包括脑、心、肝和肾等。这些食物均含有丰富的蛋白质、脂类等物质,是脑发育所必需的物质。

4.大豆及其制品

它们均富含优质的植物蛋白质即大豆球蛋白。大豆油含有丰富的多种不饱和脂肪酸及磷脂,对脑发育有益。

5.蔬菜、水果及干果

它们富含维生素A、维生素B、维生素C、维生素E等。常给宝宝食用这类食物,对大脑的功能、活力及防止脑神经功能障碍等都有着一定的作用。

发现宝宝头发稀疏时应当怎么办

1.勤洗头

经常为宝宝洗头,保持头发清洁卫生,使头皮得到刺激,才能促进头发生长。洗头时,必须选用婴儿专用洗头液,洗时轻轻按摩头发,不要揉搓头发,以防止头发缠结在一起,然后用清洁的温水冲洗干净。

2.勤梳发

为宝宝梳理头发时,选择使用橡胶梳子,这种梳子有弹性、很柔软,不会损伤宝宝的头皮。梳理时要按宝宝头发自然生长的方向梳理,不可强梳到一个方向。

3. 营养充足

充足而全面的营养，对宝宝的头发生长非常重要，及时按月龄让宝宝多摄入蛋白质、维生素A、维生素B、维生素C及富含矿物质的食物，这样可以通过血液循环供给毛根，使头发长得更秀丽。

4. 多晒太阳

适当的阳光照射和呼吸新鲜空气，对宝宝头发的生长大有裨益。紫外线的照射既有利于杀菌，又可以促进头皮的发育和头发的生长。

宝宝手指的早期锻炼

宝宝的成长是一步一步的，从学着用手抓东西，到会穿衣吃饭，其间有3年的时间需要耐心培养宝宝手的灵巧性。俗话说心灵手巧，也就是说手的灵巧性与智力有很大关系，所以手指精细动作的发展是非常重要的。它的灵活可为今后各种能力的发展奠定基础。

通常，宝宝手的初级动作包括6项动作，即抓住物品不放、能抓住面前的玩具、能用拇指食指捏拿、能松手、能传递（倒手）、能从瓶中倒出小球。

一周岁以内宝宝手的初级动作是最原始、最低级的。从一开始什么都不会到学会一些简单动作，动作从无意识到有意识，从不随意到随意，实际上是动作质的变化。

对宝宝手指动作的锻炼，应积极进行，使其发展良好。但应注意：在锻炼中遵循其发展规律以及婴儿动作发展的实际水平。要持之以恒，循序渐进。婴儿手的动作发展有一定的连续性和内在联系性。在教育中要有耐心，并要有计划、有系统地进行，才能发挥良好的作用。具体的锻炼方法如下：

（1）抓住不放：就是宝宝用手抓住物品不松手。

准备工作：让宝宝平躺在床上，准备几个色彩鲜艳、能发出响声的带柄或圆形玩具。

教宝宝：先拿起一个玩具，在宝宝面前引逗，然后把玩具的柄或圆形玩具的环送到宝宝手边,用玩具触及宝宝的手,他会把玩具抓住。这一动作可反复做,也可在婴儿床的上方挂一些玩具,让宝宝能随意抓着玩。

3个月就要开始训练,7个月时仍学不会应加强培养。

(2)抓住面前玩具:就是宝宝用手抓住摆在面前的玩具。

准备工作:宝宝由大人抱着坐在桌前或坐在床上,在宝宝面前放上几个色彩鲜艳、可用手抓住的小玩具。

教宝宝:大人先拿起玩具逗引宝宝,诱使宝宝用手去抓玩具,能把玩具抓住,甚至能把玩具抓起来。大人可以再摆上更新鲜的玩具,引起宝宝抓的兴致。

4个月时即可进行培养,7个月时仍学不会应加强训练。

(3)能用拇指、食指捏拿:就是宝宝用食指和拇指合作捏物体。

准备工作:宝宝坐在床上,旁边放着小球和小积木。

教宝宝:大人先把床上的小积木或小球指给宝宝看,然后吸引宝宝注意,让宝宝看着大人用拇指和食指把小球或积木捏起来,而后教宝宝自己动手用食指和拇指把物体捏起来,大人可在一旁指点。最开始宝宝可能是用手抓拿,经过反复训练,逐渐进步。

注意训练时防止宝宝将小球或小积木放入口中发生危险。

5个月时开始培养,10个月时仍学不会应多注意训练。

(4)能松手:就是宝宝能松手放下手中的玩具。

准备工作:宝宝坐在床上,脚前身旁放着玩具。

教宝宝:大人一只手拿起一个玩具,宝宝看着大人松开手中玩具,落入下面的另一只手中。然后给宝宝一个玩具,让宝宝自己玩一会儿,大人拿出一只手来,放在宝宝拿玩具的手的下面让宝宝自己松开拿玩具的手,使手中玩具落入大人手中。

5个月时就可开始培养,8个月时仍学不会应加强培养。

(5)能传递(倒手):就是宝宝把手里的一个物件传递到另一只手中。

准备工作:宝宝坐在床上,身旁摆上一些玩具。

教宝宝:大人拿起一个玩具,让婴儿看着把手中玩具放到另一只手中。然后拿起一个玩具递到宝宝一只手中,大人协助宝宝把拿玩具的手送到另一只手。然后大人再拿起一个宝宝喜欢的玩具,送到宝宝拿玩具的手边,若宝宝想要拿到,就要先把手中的玩具送到另一只手中,腾出这只手来拿。

5个月时开始培养,8个月时仍学不会应加强培养。

（6）从瓶中倒出小球,再将小球装入瓶中。

准备工作:床上摆着几个大口的塑料小瓶和几个小球。

教宝宝:大人先拿起小瓶,拾起几个小球装入瓶中,然后让宝宝看着把瓶中的小球倒出瓶外。再把小球放入瓶中,递给宝宝,让宝宝自己把瓶中的小球倒出来,开始时,大人可协助。

8个月时开始培养,1岁时仍不会应加强培养。

给5~6个月的宝宝做离乳期食品

可以把蔬菜、水果等食品研磨捣碎呈泥状,并放少许的盐或糖,做成淡淡的、滑溜的泥状食物。

牛奶粥

材料:米一大匙,牛奶1/3杯。

做法:

（1）米加水煮。

（2）把煮好的米捞起,放入碗里,把它研磨到没有颗粒状。

（3）把研碎的米倒入锅中,加入牛奶,煮成糊状即可。

红萝卜、苹果泥

材料:红萝卜两片、苹果半个。

做法:

（1）把红萝卜、苹果切成小块,加水放进搅拌机里搅成泥状。

（2）倒进锅里煮软即可。

香蕉泥

材料：熟透的香蕉1/3根。

做法：将香蕉去皮后放进碗中，用小勺挤压，捣烂即为香蕉泥。

豆腐粥

材料：嫩豆腐一小块，粥一碗。

做法：将煮熟的嫩豆腐加少许盐搅碎，加入粥中即可。

鱼泥

材料：少刺的鱼一条（如：越南鲫、桂花鱼）。

做法：

（1）将鱼去内脏洗净、蒸熟。

（2）去刺、取肉，加入调味品，挤压成泥即可食用。

给宝宝拍照

家中拍摄益处多

（1）不用担心宝宝外出受凉得病，也不用怕宝宝毫不配合地大哭、大睡。家是宝宝最熟悉、最安全的场所，同时也省去了带宝宝出门搬运"行宫"的麻烦。

（2）拍摄过程中，宝宝的困、饿、大小便都很容易解决，这一点对正在哺乳的妈妈尤为重要。摄影师也会耐心等待宝宝进入理想拍摄状态，当宝宝情绪好的时候，才能拍出精彩的照片。

（3）可以真实地把宝宝成长过程中的家庭环境，以及宝宝最自然、最真实的一面拍摄出来，给宝宝留下既美好又真实的成长记录。

（4）宝宝不用摆姿势、造型、穿上花里胡哨的衣服，宝宝就是自己。换句话说，在摄影师眼里，宝宝是唯一的。

拍摄内容选择多多

（1）亲情抚育的照片——不仅可以拍下宝宝吃奶、睡觉时憨态可掬的模样，更会记录下家人对宝宝无尽的关爱。

（2）个性特写的照片——宝宝在自然状态下，摄影师更易于用独特的视角抓住宝宝可爱的一面。

（3）室内环境肖像——不仅只拍宝宝一人，在自己家里，关爱宝宝的每一个人都可以与宝宝合影留念，让宝宝长大后看到自己生活在一个温暖的家庭环境里。

（4）户外活动照片——不仅要拍摄宝宝活泼可爱的一面，更要拍下宝宝与自然相融的最真的情景，也许只是一个沙堆、一小块绿地就够了。

稍做准备迎接上门拍照

（1）拍照之前预约时间，说明家中的布置、空间大小等基本情况，约好在宝宝状态最好的时候上门。

（2）对于宝宝来说，拍摄的场景都在大床上，床边应留下一定的空间，摆放灯架等。

（3）宝宝的衣服尽量少穿，这样才会看出可爱的样子，摄影师通常也会带暖风机。

（4）拍摄时宝宝身边的人不要太多，以免干扰宝宝的情绪和摄影师的工作。

5~6个月宝宝练爬行

热身训练

宝宝并非一下子就学会了爬，而是在学会翻身的基础上才能够掌握这个动作。在学爬之前，让宝宝多练翻身前的准备动作，如两臂的支撑力、俯卧抬头及从仰卧到俯卧。

爬行动作训练

（1）一开始先练习用手和膝盖爬行。有了以上的训练基础，到7个月时，宝宝趴着时就能用两只小胳膊支撑，使身体匍匐爬行，就像一架将要起飞的小飞机，两条小腿在后面拖着。但小肚肚离床很近，妈妈可将宝宝的小肚肚托起，把两条小腿交替性地在腹部下一推一出，每天应该练习数次。当宝宝两条小腿具备了一定的交替运动能力后，在前面放一个吸引他的玩具，宝宝为了拿到玩具，会使出全身的劲向前匍匐地爬。但开始时不但没有前进，反而后退了，这时妈妈可用双手稍用力顶住宝宝的双腿，使宝宝得到一点儿支持力而往前爬，由此逐渐学会用手和膝盖往前爬的动作。

（2）再练用手和脚爬行。宝宝学会了用手和膝盖爬行后，妈妈让宝宝趴在床上，用双手抱住宝宝的腰，把小屁股抬高，使得两个小膝盖离开床面，小腿蹬直，两只小胳膊支撑着，轻轻用力把宝宝的身体向前后晃动几十秒，然后放下来。每天练习3~4次，会大大提高小胳膊小腿的支撑力。

当支撑力增强后，妈妈双手抱腰时可稍用些力，促使宝宝往前爬。一段时间后，妈妈可据情况试探着松开手，用玩具逗引宝宝往前爬，并同时用"快爬"的语言鼓励宝宝，慢慢宝宝就会真正地爬了。

▋ 保证宝宝的爬行安全

（1）要保证有一个较宽敞的场地，如在房间地上铺上地毯、席子等，让宝宝任意滚动爬行，不要在床上练习，以免掉下来摔伤。

（2）决不可把宝宝单独留在房间，也不要让宝宝抓住或拉拽任何悬在餐桌外边的桌布。

（3）把所有带棱角的家具搬出房间，或做使其不再具有危险性的防护，如安装护角器，必须做到所有的家具和固定物连接牢固。

（4）把离地面约90厘米以下位置上的易碎品拿开，并且无电源开关。

（5）不可在房间内的桌子上放热东西，在宝宝有可能到达的地方，绝对不

能放有毒的器皿。

（6）要保证没有电线拖扯于地面，所有电插座都要盖上安全盖。所有的柜橱门关闭严实，手柄应是爬行的宝宝摸不到的高度，否则，应该用锁或胶带封住。

（7）保证楼梯栏杆的密度使宝宝不可能爬出去，保证地面上无尖锐物。

（8）要保证所有的火已被隔绝。

宝宝为什么会缺铁

（1）妈妈在孕期，特别是后3个月铁的摄入量不够或是因早产，以及分娩时产科医生断脐带过早，而导致婴儿在出生后身体内铁贮备不多。

（2）婴儿4个月后未能及时添加含铁的离乳食品，足月分娩的婴儿在4个月以后，体内贮存的铁已基本用完。

（3）因家长对营养知识不太了解，而使平时膳食中缺乏含铁食物，还可能因宝宝挑食、偏食的不良饮食习惯引起。

（4）宝宝患有慢性疾病，如有寄生虫、鼻衄等造成长期少量失血。

怎样给宝宝补铁

（1）婴儿出生后尽可能母乳喂养，因母乳较其他乳类含铁多，吸收率高，因此婴儿在4个月前不会发生贫血。人工喂养的婴儿应吃铁强化配方奶，若是鲜牛奶须煮沸后再喂。

（2）随着婴儿的成长，需铁量的增加，仅靠母乳中的铁已不能满足宝宝的生长发育，应及时按月龄添加含铁多的离乳食品。可以先从橘子汁、菜水、蛋黄开

小·贴士

宝宝患缺铁性贫血的表现

缺铁会导致贫血已是众所周知，但对贫血以外的一些表现却并不十分了解。

患儿起病大多缓慢，一般在婴儿6个月以后开始发病。最初宝宝仅是面色显得苍白，而大一点儿的宝宝在活动时易疲劳，身体没劲。病情继续发展就会出现宝宝不活泼、不爱玩，为一点儿小事哭闹不止。很多宝宝在做事情时注意力不能集中，反应较慢，同时有食欲不好、消化不良及腹泻症状。

当出现重度贫血时，面色苍白会更明显，口唇和眼结膜、指甲、手掌缺乏血色，患儿因免疫力的下降而容易感染细菌或病毒。有些孩子表现出"异食癖"，即吃土块、墙皮等不能吃的东西，指甲变得薄而脆，中间凹陷似小勺，更为严重的会出现心脏扩大及肝脾肿大。

始，再逐渐添加新鲜菜泥、肝泥、肉泥及铁强化食品（如强化粉、奶粉、面粉）。当宝宝能吃正常膳食时可将食谱扩大，增加黑木耳、紫菜、芝麻、大豆及其制品，多吃新鲜特别是深色蔬菜和水果。

（3）烹调时用铁锅、铁铲，指烹饪专用铁锅、铁铲，这种传统的炊具能给人体补充铁质。在烹饪时，锅与铲会有些小碎屑融于食物中，形成可溶性铁盐，易于肠道吸收，世界卫生组织（WHO）向全世界推荐用铁锅烹饪。

（4）药物补铁。对于轻度贫血采用科学合理的食补基本能纠正，药物仅针对那些较重的贫血，在食疗以外还需加服亚铁类药物及维生素C片和胃酶片。

进食补铁食物须知

铁在肠道的吸收有着非常复杂的过程，有时吃了含铁量高的食物，不一定就能达到补铁的目的，而有些食物会在肠道促进铁的吸收。

常用食品的铁含量及吸收率		
食物名称（每500克）	铁含量（毫克）	铁吸收率
大米	12.5	1%
玉米	6.0	3%
黑豆	37.0	3%
莴笋	4.1	4%
小麦	21.2	5%
菠菜	8.2	7%
蛋类	17.5	3%
鱼类	4.3	11%
动物肉食	12.7	22%
动物肝	150.0	—
芝麻酱	0.5	—
人乳	0.5	—
牛乳	45.0	—

对铁吸收有抑制作用的食物含纤维素、鞣酸、草酸盐、植酸盐较高。进食过多其他微量元素也可对铁的吸收产生抑制。

含维生素C、果酸、有机酸、半胱氨酸的食物对铁的吸收有促进作用，能使铁的吸收率提高4倍左右。

动物性食品如肉类、肝、心、肾、动物血（牛奶、鸡蛋除外），所含的铁吸收时不受其他食物的影响。

利于补铁的美食

红白豆腐

原料：豆腐200克，熟猪血块200克，瘦猪肉100克，熟冬笋15克，酱油10克，食盐3克，白糖10克，白胡椒粉2克，葱段5克，熟猪油75克，鲜汤、团粉适量。

制作方法：把豆腐切成1厘米见方的丁，入沸水锅焯水。洗净猪血块，切成同样大小的方块。把瘦猪肉切成丝，冬笋切成片。炒锅用旺火烧热，倒入猪油50克烧至六成热，放葱段炒出香味，放入鲜汤、豆腐丁、猪血丁、猪肉丝、冬笋片，加酱油、白糖、食盐。烧沸后，用团粉勾芡，淋入熟猪油，装盘，撒上白胡椒粉即成。

此食谱中含蛋白质69.7克、脂肪91.1克、热量4885.7千焦、铁25.4毫克。

黄瓜炒猪肝

原料：黄瓜100克，猪肝150克，水发木耳10克。辅料有植物油250克（实耗75克），酱油、食盐、白糖、团粉、葱、姜、蒜等适量。

制作方法：将肝洗净切成约2毫米厚的片，用适量细团粉、食盐浆匀。洗净黄瓜，切成片。择洗干净木耳撕成小块。炒锅用旺火烧热，倒入植物油，油九成热时，即放入猪肝，用筷子轻轻搅散，待八成熟时，倒入笊篱中，沥净油。把锅放回旺火上，放入油50克，待热后放入葱、姜、蒜末和黄瓜、木耳稍炒几下，即将猪肝倒入锅内，再放适量的酱油、食盐、白糖等，用团粉勾芡，随即将菜翻炒几下，即可出锅装盘。

此食谱中含蛋白质29.7克、脂肪80.3克、热量3696千焦、铁44.2毫克。

白烧菠菜

原料：菠菜500克，盐、葱、姜、蒜、香油适量，粉芡15克，豆油25克。

制作方法：将菠菜择洗干净，切成约3厘米长段，放开水锅内焯透捞出，用凉水泡凉，捞出备用。把葱、姜切成末备用。把锅放火上，倒入清油，待油热时，放入葱姜炸出味，倒入菠菜段，加入食盐煸炒几下，待菠菜烧透时，勾入流水芡，淋入香油即成。

此食谱含蛋白质11克、脂肪1.3克、热量1389千焦、铁7.6毫克。

肝泥蛋羹

原料：猪肝35克，鸡蛋1个（50克），香油2克，葱姜水、花椒水、细盐适量。

制作方法：将肝切成片，放入开水锅中焯一遍，捞出剁成肝泥。将鸡蛋打入碗内，调成蛋液，将肝泥、蛋液掺和，加入调料搅匀，上屉蒸15分钟即可。

此食谱中含蛋白质13.7克、脂肪8.5克、热量569.9千焦、铁9.0毫克。

香椿煎豆腐

原料：新鲜香椿50克，豆腐350克，辅料花生油60克，酱油、食盐、白糖、团粉等适量。

制作方法：将豆腐切成长方形大块，把香椿洗净择去老梗，用开水稍烫，即浸入冷水里冷却，捞起来控干，切成末。炒锅下油50克，烧至八成熟，先把豆腐一起轻轻滑下锅边，边煎边晃动，两面翻待煎黄后，放入酱油、汤和各种调味料烧熟，再把香椿末铺在豆腐上，开后即勾芡，淋熟油10克，起锅盛盘。

此食谱中含蛋白质18.6克、脂肪18.0克、热量1510千焦、铁19.4毫克。

糖醋芝麻肉丸

原料：瘦猪肉50克，黑芝麻10克，鸡蛋10克，胡萝卜25克，淀粉5克，白糖15克，植物油7克，醋、酱油、葱姜水、花椒水适量。

制作方法：将猪肉剁成肉泥放入碗内，将胡萝卜蒸熟剁成泥与肉泥混合加入葱姜水、花椒水、盐、酱油及鸡蛋液，湿淀粉搅匀，挤成丸子粘匀洗净，炒熟黑芝麻。将锅内放入油，烧热，下入肉丸炸熟捞出。

此食谱中含蛋白质27.6克、脂肪25.5克、热量1837千焦、铁6.7毫克。

哺育健壮宝宝

（1）母乳喂养的优点不容置疑，但母乳也并非十全十美，其铁质，叶酸，维生素A、K等含量少就是一大缺陷，如果不适时添加其他食物，宝宝不仅长不好，而且有患贫血、出血、弱视等疾患的可能。

宝宝长到4~6个月时（体重约7千克）应合理添加辅食，遵循由少到多、由稀到稠、由细到粗、由一种到多种的原则，如蛋黄、米粥、面片、肉末、肝泥等。要根据宝宝的消化能力逐渐安排，切忌贪多。

（2）宝宝通常在周岁左右断奶，此时主食固然很重要，但零食也不可忽视，一味乱给或一点儿不给都不是明智之举。国外一份调查资料显示：宝宝从零食中获得的热量达到总热量的20%，获得的维生素与矿物质占总摄取量的15%。零食是宝宝所需热量与养分的重要补充，合理地进食一点儿零食能更好地满足宝宝的发育要求，维持营养平衡。

但要注意零食的品种选择、量的掌握与安排。例如：上午给予少量高热量食品如巧克力、小块蛋糕或2~3块饼干，下午吃少量水果，晚餐后不给零食，但可在睡前喝一杯牛奶。

（3）许多父母习惯于用价格高低来衡量食品的优劣，误以为价格越高的食物对宝宝越有益。其实，价格

小·贴士

婴儿不宜吃蜂蜜

蜂蜜是一种很好的滋补品，许多家长喜欢在给宝宝喂牛奶时加一些蜂蜜。

研究表明，1岁以下的宝宝不宜食用蜂蜜。因灰尘和土壤中常常含有一种肉毒杆菌的细菌，蜜蜂在采粉酿蜜的过程中，有可能把被污染的蜜带回蜂箱。宝宝抗病能力差，易引起肉毒性食物中毒。另外，蜂蜜中含有激素物质，长期食用可促使宝宝性早熟。为了宝宝的健康成长，不要给1岁以下的宝宝吃蜂蜜。

低的奶、蛋、肉、豆类、果蔬及粮食才是儿童生长发育所必需的。

研究表明：奶、蛋所含蛋白质的氨基酸组成与人体细胞组织的氨基酸很接近，消化吸收利用率高。肉食则含有丰富的铁、锌等微量元素，营养价值远远超过价格昂贵的奶油蛋糕。选择食物必须遵循是否为宝宝所必需、能否被充分利用的原则来定，同价格无直接关系。

（4）许多父母认为水果营养优于蔬菜，加之水果口感好，宝宝更利于接受，因而轻蔬重果，甚至用水果代替蔬菜。实际上水果与蔬菜各有所长，营养差异甚大，蔬菜对宝宝的发育更为重要。以苹果与青菜相比较，前者的含钙量只有后者的1/8、铁质只有1/10、胡萝卜素仅有1/5，而这些养分均是宝宝生长发育（包括智力发育）不可缺少的"黄金物质"，更不用说蔬菜尚有促进食物中蛋白质吸收的作用。水果也有蔬菜所没有的保健优势，故两者兼顾，互相补充，不可偏颇，更不能互相取代。

（5）有些父母常常担心宝宝乳牙的承受能力，总是限制或避开硬食，但医学专家告诉我们：宝宝出生后4个月，其颌骨与牙龈就已发育到一定程度，足以咀嚼半固体甚至固体食物。乳牙萌出后，更应吃些富含纤维，有一定硬度的食物，如水果、饼干等，以增加宝宝的咀嚼频率，通过咀嚼动作牵引面肌及眼肌的运动，加速血液循环，促进牙弓、颌骨与面骨的发育，既健脑又美容。

（6）人们把动物性食物称为荤食，荤食营养丰富，口感也好，但脂肪含量高，故应予以限制，不能多吃。

可在宝宝就餐时肉、菜各半，荤素搭配，如做肉末菠菜、冬瓜肉丸等。

（7）重视进食、忽视饮水是许多家长的又一喂养误区。其实水是构成人体组织细胞和体液的重要成分，一切生理与代谢活动，包括食物的消化、养分的运送、吸收到废物的排泄无一能离开水。年龄越小，对水的需求相对越多。因此在每餐之间，应给宝宝一定量的水喝。

给水时避免给宝宝茶水、咖啡、可乐等，而以矿泉水、白开水为宜。

（8）家长安排食谱通常从身高、体重乃至胖瘦等体格发育方面考虑较多，很少考虑宝宝的情绪状态。儿童心理学家已经阐明，食物影响着儿童的精神发育，不健康的情绪与行为的产生和食物结构的不合理有相当密切的关系。

例如：吃甜食过多者易多动、爱哭、撕书毁物、好发脾气，饮果汁过多易怒甚至好打架，吃盐过多者反应迟钝、贪睡。

再如：缺乏维生素者易孤僻、抑郁、表情淡漠，缺钙者手脚易抽动、夜间磨牙，缺锌者精神涣散、注意力不集中，并出现嗜吃墙皮、纸屑、粉笔等异常现象，缺铁者记忆力差、思维迟钝。

父母应该注意观察，及时根据宝宝的情绪调整食物结构，可使上述不良情绪减轻或是不药而愈。

安抚奶嘴

用还是不用

在2岁之前可以用安抚奶嘴来安慰宝宝，不会造成口腔畸形，但不能强迫宝宝用。很多妈妈在给宝宝嘴里放安抚奶嘴时，都要问一问自己：是宝宝需要还是自己需要？不要因为忙着自己的事情而让宝宝含着安抚奶嘴。这只是权宜之计，还是尽可能给宝宝更多的关爱。若是给宝宝用了还是哭闹不止，就要留意是否有其他的原因。

利与弊

1. 利

由于不能时刻陪着宝宝，安抚奶嘴就成为妈妈的替代品，给宝宝提供一种最接近妈妈的感觉。当宝宝需要慰藉时，不必靠妈妈也能达到目的。安抚奶嘴确实可有效地安抚宝宝的情绪，避免因情感需要不能得到满足或因缺乏安全感，而导致宝宝悲观、退缩、仇视等性格的形成。若是宝宝因此而产生安全感和满足感,不必依赖大人,妈妈何乐而不为呢?

2. 弊

宝宝仅在2岁以前用安抚奶嘴,不会引起口腔组织及牙齿发育畸形,到了2岁以后,就应开始逐渐纠正这种习惯,否则可能引起如下后遗症:

(1)乳牙移位。会将上排乳牙推向前,下排乳牙挤向后,导致上下齿咬合不正,无法密合,甚至影响下颌骨的生长。

(2)奶瓶嘴。上下嘴唇变形,形成不美观的嘴唇外观。

安抚奶嘴的选择

1. 安全性

具有良好的拉力,不易碎裂成小片而让宝宝吞食下去。

奶嘴一体成形,以防某个部位脱落而引起宝宝窒息。

质地以矽胶为好,不易碎。

避免有圆形环设计,以免误导妈妈想穿条带子,把奶嘴挂在宝宝脖子上而发生意外。

2. 健康性

奶嘴嘴盾要与宝宝嘴形相吻合,要挑选凹形盾设计,这样就不会使宝宝的嘴紧贴在嘴盾上,因密不透风和口水而导致口周皮肤出现湿疹。

宝宝2岁以后应选择扁形奶嘴,以避免对口腔发育有影响。

嘴盾要有气孔。

3. 适合性

必须据宝宝年龄大小选用不同型号的安抚奶嘴,不宜一开始就用较大的,这样会因奶嘴太长,顶到宝宝上颚,引起宝宝恶心、呕吐。

成功戒除方法

(1)戒除原则:不要采用恐吓宝宝的方法,比如在奶嘴上涂抹一些辣味或有异味的东西,以及用处罚或强制的手段。这些方式只会欲速则不达,带来负面影响。

(2)戒除对策:让宝宝经常与其他小朋友比较,告诉他说:"你看人家都不

这样,你长大了,也不应再用了。用上它多难看呀,小朋友会笑话你。"

转移宝宝注意力,如在宝宝哭闹时,妈妈要抱抱他,同他说说话,陪他玩玩,睡前给他讲故事。

倘若父母对宝宝讲过多次而宝宝还不改,可以把宝宝带到医生那里,请医生配合家长。医生一边给宝宝做检查,一边给他讲安抚奶嘴会带来哪些危害。经常这样做,很多宝宝过一段时间就戒掉了。

什么是仿真奶嘴

好品质奶嘴的特点:

(1)外观近似母亲奶头。

(2)无色、无味。

(3)软硬适中,质地柔软。

(4)耐高温、不易变形,以便于消毒。

(5)奶嘴长度及奶嘴口径符合宝宝月龄需求。

(6)各部位构造有利于宝宝上下腭及面部肌肉发育。

(7)有防塌陷装置(在奶嘴基部有环布式楔形导流点或透气孔),有节流器(置于奶嘴基部及瓶颈间的薄片,可控制奶水流量),有沟槽(可根据婴儿吸力调节出奶量)。

奶嘴种类

(1)乳胶奶嘴(黄色,传统型奶嘴)。

优点:有弹性,质感近似妈妈乳房。

缺点:稍有橡胶异味,易变形。

耐热温度:105℃。

(2)硅型奶嘴(白色,新型奶嘴)。

优点:无橡胶异味,容易被宝宝接纳,不易老化,耐用、抗腐蚀。

缺点：容易被咬裂。

耐热温度：160℃。

奶嘴孔的分类

（1）圆孔。因其流量小，会使奶汁自动流出，特别适用于吸力差且不会控制奶汁流量的婴儿。

（2）小圆孔奶嘴（S）。慢流量，适合0~3个月宝宝使用，用于喝水等。

（3）中圆孔奶嘴（M）。中流量，适合0~3个月宝宝使用，用于喝牛奶。用此奶嘴吸奶和吸妈妈乳房所吸出的奶量及所做的吸吮运动的次数非常接近。

（4）大圆奶嘴（L）。大流量，适合3~7个月宝宝使用，用于喝黏稠物质。以上两种奶嘴喂奶时间太长，且量不足，适合体重轻的宝宝。

（5）十字孔。适合3个月以上、吸吮力增强、已能熟练控制吸奶流量的宝宝使用。可用于添加辅食，如吸饮果汁、米粉或其他粗颗粒饮品等，倒过来或打翻液体也不会流出来。

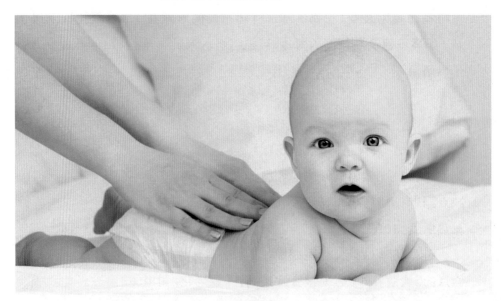

（6）Y形孔。适合3个月以上婴儿使用，奶水流出量稳定，可避免奶嘴下陷，3个末端的小圆孔设计可防止断裂，适合添加辅食时使用。对于可以自我控制吸奶量，又喜欢边喝边玩的宝宝尤为适宜，是圆孔与十字形孔间的过渡品。

判断奶嘴口径是否合适的方法

（1）将奶瓶倒转，每秒钟流出1~2滴奶水为适宜。

（2）宝宝吸吮15~20分钟就可吃饱为适宜。

宝宝的护理

给宝宝洗浴

（1）把塑胶盆放在厨房料理台上或浴室梳洗台上当浴盆用。

（2）给宝宝用充气式塑胶澡盆洗澡。

（3）在浴盆或水槽底上垫一块毛巾或尿布防滑。

（4）妈妈颈项间围一条大毛巾，这样不会弄湿自己，给宝宝洗好后也可很快包住宝宝。

（5）在宝宝的浴盆里先放热水，后放冷水，这样万一宝宝在洗澡时碰到水龙头也不会烫伤。

（6）中性婴儿皂也不能涂得太多，以免洗去宝宝身上的天然保护脂。

（7）在宝宝眉毛上方涂一点儿面霜或凡士林，防止皂水流进眼睛里。

（8）把塑胶瓶装的润肤剂及洗发精一起放到浴盆

聪明宝宝的特点

如果一个宝宝总是笑口常开，那么他很可能是个聪明的宝宝。笑被认为是测量宝宝智慧和感情发展的一个重要标志，聪明的宝宝对特殊事物发笑的年龄比其他宝宝要早而且次数多。

笑只是一种比较表象的判断方法，聪明的宝宝还有以下特点：

（1）有较高的忍耐力，对自己既定的目标有坚持下去的决心。

（2）思维敏捷，对问题理解得快，有举一反三的本领。

（3）有强烈的好奇心和创造性，对学习有强烈欲望，喜欢对事物刨根问底。

（4）有丰富的想象力，兴趣广泛，对许多事物都喜欢多知道一点儿。

尽管聪明宝宝先天具有许多优势，但更需要父母从小教育，倘若压制了宝宝的一些兴趣或能力，本来聪明的宝宝则变得不聪明了。

里，等要用的时候温度正好合适。

（9）宝宝头上容易出现污垢，要常常给宝宝洗头，即使没长出头发也要每天用软刷子刷头。每晚在污垢处抹上婴儿油或凡士林，早上用沾皂液的湿毛巾擦去，用小苏打粉加水调成糊状用也可以。

（10）浴后给宝宝扑爽身粉，要先倒在自己手上再给宝宝扑，避开脸，别让宝宝吸到空气中飘散的粉。

清洗小屁股

（1）给宝宝更衣的地方放些卫生纸或纸巾，可以立即做初步清理工作。

（2）也可放些容易清洗的小湿巾用来擦洗。

（3）用棉花球蘸婴儿油来擦拭宝宝便后的小屁股。

（4）用浴室洗台来换尿布，把宝宝放在一条毛巾上，拉起腿来，小屁股搁在盆边洗。

换尿布

（1）把纸尿布的塑胶头向内折，以免浸湿其他衣服。

（2）手边准备一卷胶带，修补纸尿布上撕破的地方。

（3）宝宝腿若是太细，在包纸尿布时最好用松紧带套在大腿上，以防漏湿。

（4）解开尿布的时候，用手或布遮住宝宝的阴茎，以防突然被尿喷湿，包尿布时让阴茎向下朝着尿布中央。

（5）夜里给宝宝包两块尿布，不必在每次喂奶时换尿布。

（6）扣尿布用的别针和普通安全别针不一样，它的一头包有塑胶。使用别针时，要将手掌隔在宝宝肌肤与尿布之间，以防戳到宝宝。

（7）若宝宝还很小，可在小床头或更衣处绑上一个小针插来插尿布别针。

（8）用蜡烛或香皂来插别针，看起来漂亮，而且又可使针头光滑。

（9）在钥匙环上穿几个别针可供外出时使用。

（10）把洗过还没折叠的尿布装在洗涤篮里，放在宝宝更衣处，等用时随手折叠省时间。

（11）在更衣处准备两个桶，一个用来放沾了粪便的尿布（里面装半桶水，再加些硼砂来去味），另一个用来放待洗的湿尿布。

洗尿布

（1）所有用过的尿布都需先冲洗一遍，再放入装尿布的桶里。

（2）为防止尿布桶里的尿布发生酸味，可以撒一点儿碳酸氢钠。

（3）尿布做最后一遍漂洗时，先抓一把碳酸氢钠加入水里漂洗一次，可使尿布柔软、清香。

（4）尿布不要用烘干机去烘，放到太阳下晒，既消毒又去味。

（5）尿兜用久了会干燥剥裂，涂上些婴儿油保护它，或者在漂洗时在水里加油。

防治尿布疹

（1）将爽身粉混合等量的玉米粉末，既经济又可防潮，而且香味不减，可用面粉筛子将两种粉混匀。

（2）给宝宝清洗小屁股时水里洒些沐浴用杀菌水。

（3）洗尿布时不可加入纤维软化剂，它容易让宝宝小屁股过敏，而且用久了还会降低尿布吸水性，使宝宝易患尿布疹。

（4）宝宝小屁股有了尿布疹子，涂药不要涂太厚。

（5）涂擦植物油或凡士林治尿布疹效果与市场上售的药物一样。

（6）将玉米粉和水调成糊，涂抹尿疹上也有效。

（7）如果宝宝的尿布疹很轻微，尽可能让宝宝光着小屁股，很快就会好。

为5~6个月宝宝制作美味

胡萝卜泥

取胡萝卜75克，苹果50克，蜂蜜少许。将胡萝卜洗净去心，剁为泥。将苹果洗净，去皮切碎。将胡萝卜放入沸水中煮约1分钟，碾细后改文火煨煮，再将碎苹果倒入胡萝卜泥中，共煮至烂熟，调入蜂蜜即可。

营养小秘密：可健脾消食，但需购儿童蜂蜜制作。

红薯苹果泥

取红薯和苹果各50克，儿童蜂蜜少许。将红薯洗净、去皮、切碎后煮熟。将苹果洗净，去皮、核，切碎煮软，亦可剁成泥，将上述三味共调匀即可。

营养小秘密：利于消化，润肠通便，但不宜吃得过多，否则易引起腹胀。

青菜粥

取粳米、青菜各30克，食盐少许，清水300毫升。将时令青菜（菠菜、油菜、小白菜等）洗净后入沸水中煮软，捞出切碎。将粳米洗净，加清水入锅中浸泡60~120分钟后，用文火煨煮30分钟，向锅中加入青菜续煮10分钟，调入食盐即成。

营养小秘密：为宝宝提供比例适宜的多种营养素。

鱼菜米糊

取米粉（或乳儿糕）、鱼肉和青菜各15~25克，食盐少许。将米粉酌加清水浸软搅为糊，将米糊入锅，旺火烧沸约8分钟。将青菜、鱼肉洗净后，分别剁泥共入锅中，续煮至鱼肉熟透即可调味服食。

营养小秘密：可满足宝宝对多种营养素的需求。

第
三
章

宝宝6月

◎ 宝宝的体态语言

◎ 如何给宝宝添加辅食

◎ 宝宝的早期阅读

◎ 适合6个月宝宝的游戏

育儿方法尽在码中

看宝宝辅食攻略，抓婴儿护理细节。

宝宝的发育状况

5~6个月的宝宝会抓眼前出现的物体，拿在手里的东西经常要放到嘴里吮吸。两条腿会有力地上下乱蹬，有的宝宝不高兴时身体会打挺。

如果扶着宝宝，基本上都能坐，有的宝宝能独立坐10~15分钟。把宝宝抱到腿上，能稍微站一会儿，并一蹿一蹿地跳。当然，还有不少宝宝仍不会做这些动作。

宝宝对周围世界的认识能力又进了一步。喜欢妈妈在身边，看见陌生的面孔，有时会啼哭。

当手中的玩具掉到地上时，宝宝会用眼跟踪寻找。当和宝宝玩"藏猫猫"的游戏时，会很高兴。

爱动的宝宝睡眠时间较短。安静的宝宝白天爱睡觉，晚上也睡得很早。从5个月开始，有的宝宝会出现"夜啼"。

性格老实安静的宝宝，抱着他在便盆上把尿，往往会顺利排尿。但对好动不安分的宝宝，这种训练无济于事。

宝宝到了这个月龄，许多妈妈的奶水渐渐减少，往往只够宝宝每天吃1~2次，因此，可以考虑用辅食喂宝宝。有的宝宝会很容易地接受各种辅食，不需妈妈多操心；而有的宝宝一吃到辅食就用小舌头顶出来，对这样的宝宝，妈妈需要的是耐心和等待。对宝宝现在不爱吃的辅食，可以过一段时间再喂。只要能喝牛奶就不必强迫宝宝一定要吃某种辅食。

应为这个月龄的宝宝创造认识外部世界和自由活动身体的环境，如经常带宝宝去室外活动，让宝宝在安全的场所练习翻转、匍匐、取物体等动作。对没有运动欲望的宝宝，最好带他们做做婴儿体操。

宝宝的喂养

这个月的辅食蛋黄可增至1个。只要宝宝大便正常，粥和菜泥可多加一些，并且可以用水果泥代替果汁，已出牙的宝宝可以给些饼干锻炼咀嚼能力。

人工喂养的宝宝应喂些鱼泥、肝泥。鱼应选择刺少的，如黄鱼、平鱼、带鱼、巴鱼等。猪肝、鸡肝均可用来制作肝泥。

宝宝食量较小，单独为宝宝煮粥或做烂面条比较麻烦，不妨选用市面上出售的各种适合此月龄宝宝食用的奶糊、米粉等等，既有营养又节约了制作时间。节省下来的时间可带宝宝去做户外活动，锻炼身体。营养和锻炼对于宝宝来讲是同等重要的。

宝宝的食物不要太咸

食盐是宝宝生长发育必不可少的物质，也是辅食制作中常用的调味品。辅食中适当加点儿盐，可使其味道鲜美，并能刺激味觉，促进食欲。由于宝宝肾功能尚未发育成熟，不能像成人那样浓缩尿液以排出大量溶质。如果吃的辅食太咸，会使血液中溶质含量增加，肾脏为排出过多的溶质，需汇集体内大量水分来增加尿量，这样不仅会加重肾脏负担，还会导致身体缺水，甚至造成严重后果。

宝宝长期吃过咸的辅食，体内钠的含量增加，会影响钾在体内的含量，致使机体内钠、钾的比例失调，发生新陈代谢紊乱。

婴儿常吃过咸的辅食，易养成"口重"的饮食习惯，成年以后易患高血压、动脉硬化等疾病。因此宝宝辅食以淡为宜，稍稍有些咸味即可。

▌宝宝的体态语言

6个月以前宝宝通常表现的体态语

（1）牵嘴而笑，表示兴奋愉快：宝宝笑的形态是突然发出的，短暂而快速，口角牵动，笑容骤现，两手晃动。接着笑容立即停止，等候亲脸鼓励。这时，父母应笑脸相迎，用手轻轻抚摸宝宝的面颊，或在其面、额部亲吻一下，以示鼓励。此时此刻，宝宝会再以微笑来对父母的行动表示满意。

（2）�’嘴，表示提出要求：宝宝噘起小嘴，好像受到委屈，也是啼哭的先兆，而实际上是对成人有所要求。比如肚子饿了要吃奶，寂寞了要人逗乐，厌烦了要大人抱起来换个环境或改变一种姿势。父母必须细心观察宝宝的要求，适时地满足宝宝的需要。

（3）噘嘴、咧嘴，表示小便的信号：据研究，一般男婴以噘嘴来表示小便，女婴多以咧嘴或上唇紧含下唇来表示小便。父母如果能及时观察到宝宝的嘴形变化，了解要小便时的表情，就能摸清宝宝小便的规律，从而加以引导，有利于逐步培养孩子的自控能力和良好的习惯。

（4）红脸横眉，表示大便的信号：宝宝先是眉筋突暴，然后脸部发红，而且目光发呆，有明显的"内急"反应，这是大便的信号。这时父母应立即让宝宝坐便盆，以解决"便急"之需。

（5）眼神无光，提醒父母要警惕：健康宝宝的眼睛总是明亮有神、转动自

如，如果发现宝宝眼神黯然无光、呆滞少神，很可能是宝宝身体不适，有疾病的先兆。这时，父母要特别细心地注意宝宝的身体情况，发现疑问及时去医院检查，及早采取保健医疗措施。

（6）玩弄舌头、嘴唇吐气泡，表示自己会玩：大多数宝宝在吃饱、换了干净尿布，而且还没有睡意时，自得其乐地玩弄自己的嘴唇、舌头、吐气泡、吮手指等。这时，宝宝喜欢独自长时间地玩，成人不要去干扰他。

6个月以后宝宝通常表现的体态语

（1）6个月时，宝宝会张开双臂扑向亲人，要求搂抱、亲热，如果陌生人想要抱，则转头将脸避开，表示不愿与陌生人交往。

（2）7~8个月时，宝宝会以"拍手"和笑脸表示高兴，在父母教导下会以"点头"表示谢谢，对不爱吃的食物避开，并以"摇头"表示拒绝。

（3）9~10个月时，宝宝会用小手指着去哪里，或用小手拍拍头表示要戴帽子出去。

（4）11~12个月时，宝宝除了以面部表情和动作来表示体态语言外，还会伴有各种声音，比如嘟嘟声（表示汽车）、嘎嘎声（表示小鸭），以及用简单的单词音来表达自己的意愿。

6个月前宝宝的游戏

学着看一看

适合年龄：2~6个月。

游戏目的：通过简单的视觉训练，帮助宝宝注意目标物，并培养眼睛追随目标的能力。

游戏步骤：

（1）宝宝仰卧在床上，妈妈位于宝宝头部的后方，尽量离开宝宝的视线，让宝宝能专心注视目标物。

3~6个月时和宝宝一起"玩"书

图书对于这个年龄段的宝宝而言，和其他的玩具毫无二致。宝宝这时虽然还不能真正地"看"书，但仍会对图书表现出特别的兴趣，不仅会用手来抓书和撕书，还会有嘴来啃咬书。爸爸妈妈可以为宝宝选择画面较大、色彩鲜艳、安全环保、不易撕烂的图书，如布书和纸板书，翻给宝宝看，让宝宝感受书页翻动的乐趣，还要用丰富生动的语气语调讲述书中的故事来吸引宝宝的注意。这样，宝宝就可以在玩耍中增强对图书的兴趣和探索欲望。

（2）在距宝宝脸部60~70厘米的地方，移动颜色鲜艳的玩具或能发出清脆声音的东西（如钥匙、铃铛）。妈妈一直晃动玩具，直到宝宝注视到为止。

（3）妈妈可以将玩具左右水平移动，也可以将玩具上下垂直移动，还可以把玩具放到距宝宝脸部20~30厘米的地方，再把它拉远，或在宝宝头部的上空做圆圈形顺时针转动。

（4）仔细观察宝宝的眼睛怎样跟随玩具移动。倘若宝宝的眼睛跟不上目标物，就改做小幅度的转动。

抬头看一看

适合年龄：2~6个月。

游戏目的：通过一定的引导，帮助宝宝练习身体和眼睛的协调配合，使宝宝学会抬起头部和身体上半身，同时锻炼前臂的力量及身体转动的灵活性。

游戏步骤：

（1）宝宝趴在床上，妈妈坐在宝宝面前，轻轻地按住宝宝。

（2）妈妈拿一个铃铛或一个会发声的玩具，面对宝宝摇晃，同时对宝宝说："喏，看这里！"

（3）注意看宝宝的眼睛，看宝宝有没有注意到铃铛。

（4）慢慢将铃铛移高，并不断地对宝宝说："铃铛在哪里呀？"鼓励宝宝抬起头，用双手支撑起上半身。

（5）如宝宝能把上半身抬起来看，则对宝宝说："真棒，小铃

铠在这儿呢!"

用手摸一摸

适合年龄：4~6个月。

游戏目的：帮助宝宝用触觉来区分各种东西，发展触摸感。

游戏步骤：

（1）选择一些形状、软硬、长短不同的东西，例如手绢、气球、杯子、勺子、木头娃娃、塑料娃娃、毛绒娃娃等，放在宝宝的床边。

（2）把宝宝放在床上。

（3）将这些东西一次一个地拿给宝宝玩。

（4）仔细观察宝宝的表情和动作，看宝宝是否会因为东西的不同而出现不同的表情和动作。如果有的话，表示宝宝已感觉到了东西之间的区别，已经有了一定的触摸感。

（5）若是宝宝没有任何举动，妈妈可拿起一个物体，当着宝宝的面，摸一摸，捏一捏，示范给宝宝看，使宝宝知道如何感知一个物体。

当宝宝发生意外时

流血

可以用清洁的棉花或纱布直接压在伤口上，或用手指紧压最靠近伤口的大动脉。

如果一直不停地流血，甚至用布带紧压伤口还是止不住，就要立刻把宝宝送进医院或诊所了。

流鼻血

可以用凉毛巾敷在宝宝的额头上，然后用手轻压鼻梁，让宝宝的头颈向下而不是后仰，这样才能将流出的血吐出，不致咽下。

轻微跌伤

首先应该检查伤口是否出血,情况如何,倘若有轻微的擦伤,冲洗干净后可用创可贴进行简单包扎。

严重跌伤

让宝宝平躺着,检查其四肢有没有屈曲、变形和疼痛的反应。如果怀疑骨折,就不能随便移动宝宝跌伤的肢体,而应尽量固定好,立刻去医院。倘若宝宝头部受了伤,应进行24小时观察,留意以下征兆:

(1)耳鼻溢液流出;

(2)恶心、呕吐;

(3)剧烈头痛;

(4)视力模糊;

(5)四肢平衡失调;

(6)昏迷、丧失知觉。

若有以上症状出现,则可能是脑部受伤,应立刻送医院治疗。

宝宝身上长出玫瑰疹时怎么办

什么是玫瑰疹

玫瑰疹是由病毒感染引起的急性呼吸道传染病,但传染性没有风疹、麻疹那样强烈,一年四季皆可发病,但主要发生在干燥寒冷的冬春季节。患儿大多是6~18个月的小宝宝,特别是1岁以内居多。传染方式是由飞沫传播。

玫瑰疹的发病特点

宝宝感染了病毒并不马上表现出不舒服,侵入的病毒会有8～14天的潜伏期。潜伏期过后,最大的特点为不明原因的高烧,并来势很猛,几小时就上升到39～40℃。但也可能仅表现出轻微的不适,食欲、玩耍及睡眠与平时无大变化，而且热度持续不退。在发烧的3～4天时，热度突然下降，并在热退时或热退不久皮肤上出现粉红色的斑或疹子，以躯干处为多，仅1天疹子就出齐，并于1～2天内退尽，不脱屑、不留色素沉着。

医生检查时喉部仅轻度发红，验血白细胞数量降低，但淋巴细胞占多数。

玫瑰疹的治疗与护理

目前尚无有效对抗病毒感染的药物，因此对待玫瑰疹可采用对症治疗及支持性疗法，做法为：

（1）高烧时按医嘱及时服退热药，应该卧床休息。

（2）多喝温开水，多吃新鲜水果，饮食宜清淡易消化，如断奶的宝宝给予流质或半流质食物为好。

（3）可服用些维生素D与维生素B片剂，但需遵医生所给的剂量。

（4）勿用碱性大的皂剂擦洗皮疹。

玫瑰疹的防护与免疫

避免与患此病的患者接触，易患季节避免去空气污浊的场所。

玫瑰疹是一种良性疾病，痊愈后，患儿通常获得终身免疫，再发的可能性非常小。

新生宝宝缺钙可致呼吸异常

许多疾病都与缺钙有关。新生宝宝如果缺钙而没有及时补充，会发生佝偻病。对于新生宝宝来说，缺钙还会导致呼吸异常，而这一点还没有引起人们的重视。

科学研究证明，新生宝宝大脑皮层的分化和神经细胞的胞浆、胞膜分化不全，树突、髓鞘、突触的形成尚不完善，神经胶质和细胞之间的正常联系尚未建立，大脑皮层各部位之间的兴奋传导功能较差，当外界刺激作用于神经而传入大脑时，因无髓鞘的隔离，兴奋即可传于邻近的纤维，如兴奋涉及呼吸中枢，可出现呼吸节律和频率的改变，主要表现在阵发性喉鸣伴咳嗽、发作性吸吮伴眨眼动作，反复呼吸暂停，发作性口周发绀、抽气样呼吸等。有些新生宝宝除了发生呼吸异常外，还有可能手足抽搐、面肌抽搐、喉痉挛等。

孕期及人工喂养的新生宝宝，最易发生缺钙。新生儿发生不明原因的呼吸异常应想到缺钙的可能，应及时进行血清钙检查，确诊低钙后可静脉补充钙剂。

有些宝宝应远离出水花的患儿

什么是水花

水花是民间对水痘的俗称，它是由水痘病毒引起的一种急性传染病。一般发生在6个月到5岁的婴幼儿，全年均可发病，但以冬春多发。传染方式既可因直接接触和飞沫传播，也可由于接触被水痘病毒污染的衣服、玩具等而间接传染。传染性强，经常在托儿所和幼儿园中发生、流行。

宝宝出水花有何表现

宝宝一开始就有些发热，但热度并不高，大约38~38.5℃，可能伴有轻微咳嗽或腹泻。发热的同时或第2天，皮肤会出现红色小斑块，并且很快转变成略高出皮肤表面的疹子，几小时后或1天后变成椭圆形如黄豆大的疱疹，内含透亮液体，周围有红晕，几天后疱疹干燥结痂。皮疹为向心性分布，即躯干处较多而四肢头面部较少，并且一批一批地出现，被人们戏称为"四代同堂"，这个称谓是说在患儿身上同时可见到斑疹、丘疹、疱疹、结痂的皮疹，可作为水痘疹的重要特征。

为何对有些宝宝更危险

通常出水痘没太大的危险，也很少有严重的并发症，但对正在使用肾上腺皮质激素治疗的宝宝却是十分危险的，如哮喘病、肾病等，因为这些患儿的抵抗力较低，很容易使病情加重。如出现持续40℃以上的高热，疱疹遍布全身并大片融合，疱疹内还会有血性渗出液，生命受到威胁。长期服用激素的宝宝必须避免与水痘患儿接触，一旦接触则应立即注射丙种球蛋白或胎盘球蛋白，同时逐量减少激素用量，切不可猛然停止（特别是原来服用的剂量较大），因为这样做会有生命危险。

水痘的治疗与护理

目前对于水痘病毒还没有特殊有效的药物，以支持疗法和护理为主。

患儿应卧床休息，多喝温开水，吃清淡无刺激的食物。

要洗净宝宝的手，剪短指甲，以免抓破疱疹而感染细菌，引起皮肤化脓。勤换内衣，保持皮肤清洁。

皮肤痒时可涂炉甘石洗剂止痒，如果疱疹已破，可涂1%的龙胆紫药水，如已化脓，则涂用金霉素或红霉素软膏。

高热时遵医嘱服退热药。

3~6个月宝宝的饮食禁区

3个月以内勿吃盐

此时期的小宝宝肾脏功能尚差,肾小球滤过率、肾血流量都不及成人,肾小管排泄与再吸收功能也未发育完善,吃咸食必然会增加宝宝的肾脏负担,影响其正常发育。

当然不是说3个月内的不需要盐,而是依靠母乳和牛奶中的天然盐分已足够。3个月后,随着宝宝的生长发育,肾功能逐渐健全,对盐的需要量越来越大,则应该增加摄盐量。宝宝3个月后可适当吃点儿盐,6个月后可将食盐量限制在每日1克以下,1岁以后再逐渐增多。在夏季出汗较多时,或有腹泻、呕吐,食盐量可略增加。

半岁以内不要多饮果汁

果汁中维生素与矿物质含量较多,口感好,因此宝宝乐于接受,但最大的缺陷在于没有对儿童发育起关键作用的蛋白质和脂肪。宝宝若喝很多果汁,由于果汁挤占了胃的空间,因而正餐摄入减少,而正餐(如母乳或牛奶)才是宝宝获取正常发育所需养分的主渠道,饮果汁可破坏体内营养平衡,导致发育缓慢。年龄越小,此种恶果越易发生。不足6个月的宝宝最好不要饮果汁,6个月以上者也要限制饮用量,以每天不超过100毫升为妥。

周岁以内忌食蜂蜜等食品

肉毒杆菌孢子广泛分布于土壤、灰尘及植物表面,蜜蜂采集的花蜜中也常混有这种病原体,所以酿造的蜂蜜中含有肉毒杆菌孢子。而周岁内的宝宝肠道内正常菌群尚未建立,吃入后易引发感染,轻者中毒,出现呕吐、腹泻等症状,重者可致猝死。周岁以后,肠道内正常菌群已建立,肉毒杆菌孢子可被肠道内的有益菌(如双歧杆菌)抑制,宝宝食蜂蜜无妨。

酸奶有两大缺陷：一是含钙少，婴儿的骨骼发育需要大量钙质；二是含有乳酸菌，其可抑制肠道内有益菌而打破菌群平衡，诱发腹泻。

蛋清含有大量小分子蛋白质，易渗入宝宝血液中引起过敏反应，应以吃蛋黄为佳，而周岁以后耐受力增强，蛋黄与蛋清就都可以吃了。

果冻滑软而有弹性，易破碎，不易溶化，误入气管后易堵塞气道而导致窒息，且不易取出，危及宝宝性命。故给宝宝吃果冻要千万小心，太小的宝宝更易出事，最好不要食用果冻。

6个月宝宝的食品

母乳化奶粉，泥状的各种辅食是6个月宝宝的主食。日趋繁忙的工作剥夺了现代妈妈亲自喂养宝宝的时间，所以需要借助母乳化奶粉来补充母乳的不足，也需要购买加工好的辅食来节省些精力。

母乳化奶粉是一种开发成熟的产品，国内外的品牌繁多，从价格上来看档次分得很开，若单就配方来做比较，由于它们都是根据母乳的成分设计出来的，所以差异不大。

泥状辅食的优点是方便、品种丰富，但价格较贵，是否能成功地将它引入宝宝的餐单，这还得取决于宝宝的口味。

选购宝宝辅食应注意以下几点：

（1）选购那些添加了维生素A、维生素D、含钙的酸奶或含奶饮料时，必须计算一下，防止这几种食品的摄入量过高，发生蓄积中毒。1岁以下的宝宝每天维生素A的供给量为200微克，1岁以上为300微克，2岁以上可达到400微克。目前市场上众多维生素D钙奶产品的范围，是每100毫升含维生素A30~100微克。再考虑到其他食物的补给，营养专家认为对于0~3岁的宝宝，每天摄入AD强化饮料的量不应大于300毫升，并且应分两至三次饮用。

（2）饮料中不要含咖啡因，不要含酒精，酸度和渗透压不能太高。

（3）必须注意，无论如何不能用饮料来替代水。

怎样让宝宝喜欢奶瓶

（1）应该选用最接近母亲乳头的奶嘴。奶瓶如何并不是关键，宝宝非常在意奶嘴的口感与母亲乳头的差异。

（2）在奶嘴上涂满宝宝最喜欢的食品，让宝宝稍一沾唇即可品出。时间应选在宝宝心情好的时候，不要在宝宝想睡觉或刚睡醒时，应用这种方法。

（3）要注意"察言观色"。宝宝一旦有不耐烦的情绪时，必须及时抽出奶瓶，切不可硬灌，以防日后宝宝厌恶奶瓶。只要选择好时机，持之以恒，定能让宝宝高高兴兴地喜欢上奶瓶。

（4）动物性食品。猪血或鸭血经过适当烹制是非常适合这个年龄段宝宝食用的，许多妈妈常因对血制品质量的担忧不敢给宝宝食用，几个品牌的动物血制品，其来源和卫生情况还是令人满意的。

（5）类似火腿的肉制品经过简单地加工也可以用来丰富宝宝的餐桌。如果宝宝对切成片的肉食不感兴趣的话，可以试试切成条，如果适当加热的话火腿肠里的淀粉和脂肪会散发出诱人的香气，这有助于提高宝宝的食欲。

（6）被人们称为零食的食品中也不乏宝宝可食之物，比如海苔、磨牙饼、饼干，再比如小馒头、蛋卷、果丹皮等等，这些能使宝宝相对单调的饮食结构丰富一些。

（7）现在可以非常方便地买到品种齐全的米、面和杂粮，能够经常将家中的主食变换花样，保证宝宝摄入足够的碳水化合物和B族维生素。

（8）速冻食品专柜也值得认真看看，比如有一种多彩的什锦小水饺，半斤包装的一袋饺子可以有好几种馅。样子小巧玲珑，非常有趣。馅料主要是各种菜肉，既不是太荤也不是太素，面皮相应用菜汁调成橙、绿、紫等颜色，宝宝都爱吃。水饺是一种很好的主食，非常符合营养科学。同水饺有异曲同工之妙的馄饨也非常适合宝宝食用。

预防婴儿奶瓶综合征

口腔临床上经常见到3岁左右的宝宝满口乳牙全坏了。专家指出，奶瓶综合征是引起这一状况的重要原因之一，它会对宝宝今后恒齿的形成、齿列整齐及面容有非常大的影响，而且在临床上很难治疗。

形成原因：

经常在宝宝睡觉时，把一瓶含有奶汁、糖或果汁的食物喂给宝宝，为的是让宝宝能尽快入睡，喂后也未给宝宝清洗口腔。为让哭闹的宝宝入睡，甚至将安抚奶嘴涂上蜂蜜或者其他糖类，让宝宝含着睡一夜。

这些食物残留在口腔内，其中的碳水化合物经过口腔中正常寄存的细菌发酵，产生的酸性产物会对牙齿的珐琅质进行腐蚀。乳牙本身珐琅质较薄弱，因此使牙齿发生脱钙而变得不坚固，形成蛀牙。对乳牙的损害程度与吃奶的频度、每次进食的时间，以及保持这种不良哺喂习惯的时间成正比。

不良后果：

乳牙被蛀坏，就不能对恒牙的萌出及排列起引导作用。恒牙长出后会发生歪斜或推挤等齿列紊乱现象，从而失去正常功能。

防治策略：

（1）不可养成睡觉前给宝宝喂奶的习惯。若已形成习惯可以用温开水替代，且一定要纠正。

（2）每次喝完奶必须用清洁棉签或温巾给宝宝擦拭口腔、齿龈及乳牙，即使还未出牙也要进行清洗。

宝宝2岁开始，妈妈可用细小柔软的牙刷在宝宝吃过东西后及睡觉前刷牙。

当宝宝长到7~8个月，自己能抱奶瓶喝奶时，应该让宝宝在20分钟内喝完，不要任其边吃边玩拖很长时间，避免使牙齿受腐蚀的时间变长。

宝宝长出乳牙后，要经常去口腔科做检查，以便发现问题及早治疗。同时可以让宝宝早日熟悉这里的环境，在需要治疗时，已经不惧怕医生，能够积极配合了。

宝宝依恋关系

依恋发展的四个阶段

第一阶段：从宝宝出生到1~2个月，宝宝会对任何人做出反应。

第二阶段：从宝宝2个月到7个月，宝宝更偏爱熟悉的人，当父母离开时，宝宝通常还能从其他较熟的人那里获得安慰。

第三阶段：从7个月开始，持续到2岁或2岁半，这期间依恋是最强的，父母的离开会给宝宝造成很大的烦恼。

第四阶段：宝宝开始理解父母的情感和动机，他们之间建立起一种伙伴关系，尽管这个时期依恋关系仍然很强，但宝宝对父母离开不会再害怕了。

依恋在宝宝成长中的重要作用

依恋具有生物学作用，在人类进化过程中，宝宝与父母的依恋关系确保了婴儿的生存。某些特定的刺激（人的面孔、人的声音、陌生的物体）可以引发婴儿的特定行为（微笑、警惕地环视四周、哭泣）。宝宝的行为进而会使成人产生互补的行为，例如宝宝的微笑可以让成人回馈以微笑，深深地吸引了成人的注意力。

依恋以其特有的方式帮助宝宝拥有了基本的认知方面的技巧，使宝宝行为与环境协调运作，并通过四种行为系统来完成。

（1）依恋行为系统：促使依恋关系的形成。

（2）恐惧警惕系统：帮助宝宝回避那些会危及生命的人、物或环境。这个系统也就是我们熟悉的宝宝对陌生人的警惕。

（3）参与行为系统：一旦对陌生人的恐惧被克服后，宝宝就会有勇气与家庭以外的人进行交流和接触。这个系统促使宝宝在社会领域的拓展，对于宝宝进入人类这个社会性群体是极为必要的。

（4）探索行为系统：可以使宝宝去探索周围环境。若成长中的宝宝想获得生存竞争能力，探索环境是必要的步骤。

对于宝宝来说，存在着一个值得信任并且可

靠的依恋对象可以给宝宝提供情感方面的安全,若依恋对象失去了或不可靠,宝宝就会启动恐惧警惕系统,忐忑不安的宝宝将拒绝了解新的人、地方。

依恋关系的类型

安全型:当妈妈离开后,具有安全依恋关系的宝宝当妈妈回来时会主动找妈妈,同妈妈的接触能够迅速平复因妈妈离开而产生的焦虑不安。

回避型:这种类型的宝宝在妈妈回来时回避与妈妈接触。

摇摆不定型:这种类型的宝宝选择的行为方式或是寻找与妈妈接触,或是回避妈妈,宝宝的选择总是变幻不定。

妈妈的不同反应

安全依恋型宝宝的妈妈:当宝宝啼哭、微笑或发出其他信号时,她们总是高度敏感地做出回应。这类妈妈对宝宝充满柔情、全心接纳,帮助宝宝但不干涉宝宝努力进行探索的行动。

回避型宝宝的妈妈:对宝宝的信号相对不敏感,避免和宝宝身体上的接触,几乎不表达关爱。

摇摆不定型宝宝的妈妈:在照顾宝宝时显得很笨拙,所做的基本上是为了满足宝宝的生存需要。

信任的建立

在这三种依恋关系中,安全依恋关系对宝宝的身心成长起到了积极和健康的作用,其影响大大超出家庭这个小圈子。当宝宝了解到父母是可靠的以及父母的行为是可以预测的,宝宝就会形成最基本的信任。宝宝会将信任延伸到其他人身上,这种信任决定了宝宝未来与其他人交往的质量。心理学家认为信任的建立是儿童发展极为重要的一步,它可以使儿童产生耐受沮丧的能力,能够延后享乐,即可以克制自己的欲望,不求立即获得满足,宁肯牺牲眼前的享受,持续忍耐,以期未来获得更大享受的心理历程,这是情商的一个重要组成部分。

个人能力的获得

当宝宝的技能和感觉不断开发出来后，宝宝发现可以从行动、探索中以及了解社会中获得更多的满足。尽管宝宝在父母离开时会感到很难受，但当宝宝主动选择离开依恋对象去探索时，在宝宝身上看不出一点儿难过的迹象。一旦宝宝学会走路，宝宝就开始自己去探险，有的时候先来找妈妈，拉着妈妈，或者一个人走向另一个方向去探索外面的世界。早期的探索行动会随着年龄的增长而变得越来越大胆。新奇、复杂、变化这类新鲜有趣的刺激将宝宝从舒适且熟悉的依恋对象身边吸引过去，但刚刚获得的独立并不意味着依恋的终结。

在个体的一生之中，探索新经验，拓展个体能力的愿望是与所熟悉、所爱的人保持亲密关系的愿望交织在一起的。在依恋关系中获得安全感的宝宝对于探索和发展独立自我等方面也感到安全。通过探索，宝宝不仅可以从外界获得新的知识和能力。

人格的形成

建立了安全依恋关系的宝宝面对问题时，不仅有热情，也有毅力。当宝宝遇到无法解决的难题时，很少乱发脾气，愿从父母那里获得倾心的帮助。这样的宝宝长大后，则更可能成为领导者，善于主持游戏活动，成为他人愿意结交的伙伴，对其他人的痛苦有同情心。这样的宝宝有更强的自我决定能力，对新事物表现出更大的好奇心，更喜欢学习新技能，追求目标时更有魄力，不会轻言放弃。这并不是说早期没有建立良好的依恋关系就会对儿童的发展起到不可逆转的决定作用，或许有些可以在成长过程中，能够通过其他方式修复当初由于缺乏安全的依恋关系所造成的不良影响。但可以肯定的是为此所付出的代价一定不菲。

▌如何给宝宝添加辅食

在我国，宝宝自出生后6个月起，生长发育的势头开始减弱，各项生长发育的指标明显低于有关国际组织的推荐标准，这种滞后现象一直延续到青春期，换奶期营养支持不足是导致中国儿童发育状况不如人意的主要原因。

宝宝长到4个月时，母乳中的营养成分已经不能满足宝宝生长发育的需要了，因而必须给宝宝添加辅食，以保证宝宝对热量、维生素及各种矿物质的需求。

面对各式各样的米粉及品种繁多的瓶装泥状食品，该如何给宝宝添加呢？要注意一点，不要因为自己的宝宝能吃辅食了，便将自己认为对宝宝有利的食品都可一下加进去，要知道此时宝宝肠胃还不能完全适应新的食物，一下添加过多食物，会令宝宝消化不良，起不到促进宝宝生长发育的作用。给宝宝添加辅食应遵守如下原则：从一种到多种，从少量到多量，从细到粗，从稀到稠。具体的辅食添加顺序可以是：果菜水、蛋黄、果汁、米糊、瓶装泥状产品。在瓶装泥状产品中，又推荐从奶油胡萝卜泥开始，然后是水果类、蔬果类，其次是谷物类及肉菜类、骨类。宝宝到6个月时，市面上所有泥状产品都可享用了，可以根据宝宝的不同特点及发育需求，有针对性地选择一些产品。

宝宝在饥饿时容易接受新食物，因而刚开始喂辅食时，可以先喂辅食后喂奶，等宝宝习惯了辅食后，为了不影响其对吃奶的兴趣，可先喂奶后喂辅食，以保证宝宝的营养需要。

如何知道宝宝已适应新食物了呢？第一，宝宝吃饭时表情愉快，主动配合；第二，大便次数不多，软便，无食物残渣，无腹泻；第三，宝宝的各项生长发育指标均正常。

在给宝宝添加辅食时，需注意下述几点：

添加辅食时，还应该保证一定的奶摄入量。宝宝4~6个月时，应以母乳喂养为主，添加泥状食物为辅，以后减少奶的摄入量，增加泥状食品的食入量。宝宝满一周岁时，可以中断母乳喂养，但不应终止奶的摄入，应该每日添加配方奶粉或牛奶1~2次。

部分宝宝食用鱼、虾、鸡蛋等异体蛋白后可能会出现湿疹、荨麻疹、消化道症状等过敏反应，因此给宝宝吃这类产品时应认真观察。如果有此类现象产生，应暂停此类食品的摄入。可选用优质瘦肉或豆制品等植物蛋白替代上述食品。

宝宝应从0岁开始读书

此时期的宝宝不认识书，在宝宝眼里，书和其他玩具一样可以玩、可以啃。给宝宝选取书首要先考虑不怕撕、不怕咬，像硬卡纸的、塑膜的、卡片式的、挂图的都可以选。这些书需要色彩丰富鲜艳、图案清晰大方，更新颖的书上面还附有相关的玩具，这样可以吸引宝宝的注意力，使宝宝萌发对书的好感。其次考虑书的内容，以认物和讲述简单故事的书为首选。在看书时要把着宝宝的手教宝宝翻书页，这样可达到启发、诱导宝宝看书的目的。

根据观察研究，将0~1岁的婴儿阅读行为分为四个时期：

1. 0~3个月

生理特点：宝宝最初与图书接触的时期，只能被动地以眼、耳接收父母手中的图画和声音。当宝宝对书失去兴趣时，先是移开目光，再是拱背，然后大哭。当宝宝兴奋时，会抓住大人的手指而感到满足。

（1）1个月：宝宝被竖直抱起来后可凝视光线，眼睛能追随20厘米左右的物体。喜欢看妈妈的面孔，这是宝宝最初的智力萌芽。

选书原则：这个时期可用黑白画面的图片，在距宝宝20厘米处逗引。每天3~4次，可训练视力。

（2）2个月：宝宝的最佳视力为15~30厘米，能逐渐看清活动的物体和大人的笑脸，将手慢慢靠近宝宝的眼睛，就会眨眼，说明宝宝能看到物体。听力上，对声音能做出反应，能辨别声音的方向，能安静地听轻柔的音乐，喜欢成人和他说话。

选书原则：这个时期可在家中墙上挂上挂图，如蔬菜水果挂图，每天可抱着宝宝看几个画面，每天看2~3次，妈妈指着画面告诉宝宝这是苹果、这是猫等等，使声音和画面通过听觉和视觉神经反映到大脑细胞储存起来。

（3）3个月：抱起来的宝宝能把头伸直，而且能向四周张望，能区分熟悉和不熟悉的声音，开始牙牙学语。

选书原则:这个时期妈妈可以指着挂图发出清晰的声音,告诉宝宝物体的名称,训练宝宝发音、看物。

2. 3~6个月

生理特点:随着手的抓握能力以及上半身肢体活动能力的增长,此时期的宝宝会意识到书所在的位置,并主动对书拍、抓、打、摇等,探索书本。共读时,会轻拍或蹭大人手臂来表示满足。

(1)4个月:宝宝的眼睛已能看到4~5米远,辨色能力已具备,喜欢盯着黄色、红色、黑色、白色的东西看。听力上,可自觉把头转向有声音的方向,能辨别几种不同的声音,喜欢听音乐和儿歌,能自言自语咿呀不停。

选书原则:可以买一本有简单儿歌的书,妈妈一边有节奏地说,一边指给宝宝看。

(2)5~6个月:宝宝喜欢看熟悉的面孔,能把家里人和其他人分得很清楚,开始认生。眼睛能看周围的物体,并能在眼睛的支配下准确地抓东西。在听力上,宝宝能集中注意力倾听音乐,能区分爸爸妈妈的声音,叫宝宝的名字会有应答表示。

选书原则:这个时期,可以给宝宝买动物、植物等卡片,宝宝可以自己拿着,妈妈告诉宝宝图上画的是什么。

3. 6~9个月

生理特点:宝宝各种探索行为出现(如咬东西、什么都想动),在熟悉人或物的经验积累及语音的扩展方面有明显进步。此时期的宝宝会以固定的几个动作从事探索图书的活动,如咬书,尝试用手掌拍翻书页等。宝宝在视觉和听觉上进步很大,能够进行观察和倾听,对鲜艳的色彩表现出积极兴奋的情绪。

选书原则:宝宝能听到妈妈讲的故事,还能跟着妈妈手指的方向看画,听到得意处会拍打画面。应该选择硬皮书,而且要选择大的、色彩鲜艳的,这样宝宝既可以看,又能练习翻书页,可谓一举两得。卡片也是最宜选择的,通常宝宝没那么专心,看着看着兴许把卡片弄得满床都是,而且有时还会去撕卡片,有时把卡片当成玩具,翻来覆去地看,通过玩弄卡片,宝宝可以从中感觉到卡片的大小、形状、颜色、软硬等。在他的心中,卡片不仅是用来看的,而且也是用来玩的。应该给宝宝买硬质卡片，防止被宝宝撕坏。平时给宝宝一些没用的纸张，让宝宝撕着玩，培养手的协调能力。

4. 9~12个月

生理特点：宝宝开始有记忆力了，但记忆的时间较短。可以听懂成人的话，可发出语音，能认识较多的事物。宝宝逐渐随着故事的进展或不同角色的出现，以声音或动作来参与阅读过程。这个时期，宝宝对图书的探索已从外在进入内容。能跟着书中的人物或情节做动作，也可以模仿动物的叫声，有时随着情节哈哈大笑。和父母一起共读时，宝宝能够做动作、学声音，故事读完时会产生类似拥抱动作的满意行为。

选书原则：可以给宝宝看有简单情节的卡片书。家中的其他卡片、挂图仍然有用，要反复教宝宝认识物品，加深宝宝对"大象吃香蕉""小狗汪汪叫"的理解。看书可以有效地锻炼宝宝的观察力、注意力，并且给宝宝一个良好的语言刺激。

宝宝早读书的益处

由于生活范围有限，图书是宝宝认识外部世界的重要渠道，是获得知识和快乐的源泉，家长应及早让宝宝接触图书，使宝宝更多、更好地认识自己和世界，也使其智慧得到启蒙。家长在给宝宝阅读的同时，宝宝可接受语言信息，促进孩子语言和听力的发展。同时，尽早让宝宝获得阅读经验，体验阅读的喜悦和快乐，还能为宝宝今后入学打下良好的基础。

读书是乐趣

书买回来后，如果任由宝宝去翻阅，是不能达到预期效果的，宝宝并不明白书上画的、写的是什么。因此，图书买回来后，家长要陪宝宝一起读，讲给宝宝听，和宝宝一起分享读书的乐趣。在阅读时，家长的手指要指着画面，缓慢清晰地发音，让宝宝理解其含义，从而调动起宝宝视、听、想象等多种感觉，来体验读书的乐趣。

读书能获取知识

如果说图书的作者是作品的第一创作人，那么念书的人则是作品的再创作者。当父母给宝宝阅读作品时，会很自然地把自己对作品的共鸣和情感反映在声调中，影响到听故事的宝宝，使父母和宝宝共同沉浸在图书所描绘的快乐世界中。随着宝宝的成长，这种快乐将会推动其去积极地获取知识。

读书能促进沟通

在温馨和谐的气氛中陪宝宝读书，不仅能让宝宝学到许多丰富的语言，培养宝宝的语言表达能力和理解力，提高阅读技能，还能使宝宝有被关怀、被重视的感觉，有益于宝宝健全人格的培养。在陪宝宝读书的过程中，家长和宝宝共享的不仅仅是图书，还有关怀和亲情。常常读书给宝宝听，家长和宝宝间产生的亲密关系和频繁的语言沟通，还为宝宝今后入学接受正规教育打下良好的基础。因此，无论多忙，家长都应每天抽出一点儿时间陪宝宝读书。

教宝宝说话的误区

认为宝宝听不懂

刚出生的小宝宝，对成人的话虽然听不懂，但宝宝的学习能力很强，当妈妈总是冲宝宝微笑，对宝宝说："宝宝，我是妈妈。""宝宝，这是奶，你饿了吧。"时间一长，这种语言信息就储存在了宝宝的脑子里。随着宝宝的智力发育，再经过几十次的语言重复，孩子就明白，原来总抱着我的人就是妈妈。到了1岁的时候，宝宝可能会叫"爸爸、妈妈"了，当成人对他说："宝宝，你的球呢？"孩子会转身去找，说明孩子已经明白了话的意思。

过分满足宝宝的要求

当宝宝已经明白大人的话，但还不会从口中说出时，如果说宝宝指着水瓶，大人马上明白，这是宝宝想喝水了，于是把水瓶递给宝宝。这种满足宝宝要求的方法使宝宝的语言发展缓慢，因为不用说话，成人就能明白自己的意图，自己的要求就已经达到了，因此宝宝失去了说话的机会。当宝宝想喝水时，可以给宝宝一个空水瓶，宝宝拿着空水瓶想要得到水时，会努力去说"水"。仅仅说一个字，就应该鼓励宝宝，因为这是不小的进步，宝宝懂得用语言表达自己的要求了。

用儿语和宝宝说话

儿童语言发展有其自身的阶段性，都是经历单词句（用一个词表达多种意思）、多词句（用两个以上词表达意思）、说出完整句子这几个阶段，父母对宝宝进行教育时，应了解这一规律，但又不能迁就宝宝，而应通过正确的教育引导宝宝的语言向更高阶段发展。

1岁左右的宝宝，语言处于单词句阶段，宝宝经常发出一些重叠的音，如"抱抱""饭饭""打打"，结合身体动作表情来表达自己的愿望，如说抱抱时，就张开双臂面向妈妈，表示要妈妈抱。

到了1岁6个月左右，宝宝能用二三个词组合在一起表达意思，这就进入了多词句时期。开始时能把两个词重叠在一起，如"吃饭饭""妈妈抱"。快到2岁时，出现简单句，能准确地表达自己意愿，如说出"妈妈抱宝宝""宝宝吃饭饭"等。在这些发展阶段中，宝宝用小儿语，是因为其语言发展限制了准确表达自己的意愿。许多家长因此认为宝宝只能听懂这些儿语，也用同样的语言和宝宝讲话，这样做就很可能拖延了宝宝说完整话的时间。

无论宝宝怎样说话，父母都应该用正确的语言来回答，并用标准的话语来纠正宝宝的话，通过父母的正确语言示范，宝宝能较早学会说完整的句子。

重复宝宝的错误发音

刚学会说话的宝宝基本上能用语言表达自己的愿望和要求，但是有很多宝宝还存在着发音不准的现象。如把"吃"说成"七"，把"狮子"说成"希几"、"苹果"说成"苹朵"等等，这是因为宝宝发音器官发育不够完善，听觉的分辨能力和发音器官的调节能力都比

较弱，还不能正确掌握某些音的发音方法，不会运用发音器官的某些部位。如在发"吃""狮"的音时，舌向上卷，呈勺状，有种悬空感，而小宝宝不会做这种动作，把舌放平了，错音就出来了。对于这种情况，父母不要学宝宝的发音，而应当用正确的语言来和宝宝说话，时间一长，在正确语音的指导下，宝宝发音就逐渐正确了。

语言环境复杂

有些家庭父母、爷爷、奶奶、保姆各有各的方言，语言环境复杂，多种方言并存，这会使正处于模仿成人学习语言的小宝宝产生困惑，导致说话晚。因此在6个月至2岁这个学习语言的关键期，家人应着重教宝宝一两种正确的语言。

PART ❸

宝宝7月至9月

　　七月坐坐。七个月的宝宝已经很大了，他们可以自己独立坐一会儿了，抱着他的时候，妈妈再也不用用手扶着他的背部了，此时你会发现宝宝变得越来越可爱了。

　　八月爬爬。常言讲"七坐八爬"，八个月的宝宝已经会自己爬行了，如果宝宝还不会爬，那可能是妈妈没有教会他，妈妈可以自己在宝宝面前爬让他看。

　　九个月的宝宝会用大拇指及食指抓取细小的东西,为了握住高处的物体,能够用脚尖垫着支撑站立。在语言发育方面低于实际的思维能力,宝宝不能用语言表达自己的意愿和想法的时候会急得大哭。与大人的交流变得容易、主动、融洽,也会通过动作和语言配合的方式与大人进行交流。

育儿方法
尽在码中

看宝宝辅食攻略，
抓婴儿护理细节。

第

一

章

宝宝7月

◎ 宝宝离乳食品的制作

◎ 宝宝补钙三部曲

◎ 宝宝抱抱操锻炼的方法与意义

育儿方法
尽在码中

看宝宝辅食攻略，
抓婴儿护理细节。

宝宝的发育状况

这个月的宝宝更加喜欢和母亲在一起，不愿意母亲离开。

人工喂养的宝宝从这时候起不爱喝奶，而喜欢吃米糊、烂面条之类的辅食，这样的宝宝可逐步从只喝牛奶过渡到辅食、牛奶交替着吃。还有的宝宝除母乳或牛奶之外，拒绝接受辅食，对这样的宝宝也不必勉强必须添加某种辅食。是否想吃除母乳和牛奶以外的其他食物，是宝宝的一种自然需求，因人而异，如果无视宝宝的这一需求，坚持不加辅食或强迫加喂辅食，是不利于宝宝发育的。

这个月的宝宝很喜欢到室外去，妈妈应尽可能地带宝宝去看看外面的世界，丰富宝宝的感官刺激。

许多宝宝一过6个月，就会长出下面的两颗门牙。

宝宝的喂养

宝宝6个月后母乳逐渐稀薄，各种营养成分的含量慢慢减少。若不及时添加辅食，宝宝就会发生营养不足，导致生长速度减慢。宝宝6个月以后添加代乳食品，使宝宝逐渐适应吃半固体的食物，为以后断奶做好准备。

母乳喂养的宝宝，可在吃奶前先吃点儿辅食，如米糊（市售）、稠粥或烂面条，开始量不要太大，不足部分由母乳补充。待宝宝习惯后，可逐渐用一顿代乳食品完全代替一次母乳。

食欲好的宝宝每天可喂两顿辅食，包括一个鸡蛋、适量的蔬菜及鱼泥或肝泥。注意蔬菜要切得比较碎，以利消化，水果可刮成泥再吃。

许多宝宝此时已开始出牙，可让宝宝咬嚼些稍硬的食物如较酥脆的饼干，以促进牙齿的萌出及颌骨的发育。

185

宝宝"平衡膳食"
的安排

平衡膳食是指从
四大类食物中选择多
种食物并进行适当搭
配，以满足人体能量需
要的一种膳食。

四大类食物包括：
粮食和薯类，肉、鱼、
禽、蛋、大豆类，蔬菜
与水果，奶及奶制品。
这四大类食物为人体
提供了6种必需的营养
素，即蛋白质、脂肪、
碳水化合物、维生素、
矿物质和水。

宝宝膳食搭配的
原则是：每天的膳食中
应该都包括上述四大
类食物。同一类食物的
不同品种要轮流选用，
注意多样化。

食物的主要营养成分

宝宝辅食的品种随月龄的增长不断增加，怎样选
择食物，如何搭配食物，才能使宝宝的膳食更加科学、
合理，这是妈妈应当了解的知识。简单介绍一下宝宝所
需的主要营养成分及其食物来源，父母可根据宝宝自
身的发育情况及家庭经济情况进行选择。

1. 碳水化合物（糖类）

碳水化合物是人体热能的主要供给物。心脏的跳
动、肺的呼吸、胃肠的蠕动、四肢的运动等等都需要消
耗能量。宝宝每日每千克体重需要12克碳水化合物，各
种粮食制品及土豆、红薯等都富含碳水化合物。

2. 蛋白质

蛋白质是生命的基础。人体各组织器官是由细胞
构成的，而细胞的主要成分就是蛋白质。婴儿时期生长
发育迅速，主要是靠蛋白质来增长和构成新的细胞和
组织。倘若蛋白质摄入不足，必然影响宝宝的生长发
育。宝宝每日每千克体重需要蛋白质3.5克。

含蛋白质丰富的食物有：奶类、蛋类、鱼、肉类、动
物肝、大豆制品等。

3. 脂肪

脂肪在代谢过程中产生大量热能，供机体活动之
需。另外，还有保护组织器官、保持体温、帮助脂溶性
维生素吸收和利用等作用，脂肪也是维持大脑和神经
系统正常功能所不可缺少的物质。宝宝每日每千克体
重需脂肪4克。

富含脂肪的食物有各种植物油、动物油、奶油及坚果类。

4. 维生素

维生素也是维持生命活动所必需的营养素。维生素可分为两大类：一类是脂溶性维生素，如维生素A、D、E、K；另一类是水溶性维生素，维生素C、维生素B族。有些维生素不能在体内合成，或合成的量不足，因而必须由外界供给。

含维生素A或胡萝卜素较多的食物有：鱼肝油、肝脏、蛋黄、胡萝卜、菠菜、苋菜、油菜、黄豆等。

含维生素C较多的食物有：各种新鲜的蔬菜和水果。

含维生素B$_1$较多的食物有：各种粗粮、糙米、豆类、花生、瘦肉、蛋类等。

含维生素B$_2$较多的食物有：动物的脏腑（肝、肾、心）、鸡蛋、黄豆、绿叶菜、乳类等。

含维生素E较多的食物有：各种植物油、蛋类等。

5. 矿物质

又称无机盐，种类很多，主要有钙、磷，每一种类都有其特殊的功能。还有一些微量元素，如铁、碘、锌、铜、铬、锰、钴、钼、氟等，倘若缺乏，也会影响宝宝正常的生长发育。婴儿期最易缺乏的是钙和铁，必须注意补充。

含钙较多的食物有：乳类、鱼、虾（特别是虾皮）、豆制品、蔬菜等。

含磷较多的食物有：乳类、蛋类、鱼、虾等海产品，肉类、豆制品等。

含铁较多的食物有：动物肝、血、蛋黄、瘦肉、绿色蔬菜、豆制品等。

含碘较多的食品有：海带、紫菜等。

此外，水也是宝宝生长发育所不可缺少的物质。每日每千克体重大约需要150~160毫升，可从食物及饮水中获得。

没有任何一种食物能包括所有必需的营养成分，因此饮食不能单一，必须坚持多样化。

怎样对待离不开妈妈的宝宝

通常，宝宝出生1周以后就能盯人看了，6周以后就会对人微笑了。在四五个月时，已经能够认识父母，但是宝宝并不在意父母的离开。其实，这时感到舍不得离开的是父母而不是婴儿。到了8个月时，宝宝虽然会对最常出现在身边的人表示喜爱，可无论哪个人是否在身边，宝宝都不会感到不安。对宝宝来说看不见的东西就不存在。

从这时开始，宝宝就能够意识到身边的人走开了，以及走开的是谁。能够辨认熟人的面孔并开始对陌生人产生戒备心理，开始不信任生人及从父母那里寻求保护，特别是当宝宝看见陌生人或到了一个陌生地方的时候。

培养宝宝的独立意识

1. 让宝宝有属于自己的地方

婴儿的小床是最早属于宝宝自己的地方，这里对宝宝有特殊的意义，是启蒙独立意识的起点。

2. 做游戏

对婴儿来说，不在眼前的东西就是"不存在"。可以和宝宝做一个游戏，用手蒙住脸，使宝宝看不见妈妈，然后再把手移开，妈妈再露面时宝宝会惊喜的，5个月左右的宝宝很喜欢这个游戏。这个游戏能够使宝宝感到愉快并能训练宝宝对外部事物的信心。

宝宝长大一些时，妈妈和宝宝玩"藏猫猫"的游戏，并逐渐延长躲起来的时间，甚至可以走得远一点儿。通过这种游戏，能帮助宝宝适应同妈妈分开的场合。但应注意躲起来的时间不要太长，也不要走得太远，千万不能让宝宝感到害怕，以免给宝宝心灵留下阴影。

3. 为宝宝布置玩耍的环境

当宝宝学会爬或走以后，宝宝能爬向妈妈或跑到妈妈身边，这是很有益的活动。因此必须把房间安排得很安全，这样当妈妈没有目不转睛地盯着宝宝时，也可以自己活动一下，但不能让不满1岁的孩子自己跑开多达一两分钟。当宝宝又跑到妈妈跟前时，妈妈要很高兴地欢迎宝宝并和宝宝玩一会儿。

4. 出生后即开发社交能力

妈妈和宝宝不可能总待在一起，应让宝宝学会并且知道，尽管妈妈出门离开了，但妈妈会回来的。从小就让宝宝和其他成年人及小朋友多交往，以便发展宝宝的社交能力。可以让宝宝在襁褓中就经常接触生面孔，这样的宝宝自主能力较早出现，能力也较强，父母离开时，很少感到害怕。

安排合适的保姆

当妈妈离开时一定要把宝宝留给一个会照料孩子并且爱孩子的人。在宝宝看到妈妈要离开而大哭时，妈妈不要表现过分不安，因为妈妈的神情会影响到宝宝。

1. 让宝宝和保姆熟悉

如果是一位新保姆，可以请她在妈妈需要离开宝宝的早些时候来，这时妈妈也在场，指导保姆和宝宝彼此适应。当妈妈放心时，在保姆和宝宝玩的时候，可以试着离开一会儿。

2. 保持宝宝的习惯

告诉保姆，宝宝平时的起居、玩耍规律以及宝宝的爱好，做到妈妈不在家，宝宝的生活规律也不会改变。

3. 趁宝宝玩时离开

趁宝宝不注意时离开，这样做比较好。比如宝宝正忙着做游戏或吃饭时，注意力不在妈妈身上，妈妈可以在这时离开。宝宝正在缠着保姆和他做游戏也是妈妈离开的好机会。

4. 不要不辞而别

外出时悄悄地溜走对宝宝是不公平的，这会使宝宝非常不安。有些宝宝喜欢两次告别，他们对妈妈说再见后，还要站在门口向妈妈挥手告别。另外一些宝宝发明出自己的告别方法。例如，每次和爸爸妈妈分手时都要郑重其事地拥抱和亲吻他们。

为宝宝去新地方做好准备

倘若要把宝宝托给别人照料，事先要让宝宝先熟悉一下环境。如果我们知道要去哪儿，以及去那里后的情况，我们就会感到心里有数，宝宝也是如此。

1. 事先访问

在把宝宝送走之前，先带宝宝去做一次适应性访问，让宝宝熟悉一下环境，再让宝宝同将要照看他的人玩一玩。

2. 向将要照看宝宝的人介绍情况

必须向准备看管宝宝的人详细介绍宝宝的所有情况，如宝宝的喜好、个性、习惯等。

3. 给宝宝找个伙伴

可能的话，帮助宝宝结识一个将要和他上同一个托儿所或幼儿园的小伙伴。

同宝宝谈谈将要发生的事情：告诉宝宝在新住处会碰到哪些情况，将在那里看见什么和做些什么事情。

4. 使事情显得不同寻常

把宝宝去托儿所或去幼儿园当做一件了不起的美事。夸奖宝宝穿戴得多么漂亮，给宝宝一些新的用品，使宝宝感到去这个新地方很有趣。

做简短的告别

当离开宝宝时不要犹豫或感到担心和内疚，对宝宝说过"再见"后就迅速离开。不要让宝宝感到离开是一件可以商量的事情，或者觉得只要哭闹得足够厉害，妈妈就会改变主意留下来陪他。

1. 内心明白

如果宝宝因为正玩得高兴而对妈妈的离开表现得无所谓，妈妈不要觉得受了伤害，妈妈应该很自信，知道宝宝是爱妈妈和信任妈妈的。

2. 安慰但不迁就宝宝

如果宝宝一想到妈妈要离开，就时而表现出心神不定，则应该和宝宝好好谈一谈,告诉他你很同情他,但妈妈必须要走。可以非常平静地对宝宝说:"我知道你现在很不安,但你一会儿就会好的,你会和别人玩得很高兴。我爱你,我会来看你的。"说完后立即就走。例如,开车送宝宝去托儿所或幼儿园,宝宝不肯下车,妈妈提出两种方案供他选择,妈妈对他说:"要么我送你进去,要么你和其他孩子一起进去,你自己决定吧。"给宝宝5秒钟的考虑时间,然后就按说过的话去做。

3. 对付"第二天的忧郁"

有时候,妈妈第一天离开宝宝时,宝宝并不在意,但是,第二天就不愿意让妈妈离开了。这并不是因为他离开你后过得不愉快,而因为意识到要和妈妈分开。只要妈妈每次都很自信地同他告别,宝宝的感觉也好了。

培养孩子的独立性

1. 离开宝宝时给宝宝更多的爱

如果宝宝抱住妈妈不放,不要断定宝宝已经被惯坏了,宝宝这样做仅仅是想得到更多的安全感。只要宝宝的独立性在逐渐发展,这一切都是正常的。平时要更多地同宝宝在一起,如果妈妈离开家时他没有哭闹,妈妈要好好地亲吻和拥抱宝宝。

2. 鼓励宝宝的独立精神

不要事事都替宝宝操心,而是让宝宝尽量自己照顾自己,当宝宝确实做不好时才帮助一下,要尽可能鼓励宝宝自己完成,并表扬他的努力和成功。但是,如果宝宝未能完成一件事情,妈妈绝不要表现出失望或生气。

3. 奖励

告诉宝宝,如果能够乖乖地向妈妈告别,妈妈要给他奖励,比如可以得到一份小礼物,或者应允做什么事。宝宝果真这样做了一定要及时给予兑现,不要向宝宝许诺妈妈做不到的事情或推迟时间去做，这样会影响宝宝独立性的形成。

给7~8个月的宝宝做离乳食品

红枣小米粥

材料：红枣3个，小米少许。

做法：①将红枣洗净，煮烂去皮去核，压泥或切成细碎状；②放在煮好的小米粥中再煮沸即可。

肉末菜粥

材料：瘦猪肉一小块，青菜两小碟。

做法：①将猪肉洗净去筋，剁成肉末，青菜洗净切碎；②将肉末放锅内煸炒，切葱姜少许，加酱油几滴炒

至全熟；③将炒好的肉末及碎菜叶加入煮好的粥中再煮沸即可。

香菇鸡肉粥

材料：鸡胸肉一块，香菇两个。

做法：①香菇用水泡软后切碎，鸡胸肉剁碎；②把少许酒、糖、酱油、油、生粉、盐加入剁碎的鸡肉中调味；③把切碎的香菇加水熬成粥，再加入已调味的鸡肉末再煮沸后即可。

宝宝爬行训练

7~12个月年龄阶段的宝宝主要的动作发展就是爬。爬行活动可以有效地增强宝宝四肢肌肉和背肌的力量，能协调脑、眼、手、脚的神经功能和全身的运动功能，拓展宝宝的视野，扩大宝宝的生活空间，从而得到更多的经验，获得更大的满足和喜悦。这不仅有益于宝宝身体的发育和动作的发展，而且也能促进宝宝的心理健康发展。因此，父母应该有意识地帮助宝宝学会爬行的动作，并积极地为宝宝创造良好的活动条件，鼓励宝宝多爬。

（1）家长训练宝宝爬行时，要细心观察，进行指导。对不会爬的宝宝，家长要掌握要点、难点及练习方法。不会爬行的宝宝开始只会四肢活动，伸臂、蹬脚，用腹部匍匐移动，或在原地后退转圈。父母必须要有耐心，不断训练，方能过这一关。先教宝宝学会屈膝跪起，撅起小屁股，可用手在宝宝腹部托一把，然后用手掌顶住宝宝的左右两脚掌，使宝宝借助推力蹬着家长的手掌向前爬，经过多次反复训练，使宝宝能逐渐独立爬行。

（2）对不肯爬的宝宝，家长可在孩子爬行的前方放一些宝宝特别喜欢的玩具，吸引宝宝爬的欲望。

与宝宝一起做亲子游戏

对已会爬的宝宝，家长可再做一些亲子游戏，以增加情趣。

（1）追球：家长拿一个彩色塑料球，往某一方向滚动，引导宝宝通过自己爬行去追球、拿球。然后，家长与宝宝一起玩球、滚球或抱球，游戏可反复进行。

（2）赶小马：家长拿小纸棒在爬行的宝宝后面赶"小马"，并不停地发出"驾"的声音。当宝宝不愿爬时，前面放一个可爱的玩具，可继续赶"小马"。

家长要创造条件，腾出一块空间（铺上地毯或席子、塑料拼块），多让宝宝练习爬，还可再设计一些亲子游戏，如爬山坡（被子、枕头、身体等），也可钻小山洞（纸板箱做），让宝宝爬爬、钻钻，以提高孩子的兴趣。

7~8个月的宝宝练站立

热身训练

（1）宝宝7个月学会坐立后，妈妈可用两手扶住宝宝腋下，把坐着的宝宝稍加用力扶起站立，待站立片刻，再让宝宝坐下。

（2）到了9个月，先让宝宝仰面躺在床上，然后，妈妈拉住小手稍加用力将宝宝拉成坐姿，再拉成蹲位，最后拉成站立姿势。扶着站立几分钟，让宝宝再躺下，反复练习。

（3）宝宝9个月时，在小床的上方悬挂一个漂亮的大气球，当宝宝扶着栏杆站立时妈妈用大气球逗引宝宝去抓碰，随着大气球的左右晃动，可增强宝宝站立时的平衡感。注意训练时间不宜太长，几分钟即可。

站立动作训练

（1）第10个月，妈妈让宝宝靠墙站着，小背部和小屁股贴着墙，脚跟稍稍离开一点儿墙壁，两条小腿分开站，妈妈用玩具来引逗宝宝，使宝宝兴奋地晃动身体，由此增强站立时的平衡感。

（2）11个月后，妈妈可先扶住宝宝的腋下帮助站稳，再轻轻松开手，试着让宝宝尝试独站一下的感觉。如果宝宝站不稳，妈妈赶快扶住，以免吓着宝宝，再不愿独自站立。经过多次这样训练，通常到了12个月，宝宝就能够独自站得较稳了。

宝宝菜泥食谱6例

火腿土豆泥

原料：

火腿肉、土豆、黄油。

制法：

（1）取鸡蛋大小的土豆一块煮烂、去皮、研碎。

（2）取一大片火腿肉（市场上袋装的），将硬皮、肥肉、筋去掉，把余下的火腿肉切碎。

（3）把土豆泥、碎火腿拌在一起，加入一小块黄油即可。

（4）吃时上锅蒸5分钟。

葡萄干土豆泥（适合7个月以上婴儿）

原料：

葡萄干、土豆、蜂蜜。

制法：

（1）取鸡蛋大小的土豆一块煮烂、去皮、研碎。

（2）取20多粒质量好的葡萄干，用温水泡软后，剁碎。

（3）锅中放适量水，将土豆泥、葡萄干共同煮成糊，加入适量蜂蜜。

（4）吃时上锅蒸5分钟。

花豆腐（适合7个月以上婴儿）

原料：

豆腐、青菜、鸡蛋、盐。

制法：

（1）取半个鸡蛋大的一块豆腐，用火煮熟研碎。

（2）取青菜叶5～8片（油菜或小白菜）洗净后，用开水烫一下，剁碎。

（3）取一个鸡蛋煮熟，取出蛋黄备用。

（4）将豆腐、青菜拌在一起，加适量盐，将鸡蛋黄研碎撒在上面。

（5）吃时上锅蒸5～8分钟。注意豆腐不要煮老，青菜不要用菠菜。

鱼泥（适合4个月以上婴儿）

原料：

平鱼（或带鱼）、西红柿、淀粉、盐。

制法：

（1）取一条平鱼或两块带鱼，上火蒸熟，去骨、剁碎。

（2）取半个西红柿去皮、剁碎。

（3）锅中加适量水，将鱼肉、西红柿同煮成糊状加入水、淀粉和适量盐。

（4）吃时上火蒸5分钟。

水果藕粉粥（适合4个月以上婴儿）

原料：

苹果（1/4个），或香蕉半根，或猕猴桃半个，藕粉。

制法：

（1）将水果切碎。

（2）用奶瓶盖做量器，按一瓶盖水加半瓶盖藕粉计算，根据宝宝食量调制。

（3）用中火将调好的藕粉煮熟，起锅前放入水果，稍煮即可。

（4）注意要自然凉，如搅拌会变得很稀。

（5）此粥现做现吃。

营养蛋饼（适合8~9个月以上婴儿）

原料：

鱼（或大虾）、鸡蛋（1个）、葱头、番茄沙司。

制法：

（1）将一小块鱼去刺或将1个大虾去皮，剁成泥状。

（2）将一个鸡蛋打好，根据宝宝食量用之。

（3）将一小块葱头剁碎。

（4）将以上原料拌在一起备用。

（5）用一平底锅，放上黄油，把上述备用料摊成一个小小圆饼，抹上番茄沙司即可。

（6）注意要用微火，且现做现吃。

宝宝抱抱操

坐姿抱

宝宝适宜年龄：0~8个月。

锻炼意义：

妈妈——加强对腕、臂和腰腹的刺激，尽快恢复体形。

宝宝——感受坐姿的地心引力、位置、平衡感，加强与坐姿相关的肌肉力量。

动作方法：

妈妈站或坐，将宝宝放在胸前，左手搂住宝宝的胸腰部，让其紧靠在妈妈胸前；右手托住宝宝臀部使其成坐姿（对于两个月前的宝宝，妈妈身体要后仰一些）。

打嗝抱

宝宝适宜年龄：0~6个月。

锻炼意义：宝宝——锻炼颈部、背部力量。

动作方法：宝宝吃奶后，妈妈都要把他竖抱起来打嗝。在此基础上让宝宝

的位置再高一些，妈妈左手抱住宝宝，右手放在宝宝的脑后部5厘米左右，防止他的头后仰。

飞机抱

　　宝宝适宜年龄：2~12个月。

　　锻炼意义：

　　妈妈——锻炼腕、臂和腰腹部的力量。

　　宝宝——加强颈、背、肩部的力量，前庭器官的平衡能力，使坐姿挺拔。

　　动作方法：

　　宝宝成俯卧式，妈妈一手托其胸部，一手托其大腿，轻缓地做前后或左右方向的摆动。

7个月的女婴乳房凸出是病吗

许多女婴生后，在早期确实小乳房可以出现凸出，如蚕豆大小。这是由于胎儿期受母体孕激素和催乳激素的影响所致，通常2～3周自行消退，是正常生理现象，最长持续3个月，但千万不能用手去挤，以免造成感染。这样并不会引起成年后乳头凹陷，并非所有的女孩子都这样，所以不用担心。

宝宝为什么哭

宝宝啼哭是十分常见的一种现象，它被看作是中枢神经系统发育成熟的一种必需的正常生理过程。宝宝啼哭多发生在每天下午6点至9点。但是在宝宝3个月后，在应该睡觉或玩耍的时候长时间过度哭闹、烦躁不安，父母会担心：是不是宝宝有什么异常和疾病？若宝宝的确患有某种疾病，如感冒（可出现鼻塞、高热）、奶水过敏（身上有皮疹），父母难于应付，应去看医生。一般情况下，宝宝并没有什么疾病，一些正常的生理反应也会让宝宝不安和哭闹。

宝宝不停地啼哭，家长要首先想到宝宝饥饿或大小便了，经过喂奶或换尿裤后，宝宝就会安静下来。当宝宝感到孤独时也会啼哭，他希望被亲人关注，此时如果母亲抱抱他、拍拍他，他会感觉受到重视，也就逐渐恢复平静。另外，宝宝还有两种常见的哭闹和不安现象，也是宝宝发育过程中正常的现象，即婴儿肠痉挛和婴儿长牙。

1. 婴儿肠痉挛

这种现象经常发生于2～16周的宝宝中，约有三分之一的宝宝每星期至少有3天发生这种情况，多发生在下午和前半夜间。没有任何诱发因素导致宝宝腹部疼痛，宝宝表现得十分烦躁、哭闹不安，多数可持续3个小时以上，尤其在婴儿出生后第10周最为严重。由于腹部疼痛，宝宝表现为两手握紧拳头、两条腿乱踢。这种最常见的婴儿生理性哭闹，父母不必担心，只要轻轻拍拍宝宝的背部和腹部就可以减轻肠痉挛，不需吃任何药就可以自然好转，也不需去看医生。

2. 婴儿长牙

宝宝从出生后第6个月开始长牙，直到2~3岁。长出第一颗牙即下门牙时，宝宝很少哭闹，这是在一周岁前。而在1~3岁长磨牙时，宝宝才开始哭闹，妈妈可以观察到宝宝的牙龈轻微发红和肿，这使宝宝非常疼痛，使宝宝比往常更加躁动不安、爱流口水、咬手指头、哭闹、难以入睡。出现这种情况也不必紧张，等牙长出后，宝宝自然会停止哭闹，当然也不必去看医生。

■ 宝宝补钙三部曲

补钙从父母开始

为了给新生儿一个好身体，在胎儿期就应该注意及早补钙。精卵结合受孕至胎儿分娩称胎儿期，约10个月。人类的生命就始于受精卵细胞，钙参与了精子与卵子结合的过程。在精子的周围，有一万倍高浓度的钙，细胞才会接受外来的信号开始活动。受孕过程也正是负载万分之一钙的精子进入卵子的过程。倘若没有精确的比例，卵子不会接受精子。如果夫妻任何一方缺钙，精子卵子都会变得迟钝，不易受孕，即使受孕也不能生出健康的宝宝。

孕妇补钙

胎儿从几毫米的小胚胎发育成一个身高50厘米、体重3千克以上的新生儿，必须从母体吸收大量的营养元素，特别是钙。为使胎儿身高、体重不断增长，必须保证脊柱、四肢及头颅骨的正常钙化。在妊娠的最后三个月沉积在胎儿骨骼上的钙约为30克，占骨钙总量的80%。如果孕妇摄入的钙不足时，便会通过骨骼脱钙来满足胎儿对钙的需要。母亲向胎儿输送的钙离子，妊娠中期为

每日150毫克,妊娠晚期为每日450毫克(相当于胎儿每日每千克体重100~150毫克)。即使母亲钙营养缺乏,胎盘仍能主动地向胎儿输送钙,以保证胎儿生长发育的需要。

新生儿补钙

新生儿出生时体重在3千克以上,骨钙的含量约为25~30克,身长约50厘米。体重每天以25~30克的速度增长,身高在28天内约增长至55厘米。为适应增长速度,需要营养合理,尤其是钙营养的补充成为当务之急。母乳是最理想的营养品,尽管母乳中的钙含量比牛乳中的钙含量少,但母乳中的钙、磷比例最适宜被吸收。在母乳不足的情况下,母亲虽经服用催乳药,但仍少乳或无乳时,新生儿应服用牛奶及代乳品。牛奶的磷含量为人奶的6倍、钙为人奶的4倍,牛奶的镁、钾和钠的含量也都高于人奶,因此在人工喂养时仍需注意宝宝补钙。

看护须知

(1)看护宝宝的保姆在雇用之前必须做如下健康检查:

①化验血做澳抗试验,澳抗阳性者不能看护宝宝。如是乙肝病毒携带者,会通过与宝宝密切的生活接触传染给宝宝。

②胸部透视或验痰,做结核菌培养试验。倘若是阳性,要排除有结核病的可能后才能请她看护。

③验便。做便细菌培养试验,查清是否患有伤寒病或者是伤寒病的健康带菌者。阳性者不宜看护宝宝,因为她们体内隐藏的伤寒病菌会污染食物,传染给宝宝。

④即使健康检查合格了,但当保姆患上细菌性痢疾时,必须马上停止看护宝宝的工作,及时治疗,待病愈,连续做3次便培养,皆为阴性后,才可重新看护宝宝。

(2)当宝宝到了7个月表现出要爬的愿望时,妈妈可让宝宝趴在床上,将腹部托起，再把宝宝的左右腿交替向腹下推入拉出，每天定时反复练习6~8次。当宝宝已具备一定的双腿交替前爬能力时，可在宝宝面前放一个吸引他的玩具，以此逗引宝宝主动向前爬。在练习过程中，妈妈要给予鼓励，积极调动宝宝学习爬行的热情，让孩子尽早学会爬行。

（3）给宝宝穿衣服、领着上下楼梯、散步或从床上和椅子上往起拉宝宝时，特别是在宝宝蹒跚学步经常摔倒的情况下，拉拽动作一定要轻柔，即使宝宝不听话也要有耐心，千万不能将宝宝猛然拉起。一旦不慎发生脱位，马上送往骨科医生处进行诊治。待医生给宝宝胳膊复位后，为了防止再次桡骨头脱出，可让宝宝坚持2~3天戴颈腕吊带，尽量不要再牵拉宝宝的胳膊，如果宝宝摔倒，应搂着宝宝的腰部扶起，以防范再次桡关节脱位。

（4）润喉片对咽喉炎、扁桃体炎、鹅口疮及口臭等具有良好的作用。宝宝只有在这些部位有炎症时才可以吃润喉片。因为润喉片同样是药而不是糖果，哪怕里面含的是中药也应像西药一样慎重使用，随便给宝宝服用一样会带来副作用。

（5）宝宝做事时喜欢用哪只手都可以，不要强行矫正，以免使生理功能发生不协调。

（6）一旦宝宝突然扭伤，关节活动受到限制，应马上去医院就诊，拍X线以确定有无骨折，切记在24小时之内不要用手按摩。应将扭伤部位固定不动，可用冷毛巾湿敷扭伤的部位，以使毛细血管收缩，减少组织出血。过了24小时后如无骨折，可进行轻轻按摩，并用热毛巾热敷，这样能够促进受伤部位的血液循环，有利于尽快康复。

（7）如果妈妈在分娩前有霉菌性阴道炎，必须积极治疗，以防宝宝出生时受感染。照料宝宝时，要严格进行奶具消毒及口腔护理，妈妈每次喂奶前切记洗净双手，清洁乳头。一旦患上了鹅口疮，先用淡盐水清洗患处，然后用0.5%

龙胆紫药水涂抹，每天2~3次。也可在医生的指导下口服制霉菌素，一般5~7天便可痊愈。千万不能使用抗生素，特别是广谱抗生素。

（8）判定宝宝病情是否痊愈，必须要医生来做，绝对不可自行判断或听别人随便说。并且，必须把什么情况下可以停用药、什么情况下必须坚持用药，以及药的名称、成分及服用方法都应向医生问清楚。

（9）绿灯举措：外出有风或天气寒冷时，应给宝宝戴上一个清洁卫生的棉纱布小口罩，不但可挡风保暖，还可预防呼吸道传染病。但每次用后，必须及时清洗干净，并在阳光下晒干，不可不清洗而又经常重复使用。

（10）妈妈为了让宝宝的小脚丫凉快，可以选择虽不露跟但有镂空网眼的透气鞋，同时别忘了给宝宝穿一双薄薄的小棉袜。若光着脚穿鞋，可使鞋质的有害物质直接与宝宝幼嫩的皮肤接触，容易使宝宝的脚部皮肤变得干燥粗糙，失去了一个保护层。

第二章

宝宝8月

◎ 宝宝的主食样式

◎ 宝宝出现腹泻时如何处理

◎ 宝宝说话的关键期

◎ 掌握此时期宝宝生长发育规律

育儿方法尽在码中

看宝宝辅食攻略，抓婴儿护理细节。

宝宝的发育状况

8个月的宝宝认人的能力更强了,不仅能认清母亲,还能分辨外人,敏感的宝宝会"认生",看见陌生人会哭起来。宝宝是否"认生"与智力没有直接的关系。"认生"开始得早,并不意味着孩子就聪明。"认生"早的宝宝,即便长大了也还会"认生",不容易同别人接近。

这个月的宝宝能明确地表达自己的意愿,看见喜欢的东西,会爬过去拿或伸手要。喂给宝宝不爱吃的东西,他会用手推开或把脸扭向一旁。如果夺走宝宝手中的玩具,会发怒而哭闹。

宝宝到7个月时一般会坐了,但坐的时间长短不同。这个月中常常可见宝宝坐着,两手各拿一个玩具,互相敲打。

宝宝多半在这个月里学爬,最初常常是向后退,也有的宝宝根本不爬。

这时宝宝的腿比较有劲,拉住他的双手能够站一会儿。站得早的宝宝,8个月时扶着东西就能站起来。

由于宝宝活动的范围扩大,因此发生事故的机会也相应增多,照料者要格外小心才行。

有些宝宝在这个月里开始出牙,也有的在6个月或更早的时候就出牙了。通常是先长出下面两颗门牙,也有少数宝宝先长上门牙。宝宝长牙之前往往很爱啃东西,出牙期间还会烦躁、哭闹。如果这个月婴儿没有长牙,做妈妈的也不必焦急,因为出牙的早晚也存在着较大的个体差异,也并不影响牙齿的质量,这一点请妈妈放心。

这个月的宝宝已能发出"a-a""ma-ma""ba-ba"等音,但却不会有意识地叫"妈妈""爸爸"。

这时做妈妈的应多用准确而又易懂的语言和宝宝对话,宝宝是在反复观看和倾听大人说话,逐步建立词语与动作的联系中学会说话的。如果不和婴儿说话,宝宝是不会在成长中自然而然学会说话的。

宝宝夜间的睡眠情况不尽相同。有的换尿布也不会醒，有的只要醒来就哭，非要喝点儿奶或水才能再睡，还有的宝宝会多次醒来，只要拍一拍还能接着睡。

大便多是每天1次，量的多少与前一天吃的食物有较大关系，有时会很稀软，有时又会很干硬。大便发生变化时，只要宝宝精神好，情绪佳，食欲正常，也不发烧，就不必担心。不要一看到宝宝大便较稀就认为孩子腹泻而停止喂辅食，这样做反而有可能进一步导致宝宝的饥饿性腹泻。

粪便较干硬的宝宝，排便时常常会使劲，用力发出"嗯嗯"的声音或有特殊表情，这时可立即把他，多数会成功。大便较稀的宝宝，排便时没有特别的表现，因而常常会拉在尿布上。有的宝宝对排便十分反感，只要一把他，就会打挺哭叫，每次把都不成功，对这样的宝宝最好是任其自然，不要强行训练。

这个月的宝宝，小便时绝大多数仍是尿湿尿布。性格安静的宝宝，只要掌握好其小便间隔的规律，按时把尿，则较少尿湿尿布。

宝宝到了这个月，比较容易染上疾病。

宝宝的喂养

这个月的宝宝可试着每天吃三顿奶、两顿饭了。一向吃母乳的宝宝，应逐渐让宝宝习惯吃各种辅食，以减少吃母乳的次数。

主食以粥和烂面条为宜，也可吃些撕碎的馒头块。副食除鸡蛋外，可选择鱼肉、肝泥、蔬菜和豆腐。喝牛奶的孩子，每日奶量不应少于500毫升。

每日副食的参考量为：

鸡蛋1/2~1个；

鱼肉1/2两（25克）；

肝泥1/3两（17克）；

豆腐1/2两（25克）；

鱼松1小匙（5克）；

蔬菜2两（100克）；

新鲜水果适量；

饼干若干。

注意婴儿的饭菜应该现吃现做，不要吃隔顿的剩饭菜。

宝宝都是不同的

宝宝从出生时起，就具有鲜明的、互不相同的个性。身体发育自不必说，精神和气质也各不相同。吃奶的样子、哭泣的样子、闹人的方式，一个宝宝一个样儿。

有的宝宝很难从沉睡中唤醒，有的则直接从睡梦中惊跳起来，号啕大哭。有些宝宝很容易镇定，大人抚慰时不需要很多精力；有些则很不容易镇定，在他哭闹时，仅用一种方法如轻摇、拥抱或喂奶是无法使其镇定的。有些宝宝非常安静，很少哭闹，而有的宝宝从生下第一天开始就是个"哭虫"。非常好动的宝宝在吮奶时喷然有声，"贪婪"地大口大口吞咽，然后再吐出一些来；而安静的宝宝吮奶时很平静，吃完后又立即悄然入睡。

这些都体现出每个宝宝不同的个性，形成了宝宝各自生活的格调，而这种格调又决定着身心发展的情况。之所以强调婴儿的个性，是因为担心父母如果不了解这种个性，从零岁开始的教育就可能以失败告终。

对宝宝的培养、教育没有什么绝对行之有效的方法。一种教育方法对某一个宝宝来说可能有效，但用在另一个宝宝身上，则会产生完全相反的效果。

所有的母亲都必须特别注意宝宝在身体和精神上的满足感。充足而愉快的哺乳、安静的睡眠、顺利的排便、舒适的皮肤接触、适当的刺激等，能使宝宝身心安定，从而保持健康的状态。如果身心健康，宝宝的日常生活就会有规律，相应地，母亲的压力就会减轻。

做父母的要了解宝宝的个性，要把自己的孩子与别人的孩子加以比较，掌握同龄儿童之间的不同。所有的育儿书籍仅能提供有关婴幼儿发育的一些基本常识，那些叙述仅是一种普遍性，不要期望其中的种种现象都与自己的孩子相似。

宝宝认生怎么办

人们都喜欢爱抚、抚摸孩子。特别是刚刚出生的婴儿会得到更多的宠爱，婴儿也常常会对陌生人报以微笑。但随着时间的推移，宝宝会对陌生人的亲近和爱抚做出回避或大哭的反应，这便是孩子的认生时期。婴儿认生通常发生在7~8个月，也有的从3个月就开始，有的婴儿则从1岁开始认生。

父母很容易从宝宝的举止中辨别宝宝是否认生。例如：母亲正在家中陪宝宝玩耍，这时进来一个陌生人，宝宝会立即爬到母亲身边，并根据母亲对陌生人的反应而作判断。倘若母亲很从容或露出微笑，宝宝会继续玩耍，但不会像刚才那样全神贯注地玩，陌生人对宝宝同样具有吸引力。尽管是在认生时期，宝宝也对新鲜的事物感到好奇，很想知道周围发生的一切。这时，宝宝会悄悄看看陌生人，再看看母亲的反应。如果陌生人逐渐接近，或许宝宝还能接受，但若陌生人一进门就将宝宝抱起，宝宝肯定会哭闹、反抗。

心理学家认为，婴儿认生这种本能的小心谨慎行为，可以使其免受伤害。也就是说，倘若宝宝根本不怕陌生人也是不好的。宝宝的认生时期就是进一步认识周围世界的过程，以新的眼光来看待与周围人的关系。宝宝开始以自己的方式寻找"朋友"，起初被他信任的只是一个小范围内的少数几个人。

有人可能会认为，经常让宝宝与很多人接触可能会避免其认生，实际情况并非如此。如果宝宝被迫面临太多的人，那么他们关系的发展会很不稳定。例如，一个宝宝由很多人照顾，尽管第一次他们会得到宝宝的信任，但这些人却很难与宝宝建立更密切的联系。

宝宝呼吸道感染

呼吸道包括鼻、咽、喉、气管、支气管、毛细支气管和肺。呼吸道的任何部位发生了感染，皆称为呼吸道感染。以咽喉部为界，发生在咽喉部以上的感染，可称为上呼吸道感染（感冒）；咽喉部以下的感染可称为下呼吸道感染，如支气管炎、肺炎。

宝宝呼吸道感染是十分常见的，可以有许多表现：

流涕。可流清鼻涕或黏性的浓鼻涕，同时常有鼻子堵塞、张嘴呼吸、吃奶困难、哭闹不安等现象。

发热。常伴有不同程度的发热。

咽痛。婴儿不会诉说咽痛，常表现为哭闹、拒食。

咳嗽。上呼吸道感染不咳嗽或偶有几声干咳。如果咳嗽剧烈，有时咳得不能安睡，咳后呕吐或咽部、胸部有痰喘声，则表明病情严重，可能是患了气管炎或肺炎。

呼吸困难。多见于肺炎患儿。

耳部并发症。如急性中耳炎。

其他。少数患儿可因高热而出现"高热惊厥"（抽风）。还有患儿有轻度腹泻。

宝宝患了呼吸道感染，父母不可掉以轻心，即便是上呼吸道感染（俗称感冒），虽然大部分患儿都能自愈，但也存在着发展成肺炎的可能。肺炎通常是由上呼吸道感染发展而来的，如果得不到及时有效的治疗，对宝宝会有生命威胁。做父母的应记住，如果发现宝宝有下述表现（肺炎的征兆），应及时请医生检查：

（1）呼吸急促（如小儿每分钟呼吸多于50次）。

（2）胸廓的下部（指双肋弓之间的区域）在吸气时下陷。

（3）一喝水或吃奶就呛咳。

小·贴士

判断婴儿呼吸增快的方法

要判定宝宝起伏是否增快，可以计数其1分钟内胸部或腹部起伏的次数。在家庭中用普通的闹钟或手表计时即可。选择在宝宝安静或入睡后计数其呼吸次数。每分钟的起伏次数叫作呼吸频率。小儿年龄不同，其呼吸频率也略有差别。判定1岁以下小儿呼吸增快的标准是：

0~2个月呼吸频率≥60次/分；

2个月至1岁呼吸频率≥50次/分。

宝宝每分钟呼吸次数等于或超过上述标准，可稍等片刻再次测定，如计数结果与第一次一致，就可判定为呼吸增快。

宝宝呼吸增快最常见的原因是肺炎。

肺炎和气管炎的鉴别方法

任何呼吸道感染疾病的常见症状都是发热、呼吸加快和咳嗽。那么宝宝患呼吸道感染到底是肺炎还是气管炎呢？可以通过数呼吸次数和看胸部凹陷这种简易的方法加以鉴别。

4~8个月的宝宝每分钟呼吸次数不超过50次。如何查看胸部凹陷呢？当患儿吸气时，胸壁的下部内陷即为胸凹陷，但若只有肋间或胸部上方软组织的内陷则不是胸凹陷。

当宝宝呼吸次数每分钟不到50次，有咳嗽，可诊断为气管炎，只要在家中加强护理，吃些药就可以了。如果宝宝的呼吸次数超过每分钟50次，但无胸凹陷，则说明是轻度肺炎，需要到医院给予抗生素治疗。如果宝宝呼吸次数超过每分钟50次，且有胸凹陷，说明宝宝患有重度肺炎，应立即送医院治疗。

发烧时不宜多吃鸡蛋

宝宝生病发烧时，家长为了给宝宝补充营养，让宝宝尽快康复，常常会在宝宝的饮食中增加鸡蛋。殊不知，这样做是不妥当的。

人们进食以后，除了食物本身放出热能以外，食物还能刺激人体增加基础代谢量，从而产生一些额外的

热量。据测定，蛋白质这种营养物质，可增加基础代谢15％～30％。鸡蛋中富含蛋白质，发烧时过多食用鸡蛋，会使体内热量增加、体温上升，不利于患儿降低体温，早日康复。因此，宝宝发烧时应多饮开水，多吃水果、蔬菜，少吃高蛋白的食品。

给宝宝喂药的方法

给宝宝喂药，常常是最令家长们头疼的事情。有些药的味道很苦，宝宝会又哭又闹，拒不服用，使得家长们束手无策、焦急万分。怎样喂药才好呢？

首先应把药用温开水化开、调匀。水不要多，以1～2匙为宜。喂中药汤剂时，可将煎好的药液蒸发浓缩至半茶盅，可加少许白糖。

对4～5个月以下的小宝宝，可让其仰卧在床上或大人的怀里，成人用一只手轻轻捏住宝宝的两颊，使其张开嘴，另一只手将盛有药液的小勺压在小儿舌尖上，把药送入口中，等宝宝咽下后再喂第2勺，直到喂完为止，最后再喂1～2匙糖水或白开水。喂完后应将宝宝抱起，轻拍后背，防止呕吐。

对大一些的宝宝，最好由父母共同配合给宝宝喂药。方法是：爸爸（或妈妈）坐在椅子上，让宝宝斜躺在怀里，把宝宝的两条腿夹在大人的腿间，把其靠近大人身体的那只手放到大人身后。大人用抱宝宝的手握住宝宝放在前面的另一只手，使其不能随意抓挠和踢蹬。同时，大人用另一只手轻轻抓住宝宝的下颌，使其头部不能左右转动。这时，妈妈（或爸爸）面对孩子，用一只手轻轻捏住孩子的鼻子，使其被迫张口呼吸或哭叫，另一只手迅速将小勺压在宝宝舌头上将药液灌入。

不宜用果汁给宝宝喂药

一般的药物大都有些苦味或怪味，宝宝生病时不愿意吃，家长喂起来也很费劲儿，许多家长便想到用味甜爽口的果汁给宝宝喂药，这种做法是不正确的。

在各种果汁饮料中，通常都含有果酸和维生素C。这些酸性物质易使药物提前溶化或分解，不利于药物在肠道内的吸收，影响疗效。有的药物在酸性环境中毒副作用会增加，给人体健康造成不良影响。例如，小儿常用的抗生素如麦迪霉素、红霉素、氯霉素、黄连素的糖衣片，在酸性环境中会加速糖衣的分解，使药物在未进入小肠之前就失去了作用，不仅降低了药效，还会对胃产生刺激作用。又如小儿发热时常用的安乃近、复方阿司匹林等解热镇痛剂，其本身对胃就有刺激性，在酸性环境中更容易加速分解，轻则引起胃痛不适等症状，重则可造成胃黏膜出血、穿孔，对宝宝的身体健康造成威胁。

宝宝久泻不愈的原因

许多宝宝长期腹泻，使用中西医疗法都收效甚微。对这些久泻不愈的宝宝，在排除其他原因所致的腹泻后，还可考虑有以下几种原因：

先天性乳糖酶缺乏

人乳、牛奶等乳类食品中除含有蛋白质、脂肪、维生素、微量元素外，还含有乳糖，它是奶类食品中特有的物质。乳糖要靠小肠中的乳糖酶才能消化吸收，如果乳糖酶缺乏，乳糖得不到分解，就会在小肠下部和结肠中被细菌酶解，因此出现腹痛、腹泻、腹胀、肠鸣等症状。

继发性乳糖酶缺乏

由各种原因引起的宝宝长期腹泻，可造成肠黏膜的损伤而继发乳糖酶缺乏，这样也可导致肠道对乳糖的不耐受而出现腹泻，这种腹泻常常是喂奶越多，腹泻越严重。

生理性腹泻

多见于6个月以下母乳喂养的虚胖儿。腹泻常在喂奶后即发生，没有因呕吐、腹痛、腹胀而引起的哭闹，也无食欲不振等其他消化道症状，宝宝精神愉快，反应良好，体重增加不受影响。生理性腹泻的原因尚不明确，可能与宝宝消化系统发育不成熟、消化功能不健全有关。

对乳糖酶缺乏症无特效药物治疗，主要应避免喂哺奶类。可在医生的指导下根据宝宝不同的月龄，选用不含乳糖的代乳品，如豆浆、米汤、面糊、稀饭等喂养。可适当选用助消化药，如酵母片、胃蛋白酶、维生素B_1等。对于继发性乳糖酶缺乏的宝宝，可用浓缩鱼蛋白糖5克，加少量食糖，用米汤或白开水冲服，每日2次，通常2~3天即可见效。痊愈后仍可用奶类喂养。

宝宝腹泻不必禁食

有的医生主张宝宝腹泻应禁食，轻症者禁食4~8小时，重症者禁食8~12小时。

经科学研究表明，宝宝腹泻时，肠道营养物质吸收有障碍，但并不是完全

宝宝便秘的家庭治疗法

哺乳期的宝宝便秘比较常见,主要原因是过食,导致肠胃功能减弱、肠蠕动减少。宝宝发生便秘时,可采用以下家庭治疗法:

用手掌轻轻地按摩宝宝的腹部。要以肚脐为中心向左(婴儿左侧)旋转着按摩,按摩10次左右,休息5分钟,再按摩10次左右,以此时间间隔共按摩3次。按摩时用力不宜过度,若室温较低,可在宝宝腹部盖一块柔软的毛巾再进行按摩。

让宝宝仰卧,做双腿同时屈伸运动(即伸一下、屈一下),慢慢做10次左右。双腿屈伸运动做完后,再分别使宝宝单腿各做此运动10次左右。

最后,把凡士林等油质外用药涂在宝宝肛门口,垫上柔软的手纸或纱布轻轻推按肛门。推一下,停一下,如此慢慢地做10余次。

采用上述治疗方法后,便秘较轻的宝宝1分钟后就能大便,便秘较重者需5分钟左右即可排便。

不能吸收,肠道中有食物可以加快肠道正常功能的恢复,促进水分的吸收。腹泻小儿营养吸收已经减少,倘若再禁食,必然使营养缺乏更加严重。腹泻小儿关键不是禁食,而是正确的饮食。

世界卫生组织根据科学实验和临床实践得出新的结论,小儿腹泻时:

(1)吃母乳的宝宝,照常吃母乳,不必限制。

(2)喝牛奶的宝宝,仍可喝牛奶,但需要把牛奶用水稀释一倍再喝。

(3)不吃奶的患儿,可多喂些易消化的稀淀粉类食物,如大米粥、汤面等,不要吃生冷、坚硬、油腻、有刺激性或者不易消化的食物。平时没有吃过的食物,不要在腹泻时吃。

不可错过宝宝说话的关键期

语言发展的关键期

人8岁之前,语言有三个重要的发展关键期:即出生8~10个月是儿童开始理解语义的关键期,1岁半左右是儿童口头语言开始发展形成的关键期,5岁半左右是幼儿掌握语法,理解抽象词汇,以及综合语言能力开始形成的关键期。倘若在每个关键期都得到科学、系统,并且具有个性化的教育和训练,孩子语言能力将有明显的提高。

正常儿童的语言发展

发育正常的宝宝在1岁2个月左右就能讲出一些有意义的词和含三四个字的短句子,如"爸爸好""上街去"等。一些发育较快和受到科学早期教育的宝宝,也可能在11~12个月就能达到这个水平了。研究发现,在讲话方面,不同的儿童存在着明显的性别差异,通常女孩比男孩说话要早1~3个月,女孩的发音也比男孩清晰、准确。

没有经过家长专门训练、自然发展的宝宝,最晚在1岁半左右也能讲一些2~3个字以内的短句子,一般情况下会用一两个字表达一个句子的含义。如果1岁半的宝宝只会讲"妈""爸"等几个字,那么可以认为该儿童的语言能力发展比较迟缓了。

儿童说话晚的原因

先天性:遗传原因导致的先天性痴呆儿,先天聋、哑的儿童,语言能力发展受到限制。

后天性:大脑神经受到过伤害,如分娩时难产造成孩子颅内出血、缺氧以及出生后早期感染脑炎、脑膜炎、脑外伤、某些高热症状的疾病等,都可能影响孩子语言的正常发展。

以上因素导致的语言发展迟缓较难治愈,但是,只要利用各种手段,采取更多的训练方法也会有所改变。还有一些正常的宝宝也会出现说话较晚的现象,其原因主要有:

1. 孩子语言理解力较强,但性急好动

有的宝宝可能在7~8个月虽然还不会说话,但已经能够理解成人许多话的意思了,并且能通过成人的语言学会一些东西。如,对宝宝说:"欢迎叔叔来。"宝宝便会拍手,表示欢迎。问宝宝:"电灯在哪儿?"他会用手指电灯,显然,这些宝宝已具备一定的语言理解能力了。可以说,他们在语言理解能力方面发展得很好。

但由于此时的宝宝已能领会成人的一些语言,他们便因为性急而急于尝试,于是就变得什么都想自己干,做不了的就用手势"指挥"。这使得宝宝把精力主要放在行动上,而非语言上,往往喜欢按自己的意思去行动,如果成人干涉、阻止他,宝宝便会大哭大闹。而成人是不愿意让孩子哭闹的,结果就依从了孩子,从而导致孩子减少了说话的兴趣。

2. 成人过于关心孩子,反而限制了孩子说话的需要宝宝10个月左右，通常就能理解成人的语言了，同时也能用手势、表情来表达自己的意愿。许多父母总是过多地关心孩子的愿望，通过孩子的手势、表情来猜测孩子的需要，这样做有消极的一面，那就是阻碍了儿童语言的发展。说话是人的一种本能，是一种为达到某些需要而采取的交流手段。宝宝的愿望得不到满足，正是最大程度刺激他们说话欲望的时候；而一旦愿望得到了满足，说话的需要自然就减少了。

例如，孩子想吃饼干，用手指着饼干盒，有的父母一看往往马上将饼干拿给孩子。孩子一下子就满足了需要，却失去了一次学说话的机会，久而久之就形成了一种习惯，从而阻碍了语言的发展。

3. 孩子开始说话后，缺乏必要的指导

有的宝宝11个月左右就已经能发一些简单的字词，并能用一两个字表达一句话的意思了。这些孩子的语言发展是正常的。但是，当这些孩子到了1岁半左右时，仍然只会讲这些词，几乎没有什么进步，甚至延续到两岁，这是一种典型的语言发展迟缓现象。它主要是孩子缺乏外界必要的语言指导造成的。

当宝宝能说一些简单的字词后，宝宝语言的发展与成人的科学指导关系极大。如果成人抓住这个时机，引导孩子多说话、多发各种音，刺激孩子的语言表达欲望，孩子的语言就会快速发展，很快便能掌握许多字词的用法，语言表达、语言记忆、语言思维能力也会迅速发展起来。倘若家长没有抓住这个时机，那么孩子所表现出的说话兴趣就会逐渐减弱，变得不喜欢说话了，语言发展迟缓也是必然的。

最常见的现象是，在宝宝会说"妈妈"后，家长就经常让孩子说"妈妈、妈妈"，而没有教孩子说其他更多的语言，从而限制了孩子语言的提高。正确的方法是，宝宝学会说一个词后，家长可以再教他许多与这个词的韵母相似的词，扩大其词汇量。如当宝宝会说"妈妈"了，就可以教他说"打打""拿拿""发发"等词，这样孩子不但易于掌握新词，而且学习的兴趣会提高。

4. 孩子缺乏必要的语言环境

语言能力是人类的遗传基因所决定的，但是这并不是说人一生下来不接受任何影响就能学会语言，而仅是指人类具有运用语言的能力。要学会语言，还需要外部因素，那就是语言环境。对于孩子来说，只有接触到人类语言，他们才能学会语言。给孩子提供一个良好的语言环境，是发展孩子语言的首要条件。

家长要多对孩子说话，比如穿衣服时就说"穿衣服"，出门时说"出去玩"等。听得多了，孩子就会做出相应的反应，从而自然理解了语言。

有的家长认为，孩子不会说话前，不必对他们说话，因为"反正孩子也听不懂，等他们会说话了再说也不迟"。正是因为孩子不会说话，才更要多对他们说话，这样孩子才能早日学会说话。

5. 早期混乱的语言环境

在一些讲方言的地区，孩子由于早期同时接触两种以上的口头语言，干扰了孩子的语言听觉，因而影响了语言的发展，造成了说话晚的现象。

有些家庭里，白天孩子交给老人或保姆带，他们中有许多人是讲方言的。晚上父母回来后，又对孩子讲普通话，在尚未完全掌握一种口头语言时，同时接触两种口头语言，常常造成孩子语言理解的混乱，在发音上出现含混不清的现象，这必定会影响孩子的语言发展。因此，在孩子刚刚开始学习语言时，最好只让孩子讲一种口头语言。

在掌握了一种口头语言后，通常3岁左右再学习另一种口头语言，如外语、方言等，一般不会对语言发展有更多的影响。

小儿肺炎的防治

小儿肺炎的患病特点

易患性：越是年龄小的宝宝越易发病。如一个年龄大的宝宝和一个小婴儿同时被病菌感染，大孩子仅是发烧、咳嗽，患上气管炎或支气管炎，但是，小婴儿则有可能出现高热，咳嗽，呼吸困难，患上肺炎。

年龄特性：不满1岁的宝宝发病率高，死亡率高；1~3岁的宝宝虽然发病率高，但死亡率较低；3岁以上的宝宝不仅发病率低，而且死亡率也很低，这表明抵抗肺炎的能力随着年龄的增长而增强。

特殊性：体弱、患佝偻病、贫血、营养不良以及有先天畸形的宝宝比同龄孩子更易患肺炎，而且患病后病情较重、恢复慢，因此要作为"高危儿"来重点保护。

肺炎 "杀手"

病毒：主要为合胞病毒和腺病毒，其次为流感病毒和副流感病毒。

细菌：以葡萄球菌、肺炎球菌、大肠杆菌、流感杆菌多见。少数为衣原体及霉菌。

宝宝患肺炎的症状

宝宝由于感冒、气管炎未及时治疗，数天至一周左右进一步引发肺炎。表现为起病急，大多有发烧症状，一般38～39℃，也可超过40℃，腺病毒肺炎可持续发烧10多天，咳嗽、气急，有时出现鼻翼扇动、口唇青紫。新生宝宝、体弱的宝宝可能不出现发烧症状，但体温可能低于正常，这正是肺炎较重的表现，咳嗽也不太明显。有时宝宝在吃奶时总呛或奶汁从鼻孔流出，而且因不会吐痰，痰咳到咽部又咽下，咳重时痰与奶或其他胃内容物一起呕出。患儿还常伴有食欲不振、精神不佳、烦躁不安现象。

如何判断宝宝患了肺炎

宝宝在患感冒或气管炎时也会有发烧、咳嗽、痰多的表现，因此与肺炎不好区分，有时患了肺炎，妈妈并未察觉出，因而贻误病情，导致严重后果，所以及早发现肺炎以便尽早就医非常关键。

首先观察宝宝有无呼吸困难。小儿患了肺炎往往表现为呼吸加快，尤其是在体温并不是很高的情况下。如果3个月以后的宝宝每分钟呼吸次数超过60次，3~11个月的宝宝每分钟超过50次，1岁以上的宝宝每分钟超过40次都为呼吸增快。肺炎较重时除了呼吸增快，还同时会出现口周苍白或口唇青紫，这是因为血液中氧含量减少，患儿想通过增快呼吸次数来增加血氧量。

宝宝在高热或活动时也可将呼吸加快，次数增多，但无口唇青紫表现。宝宝在呼吸增快的同时，吸气时在胸部正中的胸骨上下处及胸骨上方两侧锁骨下处出现凹陷（医学上称三凹症），也是试图通过加深呼吸来增加血氧量。新生小宝宝患肺炎的表现较为特殊，即呼吸快慢及深浅不均，甚至暂停、口吐泡沫。

常见的误解

1. 咳嗽重一定是患了肺炎

在上呼吸道感染时，倘若咽部有炎症也可有剧烈的咳嗽，所以并非是肺炎。

2. 发烧时热度高、时间长就是得了肺炎

宝宝患肺炎，有时发高烧，有时不发烧，甚至出现体温低于正常，所以不能认为高热就是肺炎。发烧时间的长短也不能作为判断依据，有的宝宝发烧仅2天就已转为肺炎，而有的宝宝发烧一周也不一定是肺炎。

3. 痰多是因为得了肺炎吗

痰多并非一定是肺炎。痰的多少只反映呼吸道黏膜的分泌情况，这些分泌物可由咽喉、气管、支气管和肺部分泌细胞产生。特别是小婴儿由于不会吞咽，常常咽喉部有痰就表现出呼噜声，尤其是在平卧入睡后更为明显。因为小婴儿不会吞咽痰，痰液停留咽喉和气管处，给人痰很多的感觉，其实炎症只是在上呼吸道。

肺炎患儿居家护理法

室内定时通风换气，室温维持在18~20℃，保持相对60%的湿度，避免因空气干燥而使痰液变干而难以咳出。

为保持呼吸道的通畅，要经常清除宝宝鼻内的鼻痂，并经常给宝宝变换躺着时的体位，多为宝宝翻身或抱起活动、轻拍背部，以利于痰液排出，增加肺部通气。

经常喂温开水，少量多次进食清淡易消化的食物。

听从医生嘱咐，按时按量使用药物。

密切观察宝宝病情，当出现以下6种危重迹象，应争分夺秒以利抢救：

（1）面色苍白或青灰；

（2）呼吸减慢、不规则、暂停；

（3）口唇及指甲紫绀；

（4）四肢冰凉，体温不升；

（5）心跳每分钟超过180次；

（6）不吸吮，不喝水。

避开治疗与护理误区

1. 认为使用的药物越昂贵越有效

有的家长受一些广告宣传误导，以为价格昂贵的药物必定药效好，因此要求医生一定要用这些药。引起肺炎的病菌很多，不管什么药，只有使用对症才能很快见效，并非价格越高越有效。

正确做法：

唯一的标准是这种药物能否迅速见效，特别是使用抗生素时，长期滥用不仅增加各类药物副作用，而且易导致对药物的耐药性及霉菌感染。

2. 必须静脉点滴才能最快最好地治疗肺炎

静脉点滴是治疗肺炎的一个有效手段，药可在短时间内入血，立即对病菌发挥消灭作用，但只在较重时才这样。

正确做法：

较轻的肺炎完全可通过口服或肌注药物就可治愈。静脉点滴容易增加副反应，还可加重心脏负担，倘若发生药物交叉感染，又易患上其他病。

3. 宝宝必须吃得多才能尽快恢复

宝宝患肺炎时消化道功能也下降，加之服止咳药和抗生素，食欲不好，不愿多吃东西，如果为了营养生硬地让宝宝多吃，只会使宝宝更为厌食或发生呕吐和腹泻。

正确做法：

允许宝宝选择自己喜欢的食物，当然必须清淡易消化，并且要由少到多。

4. 宝宝一发烧，必须赶快用退烧针，否则会烧出肺炎

肺炎并不是由于发烧引起的，是因为肺部有了病菌感染所致，马上打退烧

针是不会治愈肺炎的。

正确做法：

通常发烧的宝宝，不必马上退烧。如果注射退烧针会使宝宝出大量的汗，容易发生虚脱，也容易掩盖病情。只要积极找对病因进行治疗，消除炎症，热度自然会退。

此阶段宝宝发育特征			
发育特征	宝宝的能力	适宜玩具	提醒
发育特征一	会拍手或两手各拿一块玩具敲打	可以敲打的玩具，如敲击组合玩具及音乐键盘玩具	把能敲打的玩具最好放在地毯上，这样可减小音量，防止噪音损害宝宝的听力，宝宝敲得准不准无关紧要
发育特征二	坐起来能够抓取身前身后的玩具	可以抓握、摇动的玩具，较大块的积木	把一些小东西如电池、药片放在宝宝抓取不着的地方
发育特征三	开始模仿声音、声调，并开始牙牙学语	色彩鲜艳有声的动物图画书、布书、塑胶书	
发育特征四	会把较小的东西放入较大的东西中	子母套圈类玩具，如套圈类玩具，让宝宝把小的物品往大的物品中放，他会觉得其乐无穷	小玩具不可太小，以免宝宝放入口中
发育特征五	宝宝学会了爬	会滚动的玩具，如各种球	当心宝宝在床上爬时坠落到地上；在地毯上爬时，注意不要碰触可造成伤害的物体
发育特征六	能看到自己的行为所产生的结果	一拉则跳起，一按就响，一碰就发生形状变化的玩具	宝宝玩之前可先给他做一下演示
发育特征七	喜欢扔东西并看它落地	不同大小的球及任何可丢的玩具	玩具因落地易脏，因此玩后要清洗
发育特征八	开始对物体的大小和高度有初步概念	子母套玩具	把这种玩具示意给宝宝看，然后再让他去做，这样可提高宝宝的兴趣及可玩性
发育特征九	开始意识到语言的意义	让宝宝用玩具小电话学打电话	宝宝学打电话时大人要积极与他对答
发育特征十	喜欢搬东西或推拉东西	大玩具车、大积木、呼啦圈等	

适合宝宝的玩具

能让宝宝学习新技能，促进宝宝身心发育。

能让宝宝自己操作的玩具，宝宝可在不断操作中发展思维，提高对各种物体的认识，并能促进感官的发育和手眼的协调性。

具有一定的可玩性，结构复杂的玩具不一定就是最佳选择，越简单的玩具反而创意越高。

价格只是一个参考因素，有的玩具虽然价格高，如一些电动玩具，直接就把答案告诉了宝宝，不需去进行探索，而一些价廉的玩具却很富有变化性，能让宝宝提高解决问题的能力。

头围和胸围增长规律

头围的增长速度在生后的第1年内非常迅速，反应了脑发育的情况。刚出生时，宝宝平均头围大约34厘米，到6个月时已增为42厘米，1岁时已增至46厘米。以后速度逐渐放慢，2岁时为48厘米，而2~14岁之间的10余年，头围仅增加6厘米左右。

宝宝的胸廓在婴幼儿时期呈圆桶形，即前后径与左右径几乎相等。随着年龄增加，胸廓的左右径增加而前后径相对变小，形成椭圆形。整个胸围在出生第1年增长最快，可增加12厘米，第2年增加3厘米，以后每年只增加1厘米。

宝宝头围与胸围的大小有一定关系，这个关系可反应身体发育是否健康。出生时宝宝头大，胸围要比头围小1~2厘米，至1~2岁时两者大小应差不多，而1~2岁后胸围要比头围大，若是小于头围则说明营养不良，胸廓和肺发育不良。

囟门发育规律

囟门是宝宝头部的几块颅骨相互衔接处还没有完全骨化的部分，在头顶的前部。外观平坦或稍凹陷一些，一般在宝宝10~15个月时关闭。在宝宝1岁之内，囟门是反应身体疾病的窗口。

1. 囟门早闭

此时需测头围，若头围低于正常值，可能为脑发育不良。但也有正常5~6个月的宝宝囟门仅剩指尖大小，似乎关闭了，其实并未骨化，应请医生鉴别。

2. 囟门迟闭提示

过了18个月还未关闭，多见于佝偻病，仅有很少为脑积水或其他原因所致的颅内压增加，应去医院做进一步检查。

宝宝出牙规律

乳齿

3岁以前长出的牙齿为乳牙，通常早自4个月迟至10个月，第一只乳牙萌出。

20颗乳牙萌出的顺序遵循这样的规律，一般先出下中切牙，随后依次萌出上中切牙、上下侧切牙、第一乳磨牙、单尖牙、第二乳磨牙。

恒牙

宝宝6岁以后乳牙尖就开始吸收，乳牙脱落，随后第一颗恒牙长出。常常是最先长出的乳牙先脱落,到了12岁左右20颗乳牙全部退掉而换上恒牙,18岁时长出第二恒磨牙,第三颗恒磨牙何时长出因人而异,也有人不长。乳牙到时不脱落而恒牙已按时萌出,这时也应早去医院拔除滞留的乳牙,以免影响恒牙生长的正常位置而致牙列不齐。

宝宝健身——跪站抱

跪站抱

宝宝适宜年龄:6~12个月。

锻炼意义:

妈妈——锻炼腰及髋部的力量,自我动作的控制能力和柔韧性。

宝宝——锻炼腰及髋部的力量和柔韧性,利于学习爬行。

动作方法:妈妈跪坐或跪立,当宝宝跪坐自如后,妈妈可轻提腕让宝宝成跪站,也可反复做从跪坐到跪站的练习。

站立抱

宝宝适宜年龄:2~10个月。

锻炼意义:

妈妈——加强腕、臂力、腰腹的自控力。

宝宝——锻炼踝关节、腿、髋、腰的力量与协作能力,感受重力及平衡力。

动作方法:妈妈站立,左手搂住宝宝的腰部,右手托住其双脚,并不断向上刺激双脚,使宝宝做出蹬腿的反应。每当宝宝蹬腿时,妈妈右手托住其双脚,左手放松一下。

跪坐抱

宝宝适宜年龄:4~8个月。

锻炼意义:

妈妈——锻炼腰及髋部的力量，自我动作的控制能力和柔韧性。

宝宝——锻炼腰及髋部的力量和柔韧性，利于学习爬行。

动作方法：妈妈跪坐，双手托住宝宝腋下，将其举起，让宝宝的双腿放松，从后向前依次让宝宝的脚、膝着地成跪姿，同时，妈妈握住宝宝的手。时间可随宝宝年龄的增长和能力的增强由短到长。

滑梯抱

宝宝适宜年龄：4~12个月。

锻炼意义：

妈妈——锻炼股四头肌、腹直肌和腰背肌。

宝宝——训练位置感、动感及前庭器官等。

动作方法：妈妈坐好腿伸直，宝宝坐或躺在妈妈腿上，让宝宝顺势滑下。开始妈妈可以握住宝宝的上臂，拉上来再滑下，逐渐过渡到让宝宝自己滑。

谨防铅中毒

铅对婴幼儿健康的影响

1. 神经系统

铅是对神经有毒性的金属元素，婴幼儿神经系统正处于快速发育的时期，特别容易受到外界有害因素的影响，长期接触高浓度铅可对宝宝智力造成影响。

2. 血液系统

铅对血红素的合成有抑制作用，首先抑制与血红素有关的酶，导致血红素合成减少。铅还可使红细胞稳定性下降、红细胞寿命缩短。如果接触过多的铅可引起低色素性小（红）细胞贫血。同时铅中毒最典型的特征之一就是贫血。

3. 铅对婴幼儿体格的影响

婴幼儿铅摄入过多影响身高、体重和胸围的发育。

4. 铅对儿童智能的影响

儿童血铅由100微克/升升高到200微克/升时，经统计排除各种干扰因素后，1~3岁宝宝年智商平均下降2.6分，1~10岁宝宝平均下降2分。国外医生经过11年的跟踪调查，发现孩子在高中期间的学习成绩与他们在2岁前受铅污染程度有关。环境中高浓度铅对婴幼儿神经系统损伤主要是大脑皮层和海马区，主要影响的是思维判断能力，而且这种损伤将是终身性的。

5. 铅对儿童认识能力的影响

上海进行的铅对儿童心理发育中、远期影响的研究表明，43名儿童脱离铅污染3年后，尽管他们的血铅水平下降，但是在3年前血铅水平高于250微克/升的儿童在双手协调方面的能力明显低于当年血铅水平低的儿童。

婴幼儿最易受铅危害

（1）婴幼儿摄入的铅比成人多。婴幼儿代谢速率快，耗氧量高，每千克体重呼吸的空气、需要的能量和液体都比成人多。婴幼儿较在同一环境下生活的成人，通过食物、饮料、空气，相对摄取了更多的铅。

（2）对婴幼儿来说，消化道是摄入铅的主要途径。婴幼儿的行为特点是吮吸手指和将手中的杂物放入口中，因而吸收了大量非食源性铅，如灰尘、画报、漆片等。国外研究指出，通过手—口行为摄取的饮食以外的铅占婴幼儿铅总摄入量的40%或更多。

（3）婴幼儿对铅的吸收能力比成人高。成人的胃肠道对铅的吸收率仅为10%，婴幼儿的吸收率可高达53%，约是成人吸收率的5倍。

（4）成人每天的最大铅排泄量为500微克，初学走路的幼儿每天的铅排泄量仅相当于成人的1/17。

（5）被吸收的铅，一部分沉积于骨骼组织系统，一部分在软组织中。

预防对策

（1）培养宝宝良好的卫生习惯，告诉宝宝不吮手指，不将异物放入口中，吃东西前先要给宝宝洗手。

国外有报道指出，若宝宝经常吸吮手指，每天通过手—口行为可食入尘土0.1~0.5克。尘土中含铅量高，仅北京市四个城区幼儿园内尘土的平均含量就有71微克/克，以2岁宝宝每天摄入0.2克尘土计算，其铅的摄入量每天可达14.2微克，此值约为体重正常幼儿每天最大摄入量的40%。

（2）幼儿园及家庭要经常打扫室内卫生，保持生活环境的洁净，以减少浮尘量。

清扫桌椅、地面的浮尘时，用湿扫法，即用湿布擦拭桌面、以湿墩布墩地。

（3）家庭成员如有从事铅作业的人员，应在工作完毕后洗澡、更换衣服，禁止将工作场所的铅带回家中。

（4）避免食品袋上的字、画与油脂类食品或酸类食品接触。

（5）避免使用陶器或内壁绘有彩色花纹的器皿盛装带有酸性的饮料和食物。

（6）不要在家庭装修中使用油漆装饰墙壁。油漆中含有大量的铅，涂在墙上的油漆经过一段时间后会粉化成细微的尘屑脱落，婴幼儿会通过食入漆屑摄入过多的铅。

（7）给宝宝买合格厂家生产的玩具，并教育宝宝不要啃咬玩具和文具用品。

（8）不要携带宝宝在汽车来往的路上玩耍，汽车行驶中排出的废气往往含有铅。

经测算，离地0.8米附近可吸入铅的浓度最高，而这个高度大致就是宝宝坐在婴儿车里口鼻的高度。因此不要带着宝宝在车辆较多的地方穿行。

（9）不要让宝宝食用下面可能含铅高的食品。

松花蛋：按传统方式生产的松花蛋，生产过程中加入大量的铅，使其含铅量高达23微克/克，即使吃1/8个松花蛋，铅的摄入量就已达到2岁宝宝每天允许摄入量的5倍。

爆米花：由于爆米花机盖的密封层系自动收集的废旧锡壶、蜡烛台等铅或锡合金熔化而成，从而导致爆米花含铅量增高。

（10）注意宝宝的营养状况。

合理、平衡的饮食,特别是膳食中供给充足的钙、锌、铁、维生素C、B以及蛋白质,有利于减少体内的负荷和危害。饥饿、缺铁、缺钙、缺锌、缺硒等元素可导致铅的吸收率增加。

(11)以煤为燃料的居室要勤开窗通风。

煤炭都含有一定量的铅(0.6~33毫克/千克),燃煤过程中释放出来的铅可进入空气中,以煤制品为燃料的家庭,其室内空气中平均含铅量比室外空气高18倍。宝宝血铅明显高于非燃煤家庭的孩子。

(12)不要购买不合格彩陶制品。

在市场上有些水杯、花瓶、餐具是彩陶制品,国家对正规厂家出售的产品有严格的标准,不允许有毒物质超标。但一些个体生产者出售的则可能有毒物质超标,特别是铅含量严重超标。

适合8~12个月宝宝的套餐

如意卷组合

将鸡蛋液搅匀,加入少许盐,然后把锅烧热,用纸蘸油抹在锅上,倒入少量蛋液,摊成薄蛋皮。选稍瘦的猪肉馅及虾仁细丁,加适量佐料拌匀。在蛋皮上铺一层调好的馅料,将蛋皮的两端向中心对称卷起,两端接缝的地方抹上少许淀粉。将卷好的如意卷朝下放在盘子里,上锅蒸熟,待凉后切成薄片。

鸡骨酱

将芋头50克和鸡肉50克煮熟、去皮、切丁。在锅中放热油10克,然后加入鸡肉、芋头丁、食盐、料酒、味精和煮鸡的原汤,再在火上炖烂(约需15分钟),最后加入适量淀粉成泥状即成。

番茄西瓜汁

去籽的西瓜瓤200克,用开水烫后去皮的新鲜番茄1个,把以上食物在榨汁机中加工后弃渣,得原汁约150毫升,视需要加糖后直接作为饮料用,酸甜适口。

营养小秘密:

(1)黄色的蛋皮镶嵌在粉红的馅料中,可勾勒出任意形状,并且味道鲜美、营养丰富,可做套餐中的主菜。

(2)鸡骨酱是这款套餐中的主食,用鸡肉和原汤来调味,而芋头等碳水化合物则保证了宝宝饮食结构的合理性。

(3)果菜汁不经煮沸可以很好保留水溶性维生素,酸甜口味,肯定会使宝宝胃口大开。

鸡汁南豆腐

将100克南豆腐切丁,下入滚汤中烫熟、沥汤、装盘。准备15克鸡肉,切成碎丁,加入水淀粉和盐,然后将3克油烧热,将鸡肉、水发木耳末、葱末、酱油、味精等一起煸炒,加入汤约100毫升,勾芡,然后将芡汁淋在南豆腐上。

青菜丝面条汤

将白菜、油菜、胡萝卜各50克切为细丝,长寸许。把调至白色的棒骨浓汤去油,取500毫升烧开,加入青菜丝煮软,用盐、味精调味,然后下入50克龙须面,滚开即熟。

番茄鳜鱼泥

将洗净的鳜鱼蒸至八成熟,取其肉,要避免带入鱼刺。在锅里热油3克,将番茄酱、盐、糖、淀粉和适量水倒入锅中煸炒,后加入鳜鱼肉一起炖成泥。

营养小秘密:

(1)南豆腐在南方谓为豆花,鸡汁南豆腐则是一道香气四溢的美食,适合宝宝娇嫩的肠胃。

(2)鳜鱼无刺,适合用来做泥,番茄鱼泥色靓味美,非常好吃。

第三章

宝宝9月

◎ 宝宝的发育标准

◎ 宝宝的辅食安排

◎ 宝宝走步的训练

◎ 宝宝皮肤的护理

育儿方法
尽在码中

看宝宝辅食攻略，
抓婴儿护理细节。

宝宝的发育状况

这个月的宝宝不用扶也能坐很久，并会由坐姿改为爬行，只要扶着宝宝的手就能站起。有的宝宝能抓住东西站起来，甚至扶着东西挪动，但还不能自由地迈步。宝宝手的动作更加灵活，能把纸撕碎放进嘴里，能把玩具来回倒手，能用手拍桌子，能拉住吊着的绳子玩耍。手中的物品掉到地下，会立刻低头寻找。

由于宝宝运动能力增强，这时把宝宝独自一人留在屋内是很危险的。

宝宝这时也能进行简单的模仿。有的会用小手一张一合地表示"再见"，有的会把双手叠在一起上下晃动表示"谢谢"，能听懂一些简单的词语，如"吃饭饭""喝水""看灯灯""妈妈呢"等等。会发的音还不太多，有的宝宝喜欢不断重复某个音节，如"ma"，好像是要叫人。

"认生"的宝宝见到陌生人会比上个月哭闹得更凶。也有的则见人就笑，一点儿也不认生，这是各自的性格所决定的。

喜欢音乐的宝宝会随着音节摆动身体，并高兴地笑。

这时的宝宝虽然还不能与其他孩子一起玩，但是带宝宝到外面看别的孩子玩耍时，会显得格外高兴。

有的宝宝坐在学步车里，已能用双脚撑地到处跑了。

好动的宝宝睡眠时间反而少了，白天睡觉时间往往也很短，夜里也睡得不多，妈妈经常担心这样的孩子睡眠不足。

这个月龄的宝宝，夜里常常要小便2~3次。有的宝宝夜里醒来后，只要妈妈拍几下就能继续入睡，也有的却非要妈妈抱起来走一走才肯再睡。以前一直单独睡小床的宝宝，可能非要与妈妈一起睡不可，否则便哭闹不休。

这个月的宝宝都能以不同的方式吃辅食了。一天究竟吃几次辅食为好，并没有统一的规定，应因人而异。不爱喝牛奶的宝宝，可以以烂面条、粥、奶糊等为主，但必须注意多加些高蛋白的鱼、肉、蛋等食品。爱喝牛奶的宝宝一天加

1~2次辅食也无妨。有的宝宝吃完辅食后，无论如何要再喝些牛奶才行，不必勉强让宝宝改掉这种习惯。

这个月龄的宝宝不用只喝果汁，可以刮果泥吃或直接喂香蕉、葡萄、橘子等水果，但必须把籽去掉。

选用一些比较松脆的饼干做点心，让宝宝自己拿着吃，锻炼宝宝的咀嚼能力。吃饼干时，可能会把饼干渣弄得到处都是，做妈妈的不应因此而不让宝宝吃饼干。

由于辅食种类增多，宝宝的大便渐渐有臭味了，颜色也较深，往往一天排便1~2次。尿的颜色更黄，气味也更重。

有的会用便盆了，排便前把宝宝放到便盆上，就能顺利大小便。但这并不意味着排便训练已经成功，因为妈妈多数是算计到宝宝该尿、该拉了，才让宝宝坐便盆，使得坐便盆的时间恰好和宝宝排便的时间相吻合。

天气寒冷时，宝宝大都不愿坐便盆。有的即使在温暖的季节也拒绝使用便盆，对这样的宝宝，还是随他去为好。

宝宝的喂养

满8个月的宝宝，即使母乳充足，也要练习吃饭了。母乳所含的营养成分已满足不了宝宝生长发育的需要，如果仍以母乳为主食，就会造成营养供给不足。

这个月可以增添各种肉类食品，除以前吃过的鱼肉外，还可吃些瘦猪肉、牛肉、鸡肉以及动物内脏。肉类食品是宝宝今后摄取动物蛋白的主要来源，为了利于宝宝消化，必须把肉剁成很细的肉末再给婴儿吃。由小量开始，慢慢增加，每日不可超过25克。

主食可选用粥、烂面条、软面包。

每日副食有：鸡蛋半个，鱼肉25克，肝泥20克，鸡肉泥20克，猪肉泥20克，豆腐40克，蔬菜50~60克，水果50克。

新鲜水果可刮成泥、榨成汁或用勺弄碎后再喂给宝宝。注意一定要把籽除掉。

两顿奶之间可给宝宝吃些饼干,以锻炼其咀嚼能力。

一日食谱安排举例:

早晨6点　母乳或牛乳200毫升,饼干少许。

上午10点　稠粥半小碗,鸡蛋1/2个,碎青菜20克。

下午2点　母乳或牛乳200毫升,小点心适量。

下午3点　苹果泥或香蕉泥。

晚上6点　烂面条、瘦猪肉20克(或豆腐40克、肉松10克)、碎青菜30克。

晚上10点　母乳或牛乳20毫升。

含乳饮料和奶的营养比较

一般所说的奶是指牛奶、纯奶、酸奶以及各种奶粉,它们不管是流体奶类,还是按说明配制的奶粉乳液,营养成分都很接近,每100毫升乳液含有的蛋白质都不低于2.5克。含乳饮料尽管其中含有奶,但奶的含量不多,实质上大部分是糖、香料和水,从蛋白质的含量就可看出两者之间的差别很大。奶中每100毫升中含蛋白质不低于2.5克,可乳酸饮料或乳酸菌饮料每100毫升含有的蛋白质还不到0.7克,仅仅是奶中的1/3。因而,奶和乳酸饮料的营养不可同日而语。

蛋黄和菠菜是补血佳品吗

轻度贫血(血色素在10~11克/分升)的宝宝,医生通常利用食物纠正,即让妈妈给宝宝多吃一些含铁丰富的食物,鸡蛋和菠菜总是被妈妈认为是最佳补血品,于是持续不断地让宝宝吃,实际上它们的补血效果并不是最理想的。

　　鸡蛋中含有少量的铁，每个鸡蛋大约为2毫克，但它在肠道中往往与含磷的有机物结合，吸收率较低，仅为3％。菠菜中含铁量也并不是植物中最高的，低于豆类、韭菜、芹菜的含铁量。菠菜中还含有大量的草酸，容易和铁结合而生成肠道不好吸收的草酸铁，吸收率仅为1％，所以，只用蛋黄和菠菜补血并不够。

　　动物食品中猪肝、鱼、瘦猪肉、牛肉、羊肉等，以及植物食品中的豆类、韭菜、芹菜、桃子、香蕉、核桃、红枣的含铁量都很高，并且动物性食品和豆类在肠道的吸收率也较高。妈妈在为宝宝补血时，应选择含铁量既丰富吸收率又高的食物，如果单吃蛋黄和菠菜不会得到最好的疗效。

吃水果多多益善吗

　　大多数水果都因含有果糖而有好吃的甜味，果糖如果摄入过多，可能引起宝宝缺铜，骨骼发育因此受到影响，同时也会造成宝宝身材矮小。

荔枝汁多肉嫩，很多宝宝常常吃起来就没个够。每年在荔枝收获季节，总有很多宝宝因此而得了"荔枝病"。表现为由于大量吃荔枝而饭量锐减，常常于第二天清晨突然出现头晕目眩、面色苍白、四肢无力、大汗淋漓症状，若不马上治疗，就会发生血压下降、晕厥，甚至死亡。这是因为荔枝肉中含有的一种物质可引起血糖过低，当正常饮食吃得很少却大量摄取荔枝时，就会导致低血糖休克的发生。

柿子皮薄味甘，也是宝宝最喜爱吃的水果，倘若经常在饭前大量吃，就会使柿子里的柿胶酚、单宁和胶质在胃内遇酸后形成不能溶解的硬块儿。硬块儿小时可随便排出，但是较大的硬块儿就不能排出了，停在胃里形成胃结石，表现出胃胀痛不适、呕吐及消化不良，还可能诱发有胃炎或胃溃疡的宝宝发生胃穿孔、胃出血等。

香蕉中含有多种人体必需的元素，但在短时间内吃得太多，就会引起身体内钾、钠、钙、镁等元素的比例失调，不仅使新陈代谢受到影响，还会引起恶心、呕吐、腹泻等胃肠紊乱症状及情绪波动。

柑橘吃得过多会引起胡萝卜血症，宝宝腹泻或皮肤生痈疮时不宜吃梨，以免使病情加重。

适量吃赖氨酸食品宝宝长得快

动物性蛋白质含有的氨基酸种类和比例与人体需要最为接近，因此称它为优质蛋白质。植物性蛋白质所含的氨基酸种类和比例就没有那么齐全及适宜，例如小麦、大米、玉米和豆类（除黄豆外）等。

宝宝的生长发育迅速，尤其需要优质蛋白质，可宝宝的消化道尚未成熟，缺乏消化动物性蛋白的能力，主要食物还是以谷类为主，因此单吃谷类容易引起赖氨酸缺乏。唯一的办法就是把食物进行合理的搭配。如小麦、玉米中缺少赖氨酸，就可添加适量的赖氨酸，做成各种赖氨酸强化食品，这样，可以显著地提高营养价值。宝宝吃了添加了赖氨酸的食品，身高和体重明显增加，确实对生长发育有帮助。

给宝宝添加赖氨酸必须适量，否则，长期食用会适得其反，出现肝脏肿大、食欲下降和手脚痉挛，甚至造成宝宝生长停滞并发生智能障碍。因为氨基酸吃得太多，会增加肝脏和肾脏的负担，造成血氨增高和脑损害。

婴儿期的宝宝要适量吃脂肪

有的宝宝已经8~9个月了，可妈妈从不在添加的辅食中加一点儿脂肪，认为如果宝宝从这么小就开始吃脂肪，容易身体肥胖，以后会得动脉硬化，得心血管疾病，因而现在最好不要吃，以后再说。

这种想法并不对，脂肪同样是婴儿生长发育离不开的三大营养之一。首先，它是宝宝脑神经构成的主要成分，若是缺了它，就不能保证大脑的发育。身体的组织细胞也需要它，不然影响生长速度。另外，宝宝缺了它还容易反复发生感染、皮肤湿疹、皮肤干燥脱屑等脂溶性维生素缺乏的症状。脂肪必须填充在各个脏器周围以及皮肤下面，形成一个脂肪垫，不仅可固定脏器，防止它们受损伤，还可避免体热散失，所以，在给宝宝添加辅食后，妈妈应该逐渐在饮食中加一些脂肪，它所提供的热能大约占每天全部热能的30%~35%。但饮食中也不能提供太多，最关键的是要适量摄取，否则会引起消化不良、食欲不振，日久会对心血管系统造成影响。通常认为选用植物性脂肪较适宜婴幼儿，因为它的消化吸收率高，其中的必需脂肪酸含量也高，它是人体内不能合成的营养物质，能降低血液中的胆固醇，因此，一般讲儿童应以吃植物性脂肪为主。

婴幼儿爽身祛痱

天气炎热带来的麻烦

宝宝皮肤上的痱子是怎样生出来的呢？婴幼儿皮肤发育不完善，角质层较薄，含水分较高，加之婴幼儿免疫、体温调节及皮脂腺分泌功能等不够完善，天气炎热，出汗多，排泄不畅，汗液不断刺激汗腺口，造成汗腺口发炎，宝宝娇嫩的皮肤上就生出了痱子。痱子是小儿热天常见的一种皮肤病，胖宝宝尤其易发病。

宝宝夏季患痱子除与天气炎热和皮肤的生理特点有关外，同居住环境及卫生条件也有很大的关系。如室温过高，室内的通风条件差，新生宝宝盖得过厚、包裹过严，宝宝不经常洗澡等都是出痱子的诱因。

痱子的类型

痱子最容易发生在宝宝的面部、颈部、躯干、大腿内侧、肘窝处。不同部位的汗腺导管闭塞，引起不同类型的痱子。在医学上通常分为三种类型：

（1）晶痱（俗称白痱子）：常发生于新生儿大汗或暴晒之后。表现为多数散发或簇集的、直径为1~2毫米或更大的含有清液的表浅疱疹，易破，密集分布在前额、颈部、胸背部及手臂屈侧等处。无自觉症状，往往1~2日内吸收，留下薄薄的糠状鳞屑。

（2）红痱子（红色汗疹）：多见于婴幼儿及儿童，是汗液潴留在真皮内发生的。表现为突然发病，迅速增多，为红色小丘疹或丘疱疹，散发或融合成片，分布在脸、颈、胸部及皮肤皱褶处，痒、灼热和刺痛，宝宝烦躁不安，遇热后则症状加重。

（3）脓痱子：是在痱子顶有针尖大小浅表性小脓疱，以孤立、表浅和毛囊无关的粟粒脓疱为特点。小脓疱位于真皮内，以汗腺为中心，破后可继发感染。常出现在宝宝的头皮、皮肤皱褶、四肢屈侧或阴部。

上述三种类型，皆能继发感染，特别是宝宝的头部继发感染时形成小脓疱和疖肿,为痱毒。这是因为宝宝好动,一旦有痱子时,由于皮肤的末梢神经受到刺激,有微痛和痒感,经常用不干净的手去搔抓,就增加感染细菌的机会,许多婴幼儿在夏季长疖子,大都是由于这些原因引起的。

防治对策

如果宝宝生了痱子,妈妈要知道怎样帮助宝宝解除烦恼。下面介绍简便易行的几种方法:

(1)首先要清洁皮肤,然后可用各种痱子粉和炉甘石洗剂涂抹患处。可加入0.1%薄荷及1%樟脑。

(2)也可用各种止痒剂,可加氧化锌、石炭酸及石灰水等,涂抹患处。

(3)35%~70%酒精对治疗轻型痱子也有一定效果。

(4)为防痱子感染,可用苍耳12克,白矾12克,马齿苋12克,加水200毫升,煎20分钟,放凉后清洗患处,每次5~10分钟,每天早晚各1次,可以收到很好的治疗效果。

(5)油膏可使皮肤浸软,妨碍汗液蒸发,切忌应用。也禁用热水烫和碱性肥皂。

(6)已经出现痱毒时,上边的这些办法是没有效果的,脓疱刚起的时候,可用碘酒搽局部。如果脓疱大了,在脓疱旁边搽点酒精,杀死边上的细菌,然后在脓疱上再搽些消炎膏或鱼石脂油膏等。也可以用新鲜金银花90克,甘草15克,加水两大碗,煎取一碗,昼夜分3次服。

皮肤护理

(1)常洗澡,勤换衣,保持皮肤干燥。洗澡时应该用温水,不用肥皂,以减少刺激。如需要用时,可选用碱性小的婴儿专用香皂。

(2)洗澡过程中有痱子的部位不要用力擦,以免擦破形成糜烂。

宝宝怎样练走路

热身训练

（1）进一步增加身体的平稳感。宝宝12个月时，妈妈让宝宝扶着栏杆站好，自己则在一旁用玩具引逗，使宝宝的身体往妈妈这边摆动，当宝宝摆动过来靠近妈妈时，再换到另一侧这样做。经过2~3次引逗，让宝宝拿到玩具，否则宝宝不会再有信心和兴趣训练。

（2）妈妈与宝宝面对面站着，宝宝站稳后拉住宝宝的双手，妈妈稍用力并慢慢地往后退，促使宝宝不由自主地向前迈步。这样练习一段时间后，如果宝宝走得较稳当，可用单手拉住宝宝练习，慢慢地只让宝宝拉住一个手指迈步。但妈妈的手必须随着宝宝身体前后左右摆动，以免扭伤宝宝。

（3）宝宝上肢桡骨头的上端还未发育完全，加之关节臼又很浅，稍加用力拉拽，便很容易使桡骨头上端从臼中脱出，造成桡骨头半脱位，妈妈拉拽宝宝时，必须注意动作不要太生硬。

行走自如训练

（1）先练短距离走。让宝宝靠墙壁站稳，妈妈离开一米远，用语言、手势和

玩具鼓励宝宝往前迈步走，宝宝可能会有些紧张，往往会走得不太平稳。

（2）当宝宝短距离走得较好时，妈妈可逐步加长训练距离，一点一点地让宝宝练习往前走。如果怕宝宝突然摔倒，影响练走的兴趣和信心，也可让宝宝往前走一步，妈妈便向后退一步，而且不断后退，这样同样可加大行走距离。

（3）有的宝宝由于平衡能力还不够，走起路来可能东倒西歪的，还经常摔倒，或是用脚尖走路，两条小腿分得很开，这都没有关系，宝宝走熟练了就会好的。一般情况下，到了15个月宝宝就会走得较自如了。

怎样让宝宝不缺锌

哪些宝宝易缺锌

调查研究资料表明，以下宝宝最易缺锌：

（1）妈妈孕期摄锌不足。美国科学家建议孕妇锌的供给每天不得少于20毫克，以便更好地满足母胎双方的需要。倘若孕妇不注意进食含锌丰富的食品，势必影响胎儿对锌的利用与存储，出生后易出现缺锌症状。

（2）早产的宝宝易缺锌。早产儿失去了母体储备锌元素的"黄金时间"（孕期最后一个月），则会因先天不足而导致生后缺锌。出生时间越早，锌储备也越少，生后缺锌便越严重。

（3）非母乳喂养的宝宝易缺锌。母乳不仅含锌量（每100毫升含锌11.8微克）远远超过牛奶，而且吸收率高达42%，任何非母乳食品皆难以企及。所以吃母乳的宝宝不易缺锌，而用牛奶或其他食物喂养的宝宝缺锌的可能性较大。

（4）以植物性食品为主食的宝宝易缺锌。肉类、蛋、禽、海产品、牡蛎等动物性食品含锌量不仅多，而且吸收率都在30%~70%，明显优于谷物类。因此，宝宝吃素易发生缺锌。

如何确定宝宝缺锌

如果宝宝食欲很差,个子和体重增长也很慢,就应带宝宝去看医生,做一些化验检查。原来是采用发锌测定来诊断,现在发现缺锌后头发长得很慢,锌含量并不减少,有时比正常儿还高。而补充锌剂后,由于头发的生长速度加快,发锌反而降低,所以不够准确。较为可靠的是测定空腹血清锌,它可反应宝宝体内锌营养状况。最好的诊断方法是对可能缺锌的患儿进行锌喂养试验,如测定血锌浓度很低后,给患儿吃锌含量高的食物或制剂1~2周后,缺锌症状会明显改善。

家居补锌方案

1. 食补

锌元素虽然重要,但宝宝的需求量并不大,不满6个月的小宝宝每天约需3毫克,7~12个月也只需5毫克,1~10岁约为10毫克。而每100克食物的含锌量约为:猪瘦肉3毫克,猪肝4毫克,鸡肝5毫克,蛋黄3.4毫克,海带3.2毫克,鱼虾8毫克。

2. 药补

含锌的药物有硫酸锌、葡萄糖酸锌、锌酵母等制剂。硫酸锌最早用于临床,但缺陷也多,尤其是长期服用可引起较重的消化道反应,如恶心、呕吐甚至胃出血,可能是它在胃内与胃酸起反应,生成有一定腐蚀性的氧化锌之故。葡萄糖酸锌属于有机锌,仅有轻度的胃肠不适感,饭后服用可以消除,可溶于果汁中喂宝宝。锌酵母最为理想,是采用生物工程技术生产的纯天然制品,锌与蛋白质结合,生物利用度高,口感好,宝宝更乐于接受。

3. 注意补锌的季节性

季节不同宝宝补锌量也应有差异。例如夏季气温高,宝宝食欲差,进食量少,摄锌必然减少,加上大量出汗所造成的锌流失,故欲取得同等疗效,补锌量应当高于冬春等季节。

4. 谨防药物干扰

许多药物可以干扰补锌的效果。四环素可与锌结合成复合物。维生素C则与锌结合成不溶性复合物。类似药物还有青霉胺、叶酸等,在补锌时应尽量避免使用这些药物。

5. 食物要精细一点儿

韭菜、竹笋、燕麦等粗纤维多，麸糠及谷物胚芽含植酸盐多，而粗纤维及植酸盐均可阻碍锌的吸收，所以补锌期间的食谱要适当精细些。

6. 莫忘补充钙和铁

补锌要同时补充钙与铁两种矿物元素，这样可促进锌的吸收与利用，加快机体恢复，因为这三种元素有协同作用。

补锌也有不利因素

妈妈都知道锌是对宝宝生长发育非常重要的微量元素，尤其是缺锌会使宝宝个子矮，使得妈妈对这一问题更加重视。唯恐宝宝缺锌，想方设法地给他们使用各种锌制品。殊不知锌对于宝宝的生长发育固然不可缺少，但也并不是多多益善，过多或过少都会影响宝宝的身体健康。

缺锌对身体有哪些危害

宝宝生长发育旺盛，新陈代谢速度非常快，而代谢反应是需要很多酶及激素参与才能进行的。锌不仅是100多种酶和激素的重要组成成分，还是宝宝器官组织蛋白质的结构成分。所以宝宝身体对锌特别敏感，一旦缺乏，很快就会有以下表现：

身高和体重增长速度缓慢，个子比同龄孩子低很多，严重者可导致侏儒症。

因味觉功能下降而引起食欲不佳、挑食或偏食，有的宝宝还会出现异食癖，如吃泥土等不该吃的东西。

伴贫血，经常患上呼吸道

造成的感染,长口疮,皮肤有破损时不易愈合。

眼睛在暗处适应能力差。

生殖器官发育及青春发育期时第二性征延迟出现,如女孩不来月经等。

过多补锌对身体有哪些危害

低锌会引起儿童抵抗疾病能力下降,但高锌也会削弱身体的免疫能力。过多的锌会抑制体内消灭病菌的吞噬细胞,使它们的灭菌作用减弱。

高锌还可影响铁元素在体内的利用,使血液、肝肾等器官含铁量下降,导致缺血性贫血。

引起消化道的刺激症状,如:恶心、呕吐、腹部疼痛。

使血液中的胆固醇增多而引起高胆固醇血症,从而对大中血管造成损害,逐渐出现动脉粥样硬化。

使性腺发育过快,引起性早熟。

含锌较多的食物

植物类:黄豆、玉米、小米、扁豆、土豆、南瓜、白菜、萝卜、蘑菇、茄子、核桃、松子、橙子、柠檬。

动物类:瘦肉、猪肝、鱼类、鸡蛋。

怀疑宝宝缺锌可去医院做血锌测查。如果血锌浓度高,并有缺锌症状,则应首先在饮食上给宝宝增加含锌多的食物,这是最安全的补锌方法。因为体内可自行调节摄入过多的锌而不致造成中毒。

9个月宝宝饮食注意事项

宝宝长到9个月以后,乳牙已经萌出,消化能力也比以前增强,此时的喂养应该注意以下几点:

(1)母乳充足时,除了早晚睡觉前喂点母乳外,白天应该逐渐停止喂母乳。如果白天停喂母乳较困难,宝宝不肯吃代乳食品,此时有必要完全断掉母乳。

(2)适当增加辅食,可以是软饭、肉(以瘦肉为主),也可在稀饭或面条中加肉末、鱼、蛋、碎菜、土豆、胡萝卜等,量应比上个月增加。

(3)增加点心,比如在早午饭中间增加饼干、烤馒头片等固体食物。

(4)补充水果。此月龄的宝宝,自己已经能将整个水果拿在手里吃了。但妈妈要注意在宝宝吃水果前,一定要将宝宝的手洗干净,将水果洗干净,削完皮后让宝宝拿在手里吃,一天一个。

宝宝趴着睡觉好处多

宝宝到底是仰睡好还是趴着睡好，向来没有一个标准答案，但宝宝趴着睡好处多多。

通常，反对让宝宝趴着睡觉的主要原因是怕憋着宝宝，使宝宝发生窒息等危险，但只要父母看护方法得当，宝宝发育成长良好，这种情况是很难发生的。趴睡的一些好处则是仰睡难以达到的。

第一个好处：宝宝睡得踏实。众所周知，婴幼儿，尤其是半岁以内的小婴儿仰睡时常常因极小的声音而受到惊吓，大声啼哭，影响了睡眠，也影响了成长，特别是在白天。而趴睡就极少出现上述现象。

第二个好处：避免宝宝蹬被子，保护宝宝的腹部，减少了疾病的发生。宝宝四五个月时就会蹬被子了，这时候如果仰睡，极易把被子蹬掉而使宝宝受凉生病，尤其是在寒冷的秋冬季节。宝宝趴睡则避免了上述问题，使宝宝安睡到天亮。

第三个好处：锻炼了宝宝的臂力和心肺功能。宝宝趴睡时通常靠双臂的力量来改变头位，向左或是向右侧，这就在无形当中锻炼了宝宝的双臂支撑能力，同时也锻炼了宝宝的心肺功能，使宝宝成长得更快、更强壮。

第四个好处：不怕宝宝睡觉时溢奶。半岁以内的小婴儿因为口腔和内脏器官发育不完善，差不多都溢过奶。如仰睡溢奶，溢出的奶极易就势流进宝宝的脖子皱褶里、耳朵里，如果大人发现不及时，就会形成褶烂或是中耳炎之类的问题，而趴睡则避免了上述问题。

第五个好处：不会使宝宝睡偏头，以前常听老人们说孩子睡偏了头，这是因为仰睡时宝宝的头后部是一个受力点，而宝宝都喜欢偏向一侧睡觉，所以难免会睡偏了头，从而影响了宝宝头部的美观。如果宝宝趴睡，受力点在脸侧而不是头部，因此头型会非常端正、漂亮，而且小脸上的肌肉也因此非常紧凑。

宝宝趴睡的好处是显而易见的，但也并不是说宝宝只要趴睡而不仰睡，只要宝宝喜欢,爸爸妈妈可以针对宝宝的个性,趴睡、仰睡交替进行,只要有利于宝宝的健康成长就行。无论哪种睡姿,父母都不要掉以轻心,照顾好宝宝才是上策。

宝宝的呼吸需要监护

现代医学表明,呼吸是人体最重要的生命指标。人在婴幼儿阶段由于肺功能发育不完全而发生呼吸障碍或出现呼吸暂停的状况是经常的,有时虽未造成死亡等严重后果,但对婴幼儿的身体健康和智力发育有着不可忽视的影响。

人体摄取营养有两个渠道:一是通过呼吸,二是通过食物。通过呼吸系统摄取氧气,排出二氧化碳;通过消化系统摄取食物的营养,二者缺一不可,前者尤为重要,因为呼吸时刻不能停止。

经过科学研究及大量临床表明,新生儿,特别是早产儿,因其生理特点所致,呼吸暂停经常发生,在睡眠状态下的发生率为50%(婴幼儿的睡眠时间是成人的两倍多),暂停时间过长,又得不到及时救治,便会造成死亡。较短时间的呼吸停止,虽不至死亡或伤残,但人脑缺氧会造成部分脑细胞受损,甚至死亡。脑细胞是不可再生的,这样势必影响婴幼儿将来的智力发育。

引起宝宝呼吸暂停或窒息的原因

这是因新生儿生理特点所致。

新生儿的呼吸系统还没有发育健全,出生前从母体内通过脐带供氧,出生后转为肺呼吸供氧,需要一个过程,宝宝在睡眠状态下呼吸中枢神经对缺氧及二氧化碳潴留反应不敏感,因此呼吸暂停现象时有发生。

异物堵塞呼吸道

为防止宝宝着凉,父母经常在睡眠时把宝宝捂得严严实实,稍不经意便会发生被角盖住口鼻的情况,造成窒息,另外,呛奶、吞入异物等也可堵住呼吸道。

婴幼儿自身运动引发

婴幼儿天生喜欢趴着睡，这样的睡姿有利于头颅及四肢、心肺功能的发育，但又极易因脸部向下被睡枕堵住口鼻而发生危险。宝宝在出生几个月以后，便会本能地趴着睡觉，所以在睡眠状态下窒息、猝死的发生率较高。

怎样预防婴幼儿发生窒息

因婴幼儿时期（0~3岁）生理条件所致，在睡眠状态下发生呼吸暂停很难避免，但只要及时发现、及时唤醒，把宝宝抱起或轻轻拍打后背，即可恢复正常，同样呛奶或异物堵塞呼吸道也需要及时发现、及时救治。

怎样及时发现婴幼儿呼吸是否正常

传统的方法是眼观手试。观，即观察宝宝的脸是否发紫；试，即试宝宝的口鼻是否出气。但对于终日忙忙碌碌的父母来说，24小时始终看护宝宝也不太可能。所以，可以借助一些辅助设备，帮助父母监测幼儿呼吸，这样既保证了婴幼儿的健康安全，也减轻了妈妈的负担。

PART ④

宝宝10月至12月

　　这时的宝宝能够听懂爸爸妈妈的简单话语，甚至能执行一些简单的要求，例如摆手表示"再见"、两手合拢表示"谢谢"。宝宝可能会用"啊啊""嗒嗒"等类似的简单语言配合面部表情来与爸爸妈妈交流。宝宝不仅喜欢和成人交流，还喜欢模仿成人的动作。宝宝还可能会对其他同龄孩子感兴趣，例如会注视对方，甚至伸手去摸对方。这一时期，宝宝对亲人的依恋更加强烈，分离焦虑和对陌生人焦虑也会越发严重。

微信扫码

辅食攻略 | 疾病预防
婴儿护理 | 益智游戏

第一章

宝宝10月

- ◎ 宝宝的发育体检
- ◎ 宝宝的喂养要点
- ◎ 给宝宝推荐的食谱
- ◎ 与宝宝做亲子游戏

 育 儿 方 法 尽 在 码 中

看宝宝辅食攻略，抓婴儿护理细节。

断乳的提示

不宜突然断乳。那样不利于宝宝的身体健康，除非妈妈生了重病或必须远离宝宝。

应从宝宝4~6个月起着手准备，教会宝宝使用奶瓶、奶杯、小勺，让宝宝适应母乳以外的其他食品。

选择适宜的季节断乳，应避免在炎热的夏季。

选择断母乳的有利时机。当宝宝对母乳不太依赖，表现为吃几口就玩一会儿或吮几口就把奶头吐出来，需要妈妈频频把乳头重新放入宝宝口中，宝宝则漫不经心（小儿患病时除外），对母乳以外的食品则非常感兴趣，这就是最好的断奶时机。

如果拿不准什么时间给宝宝断母乳，就从4~6个月着手准备，1岁时开始断奶，最迟不超过2岁。

如果断奶确实困难，可采取一些小手段，如给乳头涂龙胆紫。

断奶时避免乳房胀痛，甚至发生乳腺炎。逐渐断奶时，若奶胀可用手进行人工挤奶或用吸奶器吸奶；若要快速断奶，则应找医生服用退奶药。通常选择对小儿无影响的药物，维生素B$_6$200毫克，每日3次，连服2天后改为100毫克每日3次，连服3天，不宜采取"把奶憋回去"的方法，应尽量把乳房中的乳汁吸空，直至乳汁不再分泌。

宝宝使用的断奶练习器

练习器具主要是为了让宝宝习惯用杯、碗、匙等餐具进食与喝水，而不要只认妈妈的奶头或奶嘴。其中包括各种练习餐具、练习杯等。

　　练习餐具多为硬塑料制成，经得起摔打，餐匙一般较厚，容量小，可避免宝宝舀太多食物而噎食。叉类的齿粗而圆滑，以防断裂而使宝宝误食。由于宝宝的胳膊较短，不易打弯，有的叉匙类的手柄处还特意制作出向内的弧度，以便宝宝可以轻松地将食物送至嘴边。

　　练习杯类这类学习喝水的杯子一般配有若干个杯盖，每个杯盖形状都不同，一般是按照从奶嘴到吸管的渐变来设计的。多数练习杯两侧各有一只把手，利于宝贝双手持杯。还有一些新型练习杯的吸嘴由于经过了特殊处理，即使倒置也不会漏水，更适合"不老实"的宝贝使用。

妈妈使用的辅食器

　　研磨器类这类器具可以为处于断奶期的宝宝制作果汁、菜泥、肉末等辅食。它由具备不同功能的部件组成，其构造有点儿类似家用的食物处理机。选择研磨器时要注意其各部件的拆卸、组合是否简单易行，是否易于清洗。如果习惯使用微波炉加热辅食，则应选用可以放在微波炉中的研磨器。由于不同月龄的宝宝要求的辅食颗粒大小不同，手动的研磨器比电动研磨器能更好掌握研磨程度。

　　喂食器具类除了叉匙外，还有专门为妈妈设计的喂食奶瓶也十分实用。它们的共同特点是：奶瓶上的奶嘴变形为一柄小匙，瓶中的果汁或米糊直接流到匙中，妈妈可以一手抱宝宝、一手喂食，宝宝在倍感新鲜有趣的同时会渐渐习惯这种大孩子的进食方法。

不能在断奶后断掉一切乳品

　　(1) 尽管宝宝的摄食方式由吸吮转化为咀嚼，但消化道功能还不完全成熟，因此摄取食物还不能完全和大人们一样，全吃需要咀嚼的食物，应该喂些牛奶类的乳品。

（2）断奶后的宝宝依然处于生长发育的旺盛阶段，需要大量的蛋白质建构组织和器官。但宝宝所能进食的食物中，其中含有的蛋白质却大部分是植物性蛋白。虽然这些植物性蛋白含有宝宝所需要的9种必需氨基酸，但它们的生物学价值较低，需要进食很大的量才能满足宝宝生长发育的需要，所以对婴儿不适宜。

（3）动物性蛋白质和猪肉、牛肉及鸡蛋等生物学价值很高，并且有较多宝宝生长发育的必需氨基酸，对宝宝来说是很好的食物。但刚刚断奶的宝宝，无论从咀嚼能力还是从消化吸收上都不能很快适应，因此只能适量摄取，不能作为全部蛋白质的来源。

（4）宝宝断奶前，妈妈的乳汁是宝宝生长发育所需蛋白质的主要来源。宝宝断奶后，唯有牛乳及其制品，既含有优质的蛋白质，又能从摄食方式上适合刚刚断奶的宝宝。所以，每天还应该给宝宝至少提供250毫升牛乳之类的乳品，同时再吃些鱼、肉、蛋类食物，这样做不但能满足宝宝生长发育的需求，而且适应宝宝的消化能力，所以，宝宝不能在断奶之后断掉一切乳品。

断奶要诀

1. 选择最佳时间
宝宝在10~12个月时已具备断奶的基础，因为宝

小·贴士

饮食禁忌

煮绿豆汤或煮大米、小米粥时不要加碱，不然会破坏其维生素B$_1$的含量。

红、白萝卜不要同煮或同拌，因红萝卜中的抗坏血酸分解酶可将白萝卜中的维生素C氧化破坏。

焯蔬菜时要开水下锅，这样才能保持蔬菜中维生素C的含量。

慎重选择营养鸡蛋，含有不同微量元素的鸡蛋只适用于少数人群，不可随意乱吃。如果过多地摄入微量元素，反而对身体有害。

鸡蛋不要与白糖同煮，因为可产生不被人体吸收的果糖基赖氨酸的结合物，并且会对人体产生不良影响。

饭前忌服维生素，空腹服维生素可迅速吸收入血，没有被人体利用就排出体外。应在饭后服用，让其缓慢吸收。

牛奶和豆浆忌同煮，豆浆中的胰蛋白酶抑制因子需沸数分钟才能被破坏，否则会中毒，而长时间煮牛奶破坏其蛋白质和维生素，从而使营养价值降低。

宝已逐渐适应母乳以外的食品，加之9~10个月的宝宝已经长出几个切齿，胃内的消化酶日渐增多，肠壁的肌肉也发育得比原来成熟，是让宝宝断奶的最好时机。倘若未能把握住，断奶时间越晚，宝宝恋母的心理越强，只肯吃妈妈的乳汁而不肯吃粥、饭和其他离乳食品。

2. 选择最佳季节

选择在让人比较舒适的时节，如春末或秋初，这时生活方式和习惯的改变对宝宝的健康冲击较小。若是天气太热，宝宝本来就很难受，断奶会让他大哭大闹，还会因胃肠对食物的不适发生呕吐或腹泻。天太冷时则会使宝宝睡眠不安，引起上呼吸道感染，如果宝宝的离乳月龄正逢此时，最好向后延迟一下。

3. 做好断奶心理准备

宝宝断奶后会使妈妈松一口气，但可能由于失去这种与宝宝亲昵沟通的方式而产生失落感，心里有些难过。所以，妈妈从第一天给宝宝喂奶的时候就应想到，有一天宝宝不需要我喂养，是因为他很健康，正在迈向一个生长新阶段，应该因此感到欣慰和骄傲。

对于宝宝，必须要从4个月起，按月龄及时适当地添加离乳食品。在给宝宝吃离乳食品时，可把母乳或果汁放入小杯中用小勺喂宝宝，让宝宝知道除了妈妈的乳汁外还有很多好吃的，这样宝宝到了10~12个月时，不仅咀嚼能力已充分得到锻炼，同时还锻炼了用勺、杯、碗、盘等器皿进食的习惯。接受这些东西进食，宝宝会逐渐淡忘妈妈的乳头，不再像从前那样迫不及待地要乳吃了。

4. 采取科学断奶方法

从10个月起，每天可先给宝宝减掉一顿奶，离乳食品的量也相应加大。过一周左右，若妈妈感到乳房不太发胀，宝宝消化和吸收的情况也很好，可再减去一顿奶，并再加大离乳食品量，依次逐渐断掉。

这时候，宝宝对妈妈的乳汁仍然依恋，所以减奶时最好从白天喂的那顿奶开始。白天有很多吸引宝宝的事情，宝宝不会特别在意妈妈。但到早晨和晚上，宝宝会对妈妈非常依恋，需要从吃奶中获得慰藉，故不易断开，只有断掉白天那顿奶后再慢慢停止夜间喂奶，逐渐过渡到完全断奶。

准备给宝宝离乳时，要先带宝宝去保健医生那里做一次全面体格检查，宝宝身体状况好，消化能力正常才可以断奶。

宝宝到了离乳月龄时，若碰巧生病、出牙或是换保姆、搬家、旅行或是妈妈要去上班，最好先不要断乳，否则会增大离乳的难度。

吃惯母乳的宝宝，不仅只是把它作为食物充饥，而且对母乳有一种特殊的感情，它给宝宝带来信任和安全感，不是说断马上就能断掉的，千万不可采用仓促生硬的方法。如让宝宝突然和妈妈分开，或是一下子停乳，以及在妈妈的乳头上涂抹苦、辣等东西吓唬宝宝，这样做只会使宝宝的情绪很坏，因缺乏安全感而大哭大闹，不愿进食，甚至促使脾胃功能紊乱，导致食欲差、面黄肌瘦、夜卧不安，从而影响生长发育，使抗病能力下降。

在断奶的过程中，妈妈不但要使宝宝逐步适应饮食的改变，还要果断，不要因宝宝一时哭闹就下不了决心，导致断奶时间延长。也不可突然断一次或是几天未断成，又突然断一次，接二连三地给宝宝不良刺激。这样做对宝宝的心理健康有害，容易造成情绪不稳、夜惊、拒食，甚至为日后患心理疾病留下隐患。

在断奶期间，妈妈要对宝宝格外关心和照料，并花费一些时间来陪伴宝宝，以抚慰宝宝的不安情绪。

辅食的分类

米粉类辅食

1. 宝宝断奶期辅助食品

定义：当母乳或婴儿配方食品不能满足婴儿营养需要时，为婴儿断奶时期所生产的配方食品。它通常以谷类（大米、大豆、小麦、玉米、燕麦等）及乳粉为主要原料，加入白砂糖、微量元素和维生素等，经加工制成的宝宝断奶期辅助食品（比如普通米粉）。

2. 宝宝断奶期补充食品

定义：为补充婴幼儿在断奶时期某些营养素不足而生产的食品。主要以谷物（大米、大麦、裸大麦、小麦粉、燕麦或玉米）或大豆奶粉为主要原料，以白

砂糖、蔬菜、水果、蛋类、肉类等为选择性配料，加入钙、磷、铁等矿物质及维生素等食品营养强化剂，经加工制成的供断奶期宝宝食用的补充食品，比如蔬菜米粉、鸡肉米粉等。

即食类：产品经热加工熟化，用温开水兑牛奶冲调即可食用。

非即食类：产品未经热加工熟化，必须煮熟方可食用。

罐头类辅食

主要有水果泥、蔬菜泥、肉泥、鱼泥、骨泥等。

分类：形态上分为泥糊状和碎泥状两类。

泥糊状：吞咽前不需要咀嚼的细泥。

碎泥状：含有适于锻齿要求的碎块。

在婴幼儿食品方面，标准的制定更为严格，只要是知名的厂家，都能按照要求来生产。

怎样喂养断奶的宝宝

断奶的宝宝刚开始不能完全像大人们一样吃五谷杂粮，需要妈妈精心照料。

饮食要点

宝宝断奶后就少了优质蛋白质、脂肪的摄入，而宝宝仍需要大量蛋白质。除了给宝宝吃鱼、肉、蛋外，每天还要喝牛奶，它是断奶后宝宝的理想蛋白质来源之一，特别是对于不喜欢吃鱼、肉、蛋的宝宝更为需要。

应该说，1岁左右的宝宝这时只长出6~8颗牙齿，胃肠功能还未发育完善，食物应该制作得细、软、烂、碎一些。

食物的种类要多样。妈妈的乳汁不再是宝宝的主食了，宝宝只有摄取多种食物才能得到丰富、均衡的营养。

增加进食次数。宝宝的胃还很小，可对于热量和营养的需要却相对很大，宝宝不能在一餐之中吃很多，最好的方法是每天进5~6次餐。

注重食物的色、香、味，以提高宝宝的进食兴趣。但不提倡在食物中加调味品，应该吃原汁原味的食物，新鲜食物本身就有香味。可适当加些盐、醋、酱油来提高色、香、味，但不要加味精、人工色素、花椒、辣椒、八角等调味品。

科学安排食谱

宝宝应该每天喝牛奶或豆浆250~500毫升，这是钙的主要来源，同时吃一些肉、蛋类的优质蛋白。

主食以谷类为主。每天给宝宝米粥、软面条、麦片粥、软米饭及玉米粥中的任何一种，用量2~4小碗（100~200克）。

加高蛋白的食物约25~30克。可任选以下一种：鱼肉小半碗，小肉丸子2~10个，鸡蛋1个，炖豆腐小半碗。

吃足量的蔬菜。可选择胡萝卜、油菜、小白菜、菠菜、马铃薯、南瓜、红薯等。把蔬菜制作成菜泥或切成小条小块煮烂，每天大约半小碗（50~100克），同主食一同吃。

吃足量的水果。可选择苹果、柑橘、桃子、香蕉、

小·贴士

适时断奶对母婴健康有益

妈妈产后10个月，乳汁的分泌量及营养成分相对以前减少很多，因此被称为"晚乳"，意味着乳汁的分泌快要结束了，但宝宝却需要更为丰富的营养，已不能完全指望从妈妈的乳汁中获取充足的养分，主要的养分还需从五谷杂粮中得到。若还不断奶，宝宝就会患上佝偻病、贫血等营养不良性疾病。宝宝过长时间地吃母乳，还可由于奶汁不间断地停留在口腔中而导致龋齿形成，而且宝宝总是躺卧姿势进食进而加大中耳发生炎症的机会。

给宝宝喂奶时间太久，也会使妈妈的子宫内膜发生萎缩，引起月经不调，还会因睡眠不良、食欲不振、营养消耗过多造成体力透支，使生活的质量大打折扣。适时让宝宝断奶对宝宝和妈妈的身体健康都非常重要。

西红柿、梨子、猕猴桃、草莓、西瓜和甜瓜等。把水果制作成果汁、果泥或果酱，也可切成小条小块。每天给宝宝吃草莓2~10个，瓜1~3块，香蕉1~3根，总量50~100克。

　　每周添加1~2次动物肝和血，共计25~30克。

辅餐

　　每天早、中、晚3次正餐，上、下午在两次正餐之间加2次辅餐，睡前增加1次晚点心。辅餐可提供含糖低的饼干、蛋糕、酸奶和水果。每次应该少给，不够再加，以免影响宝宝正餐营养的摄入。

　　宝宝刚刚断奶时，可能会食欲下降，不要强迫宝宝吃东西，特别是宝宝不喜欢的食物。只要宝宝吃进去一点儿，就应多加鼓励，过一段时间就会漫慢接受食物了。

饮食范例

　　早餐：牛奶、蛋黄粥。

　　上午点心：蒸红薯，橘子或果汁。

　　午餐：肝泥、菜米粥。

　　下午点心：蒸鸡蛋羹、水果。

　　晚餐：小包子、菜汤。

　　睡前点心：面包片、牛奶。

为10~12个月宝宝制作美味

肉蛋豆腐粥

　　取粳米30克，瘦猪肉25克，豆腐15克，鸡蛋半个，食盐少许。将瘦猪肉剁成泥，豆腐研碎，鸡蛋去壳后将50%蛋液搅散。将粳米洗净后酌加清水，文火煨至八成熟时下肉泥，续煮至粥成肉熟。将豆腐、蛋液倒入肉粥中，旺火煮至蛋

熟。调入食盐即可。

营养小秘密:能保证优质蛋白质的摄取,但感冒患儿不宜吃。

面包布丁

取全麦面包15克,牛奶125毫升,鸡蛋1枚,白糖、色拉油各适量。将鸡蛋去壳,搅散,将面包切丁与牛奶、白糖混匀,碗内涂色拉油,放入上述各味,入屉蒸约10分钟即成。

营养小秘密:食品外形新颖,会增加宝宝进食欲望。

鸡米饭

取软米饭50~75克,鸡胸肉20克,胡萝卜、酱油、白糖各适量,植物油少许,将鸡胸肉剁为泥。炒锅上旺火,入植物油烧热,再投入胡萝卜末、鸡肉末煸炒到熟,再向锅中加入白糖调匀,摊在米饭上即成。

营养小秘密:富含各种营养素,可预防营养不良。

苹果色拉

取苹果20克,橘子2瓣,酸奶酪15克,葡萄干5克,婴儿用蜂蜜5毫升,将苹果、橘瓣去皮、核,切碎。将葡萄干洗净,水泡软后切碎,上述与酸奶酪、蜂蜜拌匀即成。

营养小秘密:健脾胃,助消化。但奶酪不宜过凉或加热食。

猪肉丸子

取猪肝15克,面包粉15克,葱头15克,鸡蛋液15克,番茄15克,色拉油15克,番茄酱少许,淀粉8克。将猪肝剁成泥,葱头切碎同放一碗内。加入面包粉、鸡蛋液、淀粉拌匀成馅。将炒锅置火上放油烧热,把肝泥馅挤成丸子下入锅中煎熟。将切碎的番茄和番茄酱下入锅内炒至呈糊状,倒在丸子上即可。

营养小秘密:防治这个月龄宝宝发生缺铁性贫血,维护视力健康。

两米芸豆粥

取大米15克，小米15克，芸豆20克，白糖或小咸菜末少许。将芸豆煮烂加入大米、小米中大火煮沸，再改小火熬煮成粥，食用时加白糖或小咸菜末。

营养小秘密：蛋白质与碳水化合物营养互补，营养比普通主食高。

10~12个月宝宝的社交本能

此时宝宝有了一些幽默感，喜欢让别人笑，能记得一些社交礼仪，并知道和妈妈分别时要亲吻。已显出个体特征的倾向，如有的宝宝很"自私"，不让别人拿走自己的玩具或吃的，而有的却慷慨地把自己的东西送给别人一起分享。对于大人的逗引也表现出不同的反应，如有的宝宝报以热情的微笑，有的则绷着脸不理睬，还有的宝宝大喊大叫、见人就打。

妈妈应注意培养宝宝良好的社交行为。

（1）妈妈要经常笑出声来赞许宝宝的行为，在做游戏时多让宝宝欢笑，讲故事时多讲笑话，以此启蒙和发展宝宝在社交中的幽默感。

（2）让宝宝多和别的宝宝或不熟悉的人在一起，并有意地演示社交礼仪，如分别时与人挥手道别，妈妈要离开宝宝时，必须记住亲吻宝宝，回来后再向宝宝问好等。

（3）宝宝对待别人的不同表现要区别对待，"好的"要加以强化，如点头微笑、拍手叫好等，"不好的"则表示出不满意。妈妈的良好行为及和睦的家庭氛围有助于宝宝形成良好的社交行为。

（4）在适当的时候用坚定的语调对宝宝说"不要动"或"不要拿"，让宝宝了解这些话的意义。

护理不当会造成宝宝窒息

窒息是初生1~3个月内宝宝最常见的意外事故，多发生于严冬季节。

常见因素及防范措施：

（1）带宝宝外出时，怕宝宝受凉，将盖被盖得过严，造成宝宝窒息。

防范：在抱宝宝外出时，要让宝宝口鼻露出来。

（2）在给宝宝喂奶时，妈妈过于劳累，睡着了，乳房压住了宝宝的口鼻，造成窒息。

防范：喂奶时妈妈要打起精神或是请家人在旁边照看。

（3）家长与宝宝同睡在一个被窝里，搂着宝宝睡，当睡熟后，成人手臂或是被子捂住了婴儿脸部。

防范：与宝宝分床睡，即使睡在同一张床上，宝宝也应盖自己的被子。

（4）宝宝发生吐奶，奶液呛入宝宝口鼻，引起窒息。

防范：当宝宝睡觉时，家长也不能长时间离开，以便及时发现不好的情况。

（5）宝宝睡着时，嘴上粘的奶液引来小猫小狗，小猫小狗的躯体压在宝宝脸上来取暖。

防范：不要让宠物靠近3个月以下的宝宝。

（6）宝宝睡觉时，床上的填充玩具或是枕头倒下落在宝宝脸上。

防范：不要在宝宝床上放玩具，也不要将枕头、毛毯等挡在床头，防止突然倒向婴儿。

（7）将宝宝面部朝下放在床上，床垫过于柔软，宝宝的脸陷了进去。3个月以下的宝宝，当他的脸被东西裹住时，他没有力量把头抬起来吸气。

防范：将宝宝脸朝上放在床上。如果面向下，床垫不能过于柔软，也不能放柔软的枕头。

（8）宝宝睡在水床上，宝宝的脸被床垫夹住。

防范：不要让宝宝睡在水床上。

食品造成的窒息

宝宝可以吃辅助食品后，必须留意食品的安全性，任何又硬又滑的圆形食品对宝宝来说都是危险的。如坚果、硬糖块、爆米花、葡萄、葡萄干、果冻等。

常见因素及防范措施：

（1）给尚不会充分咀嚼的宝宝吃花生、瓜子、松子等。

防范：若是想给宝宝吃，一定要弄碎。

（2）在进食时和宝宝嬉闹或对宝宝进行恐吓。

防范：要给宝宝创造安静、愉快的就餐环境。

（3）宝宝跑着时追着喂他，这样很容易因跑跳跌倒，使饭菜吸入气管。

防范：不要急于喂宝宝，等宝宝停下来再说。

（4）宝宝哭着时或看有趣的动画片时，也给宝宝吃东西。

防范：不要给宝宝吃。

（5）宝宝吃果冻、葡萄时，妈妈将食物放在宝宝嘴边，让宝宝吸入口中，这样很容易吸入气管。

防范：应该用勺子把食物弄碎，小心地放入宝宝口中。

（6）如果宝宝养成含着食物睡觉的习惯，醒来后深呼吸会将食物吸入气管。

防范：不要让宝宝含着食物睡觉。

（7）宝宝吃葡萄、西瓜等有籽的食品时还不会吐籽，误将其吸入气管。

防范：应该将籽取出后，再给宝宝食用或者教会宝宝吐籽。

玩具造成的窒息

宝宝可以自己拿着东西放入嘴里的时候，必须特别注意。任何细小的物品放在宝宝周围，都是一种潜在的危险。

常见因素及防范措施

（1）塑料袋：宝宝拿着塑料袋玩，可能会将其套在头上，造成窒息。

防范：买来物品后，塑料袋要及时收好，放到宝宝不易拿到的地方。

（2）细绳或绳状物：宝宝不慎或有意将绳子缠在脖子上玩时，无法取下反而越弄越紧。

防范：当宝宝的玩具上有细小的绳子时，父母必须在宝宝身边。还有爸爸的领带、妈妈的长丝巾也应收好，防止宝宝当玩具玩。

（3）气球：吹破的气球碎屑未能及时清理，宝宝在玩时很容易将这些碎屑吸入呼吸道。

防范：及时清理气球碎屑，而且不要让宝宝玩吹破的气球。

（4）宝宝发现的玩具：有些物品不是玩具，宝宝对它们却非常有兴趣，如扣子、珠子、小球等，宝宝喜欢将它们放入口中。

防范：必须将这些物品收好，放到宝宝不易拿到的地方。如果发现宝宝将某个小东西放入口中，不要惊慌，更不要抢夺、恐吓，防止宝宝受惊中或是哭闹时将口中物品吸入气管。而应当用其他方式吸引宝宝注意力，再诱导宝宝将异物吐出。

（5）购买的玩具不适合宝宝年龄。

防范：在玩具的外包装上，通常标明玩具的使用年龄，比如"适合3岁以上儿童"，或是"内有细小物件，不适合3岁以下儿童"。家长应严格按照宝宝的年龄或月龄购买适龄玩具。

（6）有些玩具使用时间一长，某些部件会松动，比如毛绒玩具上的小扣子、汽车上的小珠子，宝宝揪下来会放入口中。

　　防范：家长必须定期对玩具进行安全检查，消除隐患。

　　（7）带宝宝去别人家做客，宝宝随手抓到了小物品或玩具。

　　防范：在去别人家做客时，必须特别留意宝宝周围的小物品、玩具，防止对宝宝构成危险。

爸爸妈妈谁对孩子的影响大

　　智力：妈妈比爸爸影响大。

　　智力有遗传性，同时受到环境、营养、教育等后天因素的影响。据科学家评估，遗传对智力的影响占50%~60%，就遗传而言，妈妈的智力在遗传中占有更重要的位置，妈妈聪明，生下的宝宝大多聪明，若是个男孩子，就会更聪明。

　　相貌：爸爸比妈妈影响大。

　　据国外心理学家解释，大概是由于父亲给予子女遗传上的特性，使婴儿的

脸无论怎么看都更像父亲。科学家进一步解释，这也是人类"自保"本能的一种体现，因为谁是母亲毫无疑问，而谁是父亲却没有这么肯定，所以必须像父亲，这样对婴儿有利，也可以鼓励父亲投入更多的爱。

身高：妈妈比爸爸影响大。

在营养良好的前提下，父母的遗传是决定孩子身高的主要因素，妈妈的身高尤其关键。妈妈长得高，孩子也大多长得比较高。

性格：爸爸比妈妈影响大。

性格的形成固然有先天的成分，但主要是后天的影响。爸爸的影响力会大过妈妈。父爱的作用对女儿影响更大。心理学家认为，父亲在女儿自尊感、身份感以及温柔个性的形成过程中，扮演着重要的角色。

宝宝为什么老"瞌睡"

父母都想多逗逗宝宝，可宝宝却像个"瞌睡虫"，大部分时间都是在睡觉，这是怎么回事呢？

刚出生的宝宝大脑皮质发育还不成熟，中枢神经系统的功能尚未发育完善，所以宝宝为了应付外界的各种刺激需要付出很大的精力，大脑当然就容易疲劳，要用睡眠来养精蓄锐。

人体有一种指挥生长发育的生长激素，在睡眠时分泌特别旺盛，因而宝宝睡得越多，才会长得更好。随着宝宝的成长，睡眠时间会逐渐递减，父母与宝宝玩耍的时间也会越来越多。

婴儿每日睡眠时间	
月龄	睡眠时间
初生	18~22小时
2个月	16~18小时
4个月	15~16小时
9个月	14~15小时
12个月	13~14小时

父母的态度影响孩子性格

父母的态度对宝宝性格的形成，大致有十个方面的影响：

支配型的父母——宝宝多为服从、无自发性、消极、依赖、温和的性格。

过分照料型的父母——宝宝多为幼稚、依赖、神经质、被动、怯懦的性格。

保护型的父母——宝宝多为缺乏社会性、深沉、亲切、情绪稳定的性格。

娇宠型的父母——宝宝多为任性、反抗性、幼稚、神经质的性格。

服从型的父母——宝宝多为无责任心、不顺从、攻击性强、蛮横的性格。

忽视型的父母——宝宝多为冷酷、攻击性强、情绪不稳定、富有创造性的性格。

拒绝型的父母——宝宝多为神经质、蛮横、冷淡的性格。

残酷型的父母——宝宝多为固执、冷酷、神经质、逃避、独立的性格。

民主型的父母——宝宝多为独立、直率、乐于助人、亲切、善于社交的性格。

专制型的父母——宝宝多为依赖性、反抗、情绪不稳定、以自我为中心、胆大的性格。

亲子游戏

宝宝藏在镜子里

目　　标：认知自我与不同的视觉体验，培养宝宝良好的情绪。

准备材料：穿衣镜、小玩具。

参与人员：宝宝、爸爸或妈妈。

适用年龄：8个月以上。

游戏过程：

（1）妈妈抱着宝宝站在镜子里，让宝宝伸出小手去摸摸镜子里的妈妈和镜子里的自己。

（2）妈妈对着镜子做开心笑的表情、不高兴嘟嘴的表情和哭的表情。

（3）妈妈一边做表情一边说："眼睛弯弯笑眯眯，嘟着嘴巴不高兴，伤心极了呜呜呜。"引导宝宝认知这几种表情，并鼓励他跟妈妈一起做。

（4）随意对着镜子做鬼脸出怪相，逗引宝宝哈哈大笑。

灵巧的小手

目　　标：锻炼宝宝小手的精细动作。

准备材料：纸盒、积木或者不睡玩具。

参与人员：宝宝、爸爸或者妈妈。

适用年龄：10个月以上。

游戏过程：

（1）用剪刀在盒子上剪出一个洞。

（2）引导宝宝捏起玩具，再将玩具扔进盒子上的洞里。

（3）如果宝宝玩得已经很熟练了，可以用纸板剪成较大的圆片，再在纸盒上剪出一条细窄的缝隙，让宝宝将圆片塞进缝隙中。

第二章

宝宝11月

◎ 宝宝的发育状况

◎ 宝宝的喂养

◎ 宝宝磕碰头后的护理

◎ 宝宝腹泻后的护理

育儿方法
尽在码中

看宝宝辅食攻略,
抓婴儿护理细节。

宝宝的发育状况

宝宝在运动能力方面比上个月又提高了。上个月好不容易抓住一样东西能站立起来的宝宝，这时已可以自如地扶着东西站立了。上个月扶着东西能站立的宝宝，现在却能扶着东西走了。发育快的宝宝，能什么也不扶就独自站立一会儿了。

宝宝移动的方式也是多种多样。有爬行的，有扶着东西走的，有坐着挪动的，还有东倒西歪独自行走的。

如果握住宝宝双手，让宝宝站起来，就能双腿交替地迈步。

手的动作更加自如了，能推开门，能拉开抽屉，能把小物体放进大口瓶中，能把杯子里的水倒出来，能用小手指东西，能去拉电灯的开关，能准确捡起细小的东西……

自己喜欢的东西，即使离自己很远，也想伸手去拿。不喜欢的东西，塞在手里也会扔到地上。如果想拿走宝宝手里喜爱的东西，会哭叫抗议。

情绪好时，爱动爱笑；情绪不好时，就哭哭咧咧，很不好哄。

许多宝宝会说"妈妈""爸爸"等，尽管还不会说话，但却能理解一些大人的话了。当大人问"眼睛呢""鼻子呢""灯灯呢"等，有的宝宝就会用手一一去指。父母应利用一切机会多和宝宝说话。

让宝宝多做户外活动，锻炼其身体的机能。

有的宝宝不挑剔饮食，不管吃什么都容易接受，且食量大、吃得快，不用妈妈操心。而有的则味觉很敏感，不易接受新食品，且食量小，吃上几口就不再吃了，吃饭问题常让妈妈伤透脑筋。对食量小的宝宝不能强迫进食，否则他会更加厌恶吃饭，比较好的做法是少食多餐。

宝宝还不会告诉妈妈要小便，还要靠把尿。若是老实的宝宝，比较容易把出来。而好动又小便次数多且间隔短的，在这个月龄中是不可能训练他坐便盆的，往往一把他抱到便盆上，就哭叫、打挺、挣扎，即使有尿，也不肯撒。

能告知小便时间的宝宝，通常都在满2周岁以后，现在用不着着急。并不是早让宝宝坐便盆，早教他们排便，他们就能早些学会有小便时告诉妈妈。

大便干硬，不使劲就拉不出来的宝宝，当发现他使劲时，就让他坐便盆，容易成功。如果大便很软，不怎么费劲儿就拉出来的宝宝，排便时妈妈往往难以察觉，对这样的宝宝就不宜进行排泄训练，只能偶尔把一把碰碰运气。这样妈妈要花更多的时间去清洗尿布上的粪便。上下各长出两颗门牙的宝宝，此时上门牙两侧又会各长出一颗牙来，即有了4颗上牙。有的宝宝甚至连下门牙两侧也各长出一颗牙来，上下牙床各有4颗牙。

宝宝的喂养

宝宝每天可吃三次奶、两顿饭或两次奶、三顿饭，仍吃母乳的宝宝最好在早、晚各吃一次母乳，然后吃三顿饭。

饭菜的制作应注意满足宝宝蛋白质的需要，以保证宝宝生长发育。蛋白质每日的需求量为每千克体重3.5克。如果宝宝体重为9千克，那么每日吃两瓶牛奶（500毫升），外加鸡蛋1.5个，鱼肉25克或者鸡蛋1个，瘦猪肉25克，豆腐50克及适量的粮食，就可满足需要。

几种蛋白质食品互相搭配食用比单纯只吃一种营养价值要高。各种蛋白质食品中所含的氨基酸种类不同，多种食物彼此搭配，可以相互补充，提高营养价值。

主食除各种粥以外，还可吃软米饭、面条（片）、小馒头、面包、薯类等。各种带馅的包子、饺子、馄饨也是宝宝很喜欢吃的，但馅应剁得更细一些。

为了保证宝宝有良好的食欲，饭菜的种类必须经常调换花样，必须做得软、烂一些，以易于消化。每餐的食量要适当，宁少勿多。

这个时期的宝宝已会主动地要吃的了。不爱吃的吃两口就不肯再吃，爱吃的吃完还会要，自己不知节制。父母应注意加以控制，不要因为宝宝爱吃某种食品，就不加限制地喂食，以免造成消化不良，损伤脾胃。

应时的水果，可以切成小片，让宝宝自己拿着吃，既锻炼咀嚼，又能增加乐趣。倘若总吃西瓜或番茄，再健康的宝宝大便中也会排出原物。因此，吃这种水果或蔬菜后，大便略带红色，并非消化不良，不必过于担心。

宝宝烫伤怎么办

婴儿能够自由活动以后，父母一时疏忽，宝宝就会发生烫伤。像热水瓶，盛有开水的小杯、热锅、热汤、熨斗等都是引起宝宝烫伤的祸根，必须放在宝宝不易摸到的地方。

如果宝宝不幸被烫伤，父母千万不要惊慌。对伤面较小的轻度烫伤，可用凉水冲洗后涂上"万花油"等药止痛。通常不需要包扎，1周后即可自行愈合。对烫伤后局部出现的小水泡应加以保护，不应随便将其挑破，以免感染。对较大的水泡，可以在消毒的条件下，将水泡底部挑破，让其中的液体流出，但一定注意保留水泡的表皮，这对局部有保护作用。开水泼到宝宝衣服上时，在脱衣前应先用自来水冲洗，尽量使温度降低，然后脱去衣物。如果衣服与皮肤粘在了一起，切勿撕扯，将未粘住的部分剪去，粘着的部分暂时留皮肤上，马上送医院治疗。

小·贴士

宝宝不要过度活动

好动的宝宝，只要不睡觉几乎无一刻安静，不知疲倦。有些父母喜欢扶着尚不会走路的宝宝长时间地练习行走，并认为这种"锻炼"对宝宝身体和动作发展有好处。

宝宝过度活动不但不能达到锻炼的目的，反而对身体有害。宝宝关节发育不全，关节软骨较软，过度活动很容易造成关节面及关节韧带的损伤，从而形成创伤性关节炎。

宝宝身体发育较快，对营养的需求大，过度活动会消耗大量的营养，有可能造成营养不良。

宝宝头部受伤急救

宝宝随着年龄的增长，活动范围逐步扩大，从高处摔落或被东西绊倒造成头部碰伤的事情也会增多。家长除了多加防范外，还应了解必要的急救知识，以防意外。

宝宝头皮内分布着很多血管，即使是小伤口，有时也会出现意想不到的大出血。这时，家长应立即用干净的毛巾压迫伤口止血，再迅速送宝宝去医院治疗。不要随意往伤口上涂药，否则不利于治疗，还易造成伤口感染。

当宝宝头部遭到强烈撞击后，必须密切观察宝宝是否意识不清、抽搐、呕吐频繁等，如有这些症状，应立即送医院急救。

宝宝摔伤后，家长可以摸摸宝宝的囟门。若张力高，搏动减弱，说明颅内有严重出血，应及时就医。如果张力不高，搏动很好，说明无明显出血。

宝宝头部受伤后，还易出现颅骨骨折，医学上称作"乒乓球样凹陷性骨折"，家长只需用手轻轻一摸便可感觉出来。

颅骨骨折后，有时还会有耳鼻出血或流出像水样的东西，这是颅底骨折引起的脑脊液鼻漏或耳漏。无论是耳鼻出血还是出水，都千万不能堵，不然这些液体会逆流入颅内，引起颅内感染，危及生命。遇此情况应叫救护车送宝宝去医院。创面过大、血流不止，必要时还需手术修复。

孩子摔在地上会得脑震荡吗

宝宝会翻会爬以后，偶尔会从床上摔到地下。宝宝摔地是否会发生脑震荡，应根据具体情况而定。如果头部未碰地，就不太可能，头部着地则完全有可能。

　　脑震荡可轻可重，宝宝头部碰地，应该说脑部肯定会受震荡，只是因摔时离地面的高度或地面的结构不同，大脑受震荡的轻重也会有所不同。

　　轻的脑震荡可无任何表现，对脑的发育也不会带来多大影响。脑震荡的症状有摔后精神差，甚至短时间出现神志不清，常伴有呕吐、头痛、眩晕等表现。因宝宝不能诉说，只能根据其摔后有无嗜睡、呕吐来决定。若宝宝摔后立即哇哇大哭，且无上述表现，则不会有明显的脑震荡。

婴儿磕碰脑袋后怎么办

　　宝宝学爬、学走时，不能很好地控制自己的身体，往往会发生从床上摔到地下或被东西绊倒，而磕碰小脑袋的事情。宝宝头部着地，有时仅仅是外部伤痛，短期内即可恢复；有时可能会造成头颅出血，父母应及时作出判断，以免延误治疗。

　　若宝宝磕碰脑袋后，立即大声啼哭，精神状态良好，则问题不大。磕碰的头部可能会起大包，这是头骨外部血管受伤引起出血所致，会自然痊愈。磕碰后24小时内必须注意观察，暂不要给宝宝洗澡。

　　倘若宝宝头部磕碰后面色发青，家长应注意观察。若逐渐恢复，则不必太担心。若宝宝晚上磕碰头部后入睡，父母应在夜里多次叫醒宝宝，宝宝醒后啼哭，说明神志清醒。第二天早晨宝宝起床后精神饱满、能玩，就算是好了。

　　如果宝宝磕碰后有痉挛现象，则可能是头颅出血，应立即送医院就诊。

　　如果磕碰后有呕吐、失神、左右瞳孔大小不等、手脚麻痹不能动弹或昏睡不醒等异常，应马上与医生联系。

　　如果头部碰撞后宝宝没有哭声、没有反应，则表明情况危急，应立即叫救护车送往医院。

　　有的宝宝跌落后，头部可能会蹭破出血，这时家长通常会只注意头部，而忘记彻底检查一下全身，往往被忽略的是锁骨骨折。如果一抱宝宝腋下，宝宝就因疼痛而哭泣，让宝宝举起双手时，一侧的手很难举起，说明这一侧可能有锁

不要嚼饭喂宝宝

宝宝快1岁时，可以吃一些软米饭、小包子、小饺子之类的食物了。有的父母怕宝宝自己嚼不烂，便用嘴把食物咀嚼后，再喂给宝宝吃，这是一种极不卫生的喂哺习惯，对宝宝的健康危害很大，应当予以禁止。

即使是健康人，体内及口腔中也可能存在许多病菌或病毒。成年人因抵抗力较强，因而未能表现出受感染的症状。但小儿的免疫机制较差，抵抗力弱，成人唾液中携带的病毒或病菌在嚼食喂哺的过程中可传给宝宝，使宝宝感染疾病。

另外，宝宝常吃成人嚼碎的食物，会使其咀嚼肌得不到应有的锻炼，牙齿（或牙床）得不到应有的摩擦，影响其口腔消化液的分泌功能。

为了宝宝的健康，千万不要嚼饭喂孩子。

骨骨折的可能。因此，家长除了要为宝宝的伤口涂些红药水外，还应仔细检查一下婴儿的全身。

宝宝误饮、误食后

宝宝的误饮、误食，主要是大人的责任。大人没有考虑到宝宝具有好奇心和冒险心，未加防范，导致意外的发生。因此，家中的东西切勿乱摆乱放，一旦宝宝误饮、误食，父母不要惊慌失措，应根据所食物品，采取适当的急救方法。

（1）药品：宝宝误服了药品，应先让宝宝喝牛奶或冷开水，然后让他吐出来。如果情况严重，可带着药瓶立即去医院。

（2）合成洗涤剂：宝宝误饮了少量洗涤剂，可让宝宝马上大量喝水稀释洗涤剂。若大量误饮，应尽快送往医院。需注意误服了洗涤剂不能用催吐法。

（3）杀虫剂：宝宝误饮了杀虫剂，会有恶心、抽搐、痉挛等症状，应立即送医院进行洗胃抢救。

（4）樟脑：宝宝误食后会有恶心、呼吸障碍等症状，应赶快送医院进行洗胃。

（5）纽扣型电池：因是碱性的东西，宝宝误食后会腐蚀食道和胃肠，导致穿孔，应立即送医院抢救。

（6）墨水：宝宝误饮了少量墨水，让他吐出来就行了。如果误饮了半瓶以上的墨水，让宝宝吐出来之后，应赶紧送医院急救。

（7）煤油、汽油：宝宝误饮后有恶心、抽搐、呼吸困难等症状。不要让宝宝呕吐，立即送往医院。

（8）肥皂、去污粉：宝宝如果不是大量误食就不要紧，想办法让宝宝吐出来就行了。

此外，如果孩子误食了少量蜡笔、口红、火柴等，而又无异常反应，可不必担心。

幼儿急疹

幼儿急疹又称"烧疹"，是婴幼儿时期常见的一种发疹性疾病，多发于2岁以下的宝宝。典型特征是患儿发热3～5天，热退后周身出现红疹，并很快消退。

幼儿急疹是一种病毒感染，通过空气、飞沫传播，潜伏期一般为8～14天。患儿的典型表现是起病急，体温突然升高且持续不退。全身症状不明显，可有感冒的症状或腹泻。高热3～5日后，体温突然下降，体温下降的同时或前一天，患儿全身出现红疹，开始于颈部或躯干，很快波及全身。皮疹为不规则的玫瑰色斑点或斑丘样疹，疹子在1～2天内很快消退，不留痕迹，也不脱皮。发病时，患儿耳后及枕部的淋巴结常会肿大，但无压痛，几周后逐渐消退。

幼儿急疹很少有并发症，要加强对患儿的护理。让患儿多喝水、多休息，高热时予以物理或药物降温，避免患儿高热抽风。通常，幼儿急疹只要患过一次，就不会再犯。宝宝若在2岁以前未得过幼儿急疹，以后也不会再得了。

■|| 给宝宝滴耳药

让宝宝侧卧位，将需要滴耳药的耳朵向上或取坐位将头向一侧倾。滴药之前先用浸有3％双氧水的小棉签清洗外耳道，再将外耳道用干棉签擦拭。滴药时父母往后下方牵拉耳廓，然后用滴管将药液顺外耳道后壁滴入3~4滴（约1毫升），用手指反复轻压耳屏数次，使药液进入中耳腔内，保持原位5分钟。

■|| 正确涂眼药膏

可用右手持玻璃棒，用其蘸取红豆大小药膏，用左手食指或棉签向下轻拉下睑，暴露下结膜囊，将蘸取药膏的玻璃棒与下睑缘平行，轻轻放入结膜囊内，将玻璃棒从耳侧抽出。让宝宝轻轻闭眼，让药膏布满结膜囊内。用棉球压迫下泪点2~3分钟。

■|| 给宝宝滴鼻药

滴鼻药之前应先清除鼻腔分泌物，让宝宝取仰卧位，悬于床沿或肩下垫枕头，使头向上仰，鼻孔朝上。可用手轻轻推起鼻尖，使鼻腔暴露，每侧鼻孔内滴入3~5滴后可轻轻捏几下鼻翼，5分钟后可站起。

滴药时药管不要碰到鼻孔，应放于前鼻孔上方，以免污染药液。含抗生素的药液使用时间不能过久。

滴眼药的方法

点药之前妈妈应洗干净手,让宝宝取仰卧位或仰坐位。若宝宝年龄小可让爸爸帮忙把宝宝的头部固定好,妈妈站在宝宝头顶一侧,让宝宝眼睛向上看(太小的宝宝可用一个东西吸引他),妈妈用手指(拇指和食物)轻轻分开上下眼睑,或者用无菌棉签轻轻拉下睑,暴露下结膜囊,将眼药水从内眼角滴入,稍稍提起上睑,让宝宝轻轻闭眼30秒至1分钟,让整个结膜囊内充盈药水。

宝宝出牙晚不能盲目补钙

宝宝的牙齿从无到有,出牙时间的早晚及出牙的顺序是评价宝宝生长发育情况的一个指标,也是父母特别关心的事。

宝宝一般在出生后6~7个月开始出牙,但也有4个月就长牙的宝宝。有的妈妈看到自己的宝宝8个多月还没长牙,心里十分着急,认为可能是缺钙,就盲目地给宝宝增加鱼肝油和钙片。仅仅依据出牙时间的早晚,并不能断定宝宝是否缺钙。即使真的缺钙,也应在医生的指导下补钙,若擅自给宝宝大量服用鱼肝油和钙片(粉),会引起维生素D中毒,损害宝宝的健康。

宝宝出牙的早晚主要是由遗传因素决定的,宝宝身体状况好,没有其他毛病,即使1周岁时才长出第一颗牙齿也无妨。只要注意营养,及时而又合理地添加辅食,多抱宝宝去户外活动,牙齿自然会长出来的。当然,如果宝宝一直不出牙,又伴有其他异常,就应当请医生检查治疗了。

宝宝腹泻及其预防

宝宝排便次数较平日增多，粪便量（特别是液体量）增加，有时含有异常物质，如不消化的食物或病理的物质，如脓、血等，称为婴儿腹泻。

宝宝消化系统发育不成熟，如果喂养不当，如过早、过多地加喂淀粉类、脂肪类食物或食物成分改变，一次进食过多等都可引起消化功能的紊乱，导致宝宝腹泻。

宝宝的免疫功能差，当有病原菌随受污染的食物进入体内后，易造成腹泻。气候变化引起感冒或腹部受凉，以及各种感染也可导致腹泻。

宝宝腹泻严重时可有以下表现：水泻频繁，一小时内多次，出现脱水现象，即眼窝凹陷、口唇干燥、前囟下陷、皮肤松弛无弹性、无泪、尿少等。这说明宝宝病情十分严重，需急救补液。

如果宝宝长期腹泻可导致营养不良，表现为消瘦、表情异常、皮肤无弹性。对长期腹泻的宝宝，必须抓紧治疗。

怎样预防小儿腹泻呢？最主要的是注意饮食卫生，防止病从口入。

母乳喂养的宝宝，妈妈在喂奶前应将乳房擦洗干净。人工喂养的宝宝，要特别注意奶具的消毒，且不要吃变质的奶。

添加辅食时，注意先从小量开始，在花样上每次只能增加1种，以使宝宝消化道有个适应的过程。另外，添加辅食时应从半流食开始，慢慢过渡到固体食物，过早地加固体食物，易导致腹泻。

给宝宝制作辅食时应选用新鲜的食物，现吃现做，不要给宝宝吃剩食。成人、宝宝在接触食物之前都要洗净双手。夏秋季是腹泻的流行季节，气温较高，有利于细菌的繁殖。同时，宝宝的消化道不易适应高温气候而减少消化酶的分泌，进一步降低了消化功能，在夏秋季更应把好饮食卫生这一关，预防感染性腹泻。

■| 小儿饥饿性腹泻

由于较长时间处于饥饿状态引起的腹泻，称为"小儿饥饿性腹泻"。这种病一般是由于家长不恰当地限制宝宝的饮食而造成的。宝宝因患某种疾病需要忌口，当疾病缓解或已治愈时，忌口应及时解除，然而有些家长怕恢复正常饮食会引起宝宝消化不良，使原有疾病加重或复发，于是不恰当地延长忌口时间，致使宝宝较长时间处于一种饥饿状态。这种饥饿状态反射性地刺激肠壁，使腺体分泌增加，肠道蠕动增强，从而出现腹泻。

小儿饥饿性腹泻的特点：大便次数多，但量较少，呈黄绿色包括散状或有棕色黏液，无恶臭。患儿常伴有营养不良、身体虚弱、发育迟缓等现象。

预防小儿饥饿性腹泻应避免不恰当地限制饮食，不要让宝宝盲目忌口，不要随便扩大忌口范围，并及时解除忌口。

治疗小儿饥饿性腹泻不能急于求成。可采用少食多餐，逐步增加每餐饮食量的方法。宝宝较长时间饥饿后消化道的功能较弱，如果突然增加饮食，有可能导致消化不良。父母可根据宝宝的食欲及大便的状况来调整饮食量，还可服用维生素B_1、维生素B_6以及多酶片等，以帮助消化。

能预防婴儿腹泻的食物

研究证明：小肠的消化吸收能力很强，即使在急性腹泻时，摄入的营养物质中仍有一半以上被吸收。若在腹泻早期采取饮食疗法，增加肠道内的营养，对胃肠道功能的恢复很有益处。越来越多的人主张宝宝腹泻时应尽早供给适当的热量和蛋白质，以便恢复患儿的营养状态，维持营养平衡，促进损伤肠黏膜的生长与恢复，缩短病程及减少慢性腹泻的发病率。

对腹泻宝宝应提供营养丰富、易于消化的食品。首选食品是乳类食品，其中母乳为最佳饮食。母乳营养丰富，易于消化吸收，并含有丰富的抗体及其他抗感染成分，能保护宝宝抵抗病原体的侵袭，其乳铁蛋白、溶菌酶、双歧因子均为细菌的不良培养基，使肠道中细菌难以生长。因此腹泻患儿的母乳喂养非常重要。

对乳类食品不耐受的宝宝，如对牛奶蛋白过敏的患儿及慢性腹泻的宝宝，

其肠黏膜大面积受到损害，目前国外常用的是"要素饮食疗法"。要素饮食由易消化的、简单的氨基酸、葡萄糖和脂肪构成，可在肠腔内黏膜表面消化，是慢性腹泻宝宝较理想的饮食。

常用的要素饮食组成包括：①碳水化合物类，如玉米糖浆、麦芽糊精、马铃薯淀粉等；②蛋白质类，如无脂牛奶、蛋清等；③脂肪类，如玉米油、大豆油、椰子油等。这些要素饮食在肠黏膜严重损害时，仍可吸收。因此，可根据病情需要，为腹泻宝宝选择不同的碳水化合物、蛋白质及脂肪的营养配方。

婴幼儿秋季腹泻

秋季,婴幼儿常常会发生一种急性胃肠道疾病,表现为腹泻、腹痛、呕吐和发热,通常称之为秋季腹泻。患儿以6个月至1周岁最为多见。

秋季腹泻是由一种轮状病毒引起的,这种病毒对胃酸有较强的抵抗力,能顺利通过胃而达到小肠,在小肠黏膜上繁殖而致病。宝宝发病后,大便一昼夜可达10~20次,为淡黄色水样便,不含脓血,很容易与细菌性痢疾区别。腹泻严重的宝宝会有口渴、尿少、烦躁、皮肤发干等脱水症状,同时还伴有流涕、咳嗽、咽痛、发热等呼吸道感染症状,这一点又区别于一般的胃肠炎。

治疗秋季腹泻并无特效药,抗生素、磺胺类药物均不能杀死轮状病毒,故不宜滥用。宝宝可适当减少奶量,多喂水,水中可加入少量食盐和小苏打。世界卫生组织推荐的口服补液盐(ORS)最适合患儿服用,以补充液体和电解质。

小儿佝偻病及预防

佝偻病即民间说的"软骨病",医学上称之为维生素D缺乏性佝偻病,是小儿常见病。佝偻病是由于体内维生素D缺乏而引起全身钙、磷代谢失常,继而影响骨骼发育,导致骨骼变形。

患佝偻病的宝宝最早表现为烦躁不安、夜惊和多汗,常因头部出汗发痒,头后部发秃。发展下去,由于头骨软化,可出现方颅及出牙晚,囟门闭合晚,肋骨串珠、鸡胸等症状。宝宝若在佝偻病活动期时久站、久坐,可以引起脊柱弯曲和下肢"O"形、"X"形。患佝偻病的宝宝,身体抵抗力降低,易患感冒、消化不良等,智力发育也会受影响。

预防佝偻病的方法是增加体内的维生素D,主要可以采取以下措施:

（1）多晒太阳。太阳光里有一种紫外线，它照射在皮肤上可使皮肤中的一种物质转化成维生素D，促进体内钙、磷的吸收和利用。宝宝2~3个月起甚至更早一些，就应当抱宝宝去室外晒太阳，从几分钟增加至1~2小时。在北方，每日户外活动2小时以上就能获得足够的维生素D了。晒太阳要避免阳光直射眼睛，夏季太阳最毒的时候，不要让全身皮肤完全暴露在阳光下。空气中的尘埃以及煤烟、玻璃、衣服等都会阻碍紫外线的吸收，所以应选择空气新鲜的户外，让皮肤直接暴露在日光下才能奏效。

（2）口服鱼肝油以补充维生素D。宝宝出生后最好用母乳喂养，母乳中的维生素D容易吸收，因此只要吃母乳加上晒太阳可不必另加维生素D。

若是人工喂养或混合喂养的宝宝，那么生后2周就应开始加服维生素D了。宝宝每日维生素D的需要量是400~600国际单位，每日服用浓缩鱼肝油3~4滴（每滴约为150国际单位的维生素D）就可以了。每月不超过半瓶（一瓶为10毫升）鱼肝油即可。

为了预防宝宝佝偻病的发生，还应注意及时添加辅食，多吃些含钙丰富的食品，如蛋黄、肝、奶等，必要时还可服用适量的钙片（粉），但单吃钙片是不能直接被吸收利用的，必须通过相应的维生素D才能起作用。

哪些幼儿易患佝偻病

佝偻病对宝宝健康危害很大。实践证明，受以下因素影响的宝宝易患佝偻病。

（1）环境因素。地处长江以北、高纬度、寒带地区的宝宝，10月份以后至次年1~2月份出生的宝宝，城市高楼住宅区的宝宝，很少晒太阳的宝宝易患佝偻病。

（2）饮食因素。单纯喝牛奶或单纯吃奶，不及时添加辅食的宝宝，单纯以谷类为主食的宝宝，日常以高糖食、高精食（精白米、面）、多零食、无粗食方式喂养的宝宝，饮食品种单调或长期喂以高蛋白或高磷食物的宝宝易患佝偻病。

（3）小儿自身因素。早产儿、双胎儿以及生长快的宝宝易患佝偻病。长期患呼吸道疾病、消化道疾病、贫血及寄生虫病的宝宝易患佝偻病。

（4）父母因素。母亲哺乳期患贫血、营养不良、慢性胃肠炎等病，日常饮食单调，极少食动物食品，哺乳期好烟嗜酒，常饮咖啡者，其子女易患佝偻病。

怎样辨认出疹

（1）婴儿湿疹。常在宝宝前额、两颊、头皮等部位出现细小的点状丘疹或疱疹，可有渗出液，抓破后会引起出血。干燥后形成黄色或棕色痂盖，十分刺痒。揭去痂皮，可见皮肤表面发红潮湿，易出血。反复发作部位的皮肤可有红肿、硬结、脱屑。

（2）麻疹。宝宝发热2~3天，口腔两颊黏膜上出现针尖大小的白点。发热第4天，耳后和颈部开始出现红色小疹子，随后由脸、前胸、后背，自上而下快速蔓延到全身，最后扩展到手足部位。皮疹呈玫瑰红色，起初较稀，以后渐密。

（3）风疹。宝宝发烧1~2天后，出现浅红色丘疹。从面部开始，1~2天内遍布全身，皮疹形状类似麻疹，但较少成片，疹子于2~3天迅速消退，不留痕迹。

（4）幼儿急疹。高烧持续3~5天突然降为正常，宝宝身上随即出现红色的小疹子，经1~2天，此疹消失。其特点：突然高烧，烧退疹出。

（5）水痘。宝宝发烧1~2天后，皮肤上出现如针尖大小的红疹子，多见于头部和躯干部，脸和四肢较少。疹子经1~2天后变成绿豆大小的水泡，疱疹周围呈淡红色，剧痒3~4天后疱疹结痂，再经5~20天后痂盖脱落，短期内皮肤上可留下椭圆形浅疤。

（6）猩红热。发烧12~36小时后，宝宝头颈到四肢的皮肤普遍充血发红。然后依次出现小点状红色斑疹，斑疹有时也可融合成片，颈、肘、膝的弯曲面和大腿内侧较多，手压时可暂时褪色。疹子出盛时，皮肤瘙痒，宝宝面部发红，口唇周围苍白。

（7）脓疱疮。宝宝初起时四肢、颈、面部皮肤上可见红斑，很快成为疱疹，疱壁极薄且透明，可见其中黄水液。疱液很快混浊成为脓疱，随即破裂，渗出脓液，疱底露出糜烂面，以后脓干结成黄痂，层层堆积。此病传染性极强，常发生自体传染。痂落后有浅色色素沉着，不久褪去，不留疤痕。

宝宝难喂怎么办

（1）宝宝不爱吃蛋黄，妈妈好不容易喂进去的一点儿，也全都吐出来，以后再喂不是把头转开，就是把嘴抿住，让妈妈心里非常着急。

方法：宝宝可能是不喜欢蛋黄的口味，因为他吃惯了妈妈的乳汁，乳汁的味道稍稍有一点儿甜味，而蛋黄的味道和乳汁却差得很远。喂蛋黄或是其他宝宝不喜欢的食物之前，都可先放在盘子里一点点儿，让宝宝看看、闻闻、摸摸，也可以玩玩，然后用小勺沾上一点点儿食物，把勺放在宝宝嘴边，在宝宝张嘴时让宝宝用舌头舔一舔。这样做主要是让宝宝适应，等宝宝对食物逐渐熟悉并产生好感时便会接受，这时再增加食物的量，若在宝宝饥饿时采取这种做法效果会更佳。

（2）一用勺喂添加的食物，宝宝就一口都不肯吃，即使喂到嘴里也用舌头顶出来，让妈妈很无奈。

方法：妈妈不要焦急，宝宝在此之前只是吃奶，已经习惯了用嘴一吸奶水就流进嘴里的吸吮进食方法，对于用硬邦邦的勺喂食感到很别扭，也不习惯用舌头接住食物再往喉咙里咽，宝宝难免要拒绝。妈妈可在喂之前或在吃饭的时候，先用小勺喂些汤水，让宝宝对勺熟悉起来，宝宝就不会因对勺太陌生而排斥，待感到习惯时便会觉得勺里的食物是好吃的，从而接受用勺喂食。只有学会用勺吃东西，宝宝才能吃到更多的营养丰富味道好的食物。

（3）妈妈辛辛苦苦做好的食物，可宝宝只吃了一口便怎么也不肯再吃了，妈妈很生气。

方法：碰到这种情况，妈妈切莫因自己辛苦做了好长时间，就非要强迫宝宝都吃下去。也许宝宝不想再吃是无意的，但妈妈强硬的态度会给宝宝脑海中留下很不好的记忆，下一次或许连一口都不会吃了，由此造成添加离乳食品的困难。正确的做法是在大人吃饭时，给宝宝先喂一点儿适合的饭菜，如鸡蛋羹、豆腐、稀粥等，然后看看宝宝是否喜欢，如果不喜欢，妈妈不要勉强。过几天再试试或变换一下口味，这样做不会给宝宝留下不愉快的记忆。

（4）宝宝喜欢吃水果，喂起来一点儿也不费力，但不肯吃蔬菜，妈妈担心对宝宝生长发育不利。

方法：水果的口味酸甜，宝宝都喜欢接受，因此就把水果作为宝宝的首选固体食物，让宝宝可以了解到除了奶之外还有很多好口味的食物。但在一开始喂时不能喂得太多，避免使宝宝不愿再接受别的口味的食物。蔬菜富含维生素，是宝宝生长发育不可缺少的营养之一，但宝宝对蔬菜接受的程度远不如水果或谷类食品，妈妈在制作上就要多下些功夫。可选新鲜深色的蔬菜，做成适龄宝宝吃的菜泥，如加一点点儿盐或几滴植物油便可提高口味，一般宝宝都喜欢稍稍带点儿咸味的蔬菜。蔬菜的种类繁多，选用时最好避开宝宝不喜欢的蔬菜。喂时在小勺里先少放一点儿送进宝宝嘴里，若反应不错，就可以再多往嘴里送一些。有时，即使是宝宝接受了这种食物，也有可能在头几次会吐出一些，不过吃下去的会比吐出来的多。

宝宝视力发育居家判别法

不同时期的视力发展水平

出生：宝宝刚出生后第一天，眼睛常闭合，有时一睁一闭，最初几天眼球运动没有目的，数天后开始注视灯光，强光刺激会闭眼睛。

出生2周：宝宝对来自半米远的光线（如手电筒）向自身方向的移动做出两眼向内转动的动作。

如何早期判别出婴儿有视力障碍

观察宝宝的眼球运动，如果眼球有震颤，即眼球快速地左右抖动，则很可能存在视力障碍。

把一个直径10厘米的红色绒团放在距宝宝眼睛15厘米处，1个半月的宝宝，眼睛能随着红绒线团自右向左或自左向右跟至中线处。

2个月的宝宝，当有人面对着他并逗他，但不能发出声音，也不能触及婴儿身体，婴儿会出现应答性微笑。

4个月的宝宝，两眼能随着红色绒线团从右向左或从左向右移动180度。

4个半月的宝宝，能两眼注视放在桌面上的有颜色的小丸，如糖豆。

出生3周后：宝宝能注视较大的物体，并且能分辨物体的颜色，两眼还能单方向追随物体的移动。

2个月：宝宝两眼可追随成人的手，并做长时间的注视。

3个月：宝宝两眼不仅可追随移动的物体，并且头部随之转动。

4个月：宝宝头部已能抬起，常常看自己的手。

6个月：宝宝能坐起，当头和眼随着物体做较大转动时，身体也能随之转动。对于色彩鲜艳的玩具和其他目标，宝宝能注视半分钟。

9个月：宝宝能注视画面上的单一线条，视力大约是0.1。

12个月：宝宝多数会抚弄玩具，能注视近物，可以按父母的指令指出鼻子、眼睛或头发。

婴儿正常的视觉反应

1. 新生儿有瞳孔对光反应

妈妈手持手电筒，先遮住宝宝一侧眼睛，然后用手电筒光照射未遮住的另一侧眼睛，若被光照射后瞳孔立即缩小，则属正常视觉反应。同法测试另一眼，如果瞳孔不能随光照缩小则为异常。

2. 2个月的宝宝有固视反应和瞬目反应

妈妈把奶瓶或玩具放在宝宝面前，若宝宝看到眼前的东西一瞬间表现出眨眼动作，则属正常视觉反应即为瞬目反应。随后，宝宝会对眼前这个东西看一定时间，这就是所谓的固视反应。宝宝再大一些，眼睛能随着他所盯视的东西移动。

3. 3~4个月宝宝有视运动眼振现象

妈妈把一个有黑白相间条纹的圆筒放在宝宝眼

前，同时向水平方向移动和转动这个圆筒。此时，观察宝宝眼球是否追随圆筒左右来回转动，如果眼球随着转动即为正常视觉反应。

周岁内的宝宝语言

语言是引导儿童认识世界的基本手段之一，它不是宝宝生来就有的，而是后天学会的。语言最初的发生过程大约经历了一年的时间，大致可分为三个相互联系的阶段：

第一阶段："牙牙学语"。约从2~3个月起，开始"牙牙学语"。其实，宝宝练习发声要早得多，出生后的第一声啼哭就是发声的开始。第一个月里，宝宝的哭声通常没有什么特别的意义。第二个月里，哭声已经可能有所示意："饿了""尿布湿了"等。宝宝哭时总是吸气短、呼气长，同说话时的呼吸状况相同。从第二个月开始，宝宝在清醒并情绪状态良好的情况下会陆续发出一点儿单音，如a-a、e-e、k-k等。约在半岁时，宝宝可以发出一些复杂组合音，如ma-ma、ba-ba、na-na、

da-da等，它们像某些词，如妈、爸、打、拿，但它们尚不具有词的含义。这半年最重要的是在做听和说的语音准备。

第二阶段：开始听懂成人说出的词。宝宝约从半岁开始，由于多次感知某种物体或动作，并同时听到成人说出关于这一物体或动作的词，就在头脑里逐步建立了物体或动作的形象和词的声音之间的联系。例如，成人一边抬手，一边喊"再见、再见"。同时，另一人把着宝宝的手，让宝宝被动地抬手。经过多次重复练习，宝宝就会在两者之间建立联系。开始时，宝宝在看到成人抬手，并听到成人说"再见"时，能主动招手。以后，则无须成人抬手，只要听到成人说"再

见"，宝宝就会主动抬手。在10个月左右，可以听懂成人说出的少量词的意思。

第三阶段：宝宝自己说出词。宝宝说出词的能力是从模仿成人词的声音开始的。从最容易发音，而又贴近宝宝生活的那些词开始，常见的词是"妈妈"和"爸爸"。因为这两个词的发音都比较容易，而它们分别代表的又是宝宝最亲近、最常见的人。相反，代表爸爸、妈妈的另一些词汇，如父亲、母亲、爹、娘等，由于发音难度增加等原因，则不是周岁内宝宝掌握的。

为了促进周岁宝宝语言的发展，最主要的是给宝宝提供尽可能多听、说的机会。从牙牙学语时起，父母就可以和宝宝"说话"，虽然尚听不懂成人说话的意思，但是却听到了语音，看到了成人发音时的口形，这对宝宝以后的语音练习，乃至主动张口说话都有积极作用。当宝宝自己能发出词的声音后，要多鼓励宝宝说。在可能的范围内，拒绝宝宝单凭手势和表情提出的要求，而鼓励他加上词。在宝宝生活的第一年，也可以进行一些专门的语音训练和说话练习，但由于可能进行专门训练的时间较短，基础亦较弱，因而必须适度。相比而言，丰富生活中的语言环境，加强生活中的语音和语言交流要更重要一些。

第三章

宝宝12月

◎ 宝宝的喂养要点

◎ 离乳后期宝宝的食谱

◎ 周岁宝宝的发育状况

◎ 妈妈健身操

◎ 育儿方法尽在码中

看宝宝辅食攻略，抓婴儿护理细节。

宝宝的发育状况

宝宝在这个月龄中可以由成人搀着走,拉着双手或一只手,就能迈步。走得早的宝宝,已能撒开手摇摇晃晃地走了。

宝宝好奇心逐渐增强,看见电线插头就想用手拔,拿起笔会在床单上乱画,喜欢往桌椅下面钻,看见开水壶冒气也想去摸,因此必须严加看管。

对危险的动作,妈妈应用严厉的语气、严肃的面孔禁止宝宝去做,让他知道什么事是不能做的。每当宝宝要做危险的事情时,大人必须说"不行",总是用相同的语气加以制止,以后一听到"不行"这句话,宝宝就不敢做危险的事了。

宝宝逐渐懂得周围人与人之间的关系,能分辨父母与外人。这时的宝宝动辄模仿大人的动作,看见大人扫地,就想要扫把,看见妈妈用布擦桌子,就会用手在桌子上乱抹,看见大人写字,就会拿起笔到处乱画。

受到成人夸奖时就兴高采烈,喜欢听大人的赞扬。

能听懂的话很多,但1周岁时会说的也只有1~2句,到1周岁时什么话也不会说的宝宝也并不少见。说话早的宝宝,智力并不一定就好。满周岁的宝宝不会

说话,做妈妈的不必着急,但要坚持不懈地多和宝宝说话。

爱活动的宝宝白天只睡1次,但睡的时间不一样。安静的宝宝上、下午要各睡2个小时。

多数宝宝夜间还得换1次尿布,小便不规律的宝宝,一夜要换2~3

次。

这时还教不了宝宝撒尿。勤快的母亲每隔一段时间就给宝宝把尿，顺从的宝宝可能会一把就尿，一般不再尿湿尿布和裤子了，而不让把尿的宝宝，母亲的这种努力多半是徒劳的。

可以让宝宝在午睡后、就寝前、饮水后、情绪好时坐坐便盆，若宝宝实在不愿意，就不要勉强。

宝宝的喂养

周岁的宝宝饮食除三餐外，早晚还要各喝一次牛奶。母乳可由早晚各一次，逐渐减为晚上一次，最后完全停掉而代之以牛奶。

宝宝能吃的饭菜种类很多，但由于臼齿还未长出，不能把食物咀嚼得很细。因此，宝宝的饭菜还要做得细软一些，肉类要剁成末，蔬菜要切得较碎，以便于消化。

主食可以吃粥、软米饭、面条（片）、馄饨、饺子、包子、小花卷、面包、馒头、鸡蛋软饼等等。

副食可以吃各种蛋、肉、鸡、鱼、动物内脏及豆制品，各种应时蔬菜（最好多吃些绿叶菜）以及海带、紫菜等等。稍硬一些的饼干及应时水果可作为零食给宝宝吃。

在宝宝每日膳食中，应包含碳水化合物、脂肪、蛋白质、维生素、无机盐和水这六大营养素。一日三餐包括：粮食100克左右，牛奶500毫升，肉类30克或豆腐70克，鸡蛋1个，蔬菜150克，水果100克，植物油5克，白糖25克。需注意的是，每日蛋白质的供给中，动物性蛋白质应占1/2以上。还应避免饮食单一化，多种食物合理搭配，才能满足宝宝生长发育之需。如果食物单调或偏食，会造成营养不良。要保证宝宝身体健壮，重要的是吃好每日三餐，不要给宝宝过多的零食。

·小·贴·士

周岁宝宝饮食指南

每日必需营养食品：鸡蛋、蔬菜、牛奶、维生素A、维生素D、粮食。

每周必需营养食品：动物肝、肉类、鱼、豆制品、水果。

含钙丰富的食品：排骨汤、虾皮。

含铁丰富的食品：鸡蛋、动物肝、柑橘、香蕉、山楂、苋菜。

含碘丰富的食品：海带、紫菜。

高蛋白食品：瘦肉、肝脏、鸡蛋、豆制品、鱼。

多维食品：胡萝卜、西红柿、水果、绿叶蔬菜。

不宜多吃的食物：糖类、油炸食品。

禁忌食品：辣椒、酒类。

孩子不想吃饭的原因

（1）健康原因。宝宝尚不能用语言表达身体的不适感，拒绝吃饭，常常是疾病的前奏。

（2）运动量不足。缺乏运动的宝宝往往食欲不振。宝宝不仅喜爱运动，也十分需要运动，许多家长忽视了这一点。

（3）饮食时间安排不当。宝宝玩耍后，过度兴奋或疲劳，都易产生厌食现象。

（4）零食太多。许多父母生怕孩子饿着，水果、饼干等各种零食不断。饭前宝宝已吃饱了，对正餐自然会没有胃口。

（5）进食习惯不良。许多父母为了让宝宝多吃一口，总爱采取哄骗的办法逗宝宝吃饭。有些宝宝吃饭没有固定的地点，要由大人四处追着喂。长此以往，宝宝形成条件反射，离开那种特定环境，就激不起食欲。

（6）缺乏维生素B族和微量元素锌。据研究，缺锌可使味蕾的功能减退，导致严重的食欲不振。

周岁还不开口讲话正常吗

宝宝说出第一个词的年龄差异是比较大的。早的从9个月就能有意识地说，一般的宝宝到1岁可以发出简单的音，如会叫妈妈、爸爸等，但也有的孩子甚至长到2岁仍很少开口讲话,不久却突然讲话了,一下子会说许多话,这些都属于正常。

宝宝对语言的理解先于说话而发展。如叫宝宝的名字时,5~6个月的宝宝会转头注视,7~9个月的宝宝会寻找谁在叫他,并且还能听懂成人的某些语言,如"谢谢""再见",并做出相应的动作。这都是宝宝对语言理解后做出的反应。

宝宝语言的发展首先是听懂成人的语言,然后才自己开口说话。如果1岁左右的宝宝对成人所说的一些词语能做出相应的反应,如问宝宝:"妈妈呢?"他会转过头看或用手去指,并且经常牙牙学语,那么父母可尽管放心,宝宝一定会学会说话的,只是时间早晚的问题。

外部环境也是影响宝宝语言发展的因素之一。成人是否积极地为宝宝创造听和说的语言环境,在照看宝宝时是沉默寡言还是经常和宝宝说话,都会影响婴儿对语言的理解及开口说话。家长应积极创造听说条件,促进宝宝语言发展。

还有的宝宝营养不良、发育迟缓,甚至患有慢性疾病,也会影响与大人进行语言交流的积极性,使语言发展落后。

让宝宝发泄

1岁左右的宝宝有时会向父母提出一些不合理的要求。如,要玩剪刀,要进厨房或非要吃刚出锅的粥等等。当这些要求不能得到满足时,宝宝就会大哭大闹。这时,父母首先要耐心劝解,告诉他这样做危险,不能这样做。父母应想办法分散他的注意力,如用一件宝宝平日十分喜欢的物品逗引他,或带他去看画册……如果宝宝仍不肯罢休,可以采取暂不理睬的方法,让他自己去哭一阵,待发泄完毕后,再和他讲清道理。

宝宝在1岁左右为发泄心中的不满,以大哭大闹的形式要挟父母,逼迫父母就范。成人如果总是迁就他,只要一哭,就无条件地满足他的任何要求,就会使宝宝认为只要自己一发脾气，一切都会如愿以偿。以后遇到类似情况，便会变本加厉，愈闹愈凶，从而养成任性、不讲理的毛病，而坏习惯一经养成，再去纠正就不容易了。对宝宝的一切无理要求，父母必须用严肃的表情和严厉的语言加以制止，以表示父母是不赞成他这样做的。

宝宝因无理要求被拒绝而哭闹发泄几次，对他的健康并不会有多大影响，父母不必为此担心。应让宝宝从小懂得，每个人都要约束自己的行为和情绪，这对培养宝宝的自制力和良好的行为习惯是十分重要的。

周岁以内的宝宝不宜过早学步

宝宝出生以后，从躺卧到站立大约需要1年的时间。中间要经过翻身、坐起、爬行等阶段，通常要到1岁左右才能独自站立，自己扶着床沿、家具挪步或拉着大人的手迈步。

许多家长以为宝宝走路越早发育越好，于是在宝宝不满周岁时就让他练习自己走路，但这种做法会给孩子的健康带来不利影响。常见的有以下几种情形：

（1）扁平足。又称"平板脚"。研究表明，大约90%的扁平足是由于足部负担过重而引起的。不满周岁的宝宝，足部韧带和肌肉发育尚不健全，过早地学步或站立，会使双足负荷过重，损害足部的韧带和肌肉，影响脚弓的形成，造成日后的扁平足。

扁平足的宝宝长大后不仅走路动作笨拙且足部易疲劳，不能长时间走路，站立时小腿肚及大腿部肌肉也会牵引疼痛，给生活和工作带来不利影响。

（2）O形腿或X形腿。O形腿是指站立足跟靠拢时两膝分离，X形腿则相反，两膝靠拢时，双足分离。当宝宝缺钙、患佝偻病时，可导致腿部骨骼的变形。但有的宝宝并不缺钙，没有佝偻病，怎么也会形成O形腿或X形腿呢？这与宝宝学步过早有一定的关系。

宝宝的骨骼中水分和有机物成分较多，较柔软，易变形，不能长时间承受体重的负担，若过早地学步行走，下肢负担过重，会逐渐使小腿弯曲变形，影响美观。家长不要让宝宝过早地练习走路和独自站立，胖宝宝更应注意这一点。

宝宝吃饭不专心时怎么办

宝宝快满周岁时，吃饭常常成为父母最头疼的一件事情。这时的宝宝对拿饭勺、把手伸进碗里、把杯子推倒或把碗里的东西扔到地上等各类新奇的活动比对进食本身更感兴趣。有的宝宝是站在椅子上，靠着椅背吃完一顿饭的；有的宝宝则满屋乱走，"吃一口换一个地方"，害得父母四处追他们喂饭；还有的宝宝一边吃饭，一边手里玩着各种玩具。

吃饭时不老实，这是宝宝正在长大的一个标志。父母很在意宝宝的吃饭问题，而宝宝自己则满不在乎。父母们可能会有这样的体验：当宝宝吃得差不多的时候，就会开始乱爬或四处玩耍，而当他真饿的时候，就不会这样。因此，不管什么时候，只要宝宝不再好好吃饭了，就说明宝宝已不饿了，这时父母应把宝宝的饭碗端走，不必硬让他吃或跟他发脾气。

若宝宝在两顿饭之间有些饿，不要给他太多的点心或零食，可以少给一点儿或干脆不给，而把下顿饭稍稍提前一些，这样宝宝在吃饭时就会因饥饿而有食欲了，坚持下去，就会养成专心吃饭的习惯。

1岁左右的宝宝，特别喜欢把手伸到菜里划来划去，还有的把一点儿饭菜抓在手里捏来捏去，并且试图往自己的嘴里塞这些东西。这并不是宝宝在"胡闹"，他是在探索，在进行"小实验"，要试一试自己的能力，父母不要硬性阻止宝宝的这种行为。但宝宝若要掀翻饭菜，那就要果断地把饭菜端走或停止给他喂饭。

宝宝冬日起居要领

（1）在寒冷的冬夜起来给宝宝喂奶是件苦差事。但事先准备妥当，就可以减轻喂奶的负担。临睡前先把奶瓶、奶粉准备好，再备上可以随时使用的热水，在没有暖气或暖风的家里，半夜喂奶很容易遇到的事情就是奶瓶里的奶越来越凉。因此，要用毛巾包住奶瓶喂奶或是喂到一半再用温开水温热。

许多妈妈总担心宝宝吃了凉东西会弄坏肠胃，在冬天里喜欢给宝宝吃相对太热的食物。其实没这个必要，太热还有可能烫伤宝宝的口腔及食道。

（2）宝宝睡觉时有被子盖着，不必再穿很多衣服，穿一件连体睡衣即可。即使室温很低，也能充分保持体温。

宝宝睡觉好动，妈妈担心宝宝肩膀露在外面受寒而感冒。可以把1岁内的宝宝"装"进睡袋里，大一点儿的宝宝如果实在不老实，不妨在容易受凉的部位加件棉背心，总要伸出被窝的小手也可以戴上小手套来保暖。

冬天很冷，妈妈可以适当地给宝宝铺上比较厚的褥子，但不可过于松软，过软的床会对宝宝脊柱的发育产生不良影响。还有床单也要铺平、掖好，以免堵住宝宝的口鼻，出现意外。

宝宝不宜使用电热毯，因为过热宝宝可能会踢被子，冷热夹击更易生病，而且电热毯会使宝宝身体被热气所笼罩，容易发烧，甚至引起脱水。即使在冬天，棉质寝具依然是上选，但必须常保持清洁与干爽。

（3）只要家里有条件，无论大人孩子应该天天洗澡，寒冷的冬天也不例外。宝宝汗量大，新陈代谢快，除非是生病、不舒服，否则应坚持洗澡。

冬天宝宝洗澡的水温可以比38℃略高些，同时浴室也要有适宜的温度及通风。给小宝宝洗澡要准备好可以随时添加的热水，可以直接淋浴的宝宝只要调整好水温即可。

洗澡之前，应将宝宝需要的衣服、浴巾、浴袍、婴儿油、尿布等事先准备好，放在固定的地方。洗完了立即用浴巾包住宝宝身体，擦干后再穿上浴袍。北方冬天太干燥，可以适当地给宝宝抹一些儿童专用乳液、婴儿油等，但不要急着给宝宝穿衣或直接进被窝，这样容易出汗，应该等到身体不再发热时才行。

洗澡之后要让宝宝喝点儿水，补充流失的水分。

（4）很多妈妈都知道，感冒的罪魁祸首并非是寒冷，而是病毒。病毒最喜欢的环境是干燥，空气越干燥，感冒病毒的活动性越强，然后附着在人体干燥的

小·贴士

周岁的宝宝安全备忘录

终于1岁了，宝宝可以蹒跚学步，同时也会使父母更加辛苦。

（1）如果宝宝睡有木栏的小床，需要降低床垫，以使围栏显得更高。宝宝站立在小床上，围栏的高度应在宝宝的肩膀或下巴处。

（2）宝宝喜欢开门和关门，要小心宝宝的手指。

（3）宝宝会爬楼梯了，所以注意好房门。

（4）使用不易打碎的塑料餐具。

（5）远离洗衣机、吸尘器等家用电器。

（6）时刻注意关好门窗。

（7）家中如果种植了花草，最好问清楚是否有毒，以免宝宝误食。

（8）如果陌生的动物靠近宝宝，也许会造成宝宝的惊恐，家长必须在宝宝身边。

（9）只有安静坐下来，才可以给宝宝吃东西，不要让孩子边吃边玩。

（10）家中有客人来访，将人家的提包等物品放到宝宝碰不到的地方。

鼻及口腔黏膜上，引发感冒。因而，冬季预防感冒最好的办法就是保持良好的室温和湿度。

室温应该控制在20~25℃，湿度能接近60%是最合适不过的。北方都有暖气，会加速空气干燥性，因此要保持通风，必要时使用加湿器。电暖气等不可距离宝宝太近，那样容易使宝宝身体受热不均匀，也容易上火。南方没有暖气，冬季室温较低，妈妈也要给宝宝穿得暖暖和和的，但宝宝其实没有妈妈想象的那么怕冷，妈妈还应该有意识训练宝宝的体温调节能力，穿太多太厚的衣服就不合适了，也妨碍宝宝的活动，不如想办法把室温提高。

离乳后期宝宝的食谱

宝宝的营养摄取大部分来自离乳食品，妈妈要多下点儿功夫，制作出色、香、味俱全的离乳食品。

肉末软饭

材料：软米饭一小碗，鸡肉或猪肉一大匙。

做法：①锅内放植物油，油热后将肉末放入锅内翻炒，并加入少许白糖、酱油，边炒边用筷子搅拌使其混合均匀；②把炒好后的肉末倒在软饭上面一起焖一会儿即可。

西红柿鸡蛋汤面

材料：鸡汤一碗，西红柿一个，面条一小把。

做法：①把西红柿洗净切成细碎；②把切碎的西红柿、面条放入鸡汤中煮好即可。

离乳期食品品种繁多，妈妈可以根据自己的实际情况，更换材料，改变做法，做出更多美味的美食，让宝宝尽情享受用餐的乐趣。

宝宝喜欢谁

做父母的都爱自己的宝宝，但宝宝对家长的喜爱程度是否与家长对宝宝的喜爱程度成正比呢？很难说。家长的爱是不是都能让宝宝领情呢？不见得。

宝宝的年龄小，对爱的理解，更确切地说对父母的爱的感受是肤浅的、表面性的和情景性的。如谁能让宝宝高兴，他就喜欢谁，谁批评他，他就不乐意和谁在一起。在我们成年人身上也有同样的体现，谁都不愿意与让自己不愉快的人在一起。要想让宝宝喜欢自己，首先要让宝宝感到快乐。

让宝宝感到快乐应该坚持原则，不能只顾着让宝宝快乐而不坚持原则。如宝宝因为玩得高兴而不肯上床睡觉，为了让他高兴而迁就他，同意他不睡觉，这对宝宝没有任何好处。但是，如果他不肯，你硬要求他按照你的时间表走，宝宝就会生气、发脾气，甚至不喜欢你。

不喜欢怎么办？没办法，该坚持的时候还得坚持。夫妇俩必须密切配合，一个唱红脸、一个唱白脸有时是必要的。但应该经常换换角色，不能总是一个人唱红脸，另一个人总是唱白脸，否则就会出现宝宝只偏爱父亲或母亲的现象。

为了让宝宝认识到父母的要求是对宝宝好，而不是家长不喜欢他，当父亲的就要经常在宝宝面前夸母亲，而母亲也要经常在与宝宝一起玩时夸父亲。

儿歌随口说

　　和宝宝在一起的时候，随口教宝宝几首英语儿歌，让宝宝在快乐中学习简单的英语单词，不失为妈妈省力、宝宝获益的好办法。

一二三四五，上山打老虎，
老虎没打着，打到小松鼠，
松鼠有几只，让我数一数，
One,two,three,four,five。

小猫cat喵喵喵，
老鼠见了拼命逃。
小狗dog汪汪汪，
看见主人尾巴摇。
小鸭duck嘎嘎嘎，
水里游泳顶呱呱。
小鸟bird喳喳叫，
树梢枝头飞又跳。

小朋友，手拉手，
过马路，瞅一瞅。
Red，green和yellow，
三颗星星下命令：
红灯停一停，
黄灯等一等，
绿灯往前走，
交通规则要遵守。

大象的nose真灵便，
摆来摆去荡秋千。
老鹰的eye圆又圆，
小小老鼠看得见。
小猪的ear会动弹，
摇摇晃晃直撒欢。
河马的mouth大又大，
张开大嘴叫人怕。

公鸡cock喔喔啼，
每天叫我早早起。
母鸡hen咕哒哒，
下蛋把脸憋红啦。

Aeroplane是飞机，
蓝蓝天上像飞鹰。
Train train大火车，
轰轰隆隆赛长龙。

我有一双小小手，
一只左来一只右。
能洗face能漱口，
会梳hair会洗头。

Car car小汽车，
dad开它去工作。
公共汽车是bus，
上车买票别忘记。

Uncle uncle是叔叔，

身强力壮真威武。

Aunt aunt是阿姨，

对人热情又和气。

Boy boy是男孩，

爱好运动真勇敢。

Girl girl是女孩，

活泼漂亮又可爱。

分果果，吃果果，

Pear, peach堆满桌。

Apple apple红又大，

送给园丁好妈妈。

小娃娃，甜嘴巴，

喊声mum是妈妈。

喊声dad是爸爸，

喊声爷爷grandpa，

喊得grandma笑掉牙。

来来来，

小朋友们做早操。

伸伸arm踢leg，

小小foot跳一跳，

天天锻炼body好。

Hello hello是你好，

Hello daddy，

hello mummy说得好。

Foot foot功劳高，

走路跑步离不了。

我的arm有力气，

拔河比赛数第一。

找把"尺子"量量周岁的宝宝

生长发育

（1）身高约75厘米。

（2）体重约10千克。

（3）头围约45厘米。

（4）胸围约45厘米。

（5）一般出牙6~8颗。

（6）大动作：从3个月到8个月这段时期，宝宝经历了"抬头—翻身—坐—爬"的过程。到1岁左右，宝宝可以自如爬行，可以站立片刻，发育快一些的还可以独立走几步。

（7）协调性与精细动作：手眼活动从不协调到协调，如可以自如地吃饼干等；五指从不分工到有较为灵活的分工，如可以用食指和拇指对捏糖块；双手从"各自为政"到能够互相配合，如可以一同摆弄玩具；精细动作获得发展，如可以独自抱着奶瓶喝奶，打开瓶盖，把圈圈套在棍子上等。

认知能力

（1）能够听懂自己的名字。

（2）可以听懂一些简单的词汇。

（3）会叫爸爸妈妈。

（4）可以寻找声源。

（5）有了明显的回忆能力，可以想起很久前记住的事情，将之运用于当前的"工作"中。

（6）可以模仿大人的动作。

语言能力

（1）能听懂妈妈的话，可以听懂常用物品的名称。

（2）开始学说话。

（3）可以用简单的词汇表达自己的意思，如用"汪汪"代表小狗。

情绪和社会行为

（1）害怕陌生人。

（2）害怕陌生、怪模样的物体。

（3）害怕未曾经历过的情况。

（4）有明显的依恋情结，喜欢"跟"妈妈的"脚"，妈妈去哪里，宝宝就跟着去哪里。

（5）喜欢与成年人交往。

（6）知道大人是高兴还是生气。

（7）会设法引起大人的注意，如主动讨好大人或者故意淘气。

（8）和小朋友有了以物品为中心的简单的交往，还不是真正意义上的交往。

（9）有了最初的自我意识，可以把自己和物品区分开，可以意识到自己的力量。

（10）有了最初的独立性，会拒绝大人的帮助，愿意自己动手，而且可以做些简单的事情。

生活自理能力

（1）会双手捧着杯子喝水。

（2）会用勺吃饭。

（3）可以控制大小便。

（4）大人给穿衣脱衣时会主动配合。

（5）会把帽子放在头顶上。

艺术能力

（1）能随着节奏鲜明的音乐自发地手舞足蹈，并努力配合鲜明活泼的音乐节奏做动作。

（2）会初步分辨颜色。

（3）喜爱色彩鲜艳的玩具。

（4）爱看漂亮的人脸。

（5）爱看图画书和大而鲜艳的图案。

知道了这些，对宝宝的发育情况是不是了如指掌了？很重要的一点，上述的指标只是帮父母了解宝宝的发育情况，不是结论。如果宝宝都达标了，还要再接再厉；如果宝宝有些方面的发展落后于上述指标，父母也不要着急。现在着手培养，很快就会迎头赶上，毕竟宝宝只有一岁，以后的路还很长。

新妈妈居家健身操

准备工作：为了避免运动时受伤，最好在健身之前做一下热身运动，活动活动筋骨，促进血液循环。

第一套

第一节　平躺在地上，屈膝，双手放在身体两侧。吸气，将背部、腰部和臀部升起；呼气，让身体放下来。重复4次。

第二节　平躺在地上，腰部和臀部也要紧贴地面。双手放在脑后，先提起右腿，成90°屈膝，10秒钟后放下，左腿重复该动作。做腿部动作的同时，腰、臀部仍然紧贴地面，不可移动。

第三节　平躺在地上，双手把住膝盖，提高离开地面，使身体呈球状，向左右两个方向滚动。

第二套

　　第一节　平躺在地上，双手放在身体两侧。屈膝提起双脚，吸气。接着呼气，把双手向后伸直，双脚向天花板伸直。整套动作重复10次。

　　第二节　平躺在地上，屈右膝，拉大腿至感到臀部拉紧。维持此姿势30秒钟，换左腿重复。

　　第三节　平躺在地上，屈膝，双手交叠放在头后，仰起上身，如同仰卧起坐。仰起上身时呼气，肩膀离地，放松头部肌肉。维持此蜷曲动作4秒钟，然后躺在地上，重复整套动作10次。

第三套

　　第一节　平躺在地上，屈膝，右手托头，左手向右腿方向伸直，拉动左臂并扭腰，呼气。然后平躺在地上，吸气。重复做10次。

　　第二节　交叠双腿坐在地上，右手按住地面支撑身体。左手向右伸展，拉紧左侧身体肌肉。维持此姿势20秒钟。

　　第三节　平躺在地上，双手伸直放在身体两侧。徐徐呼气，并尽量把双膝提近身体。重复做10次。